家庭及个人理财指导

王　娟　编著

西北工業大學出版社

图书在版编目（CIP）数据

家庭及个人理财指导/王娟编著. —西安：西北工业大学出版社，2013.6
ISBN 978 - 7 - 5612 - 3689 - 5

Ⅰ. ①家… Ⅱ. ①王… Ⅲ. ①家庭管理—财务管理—通俗读物 Ⅳ. ①TS976.15 - 49

中国版本图书馆 CIP 数据核字（2013）第 124685 号

出版发行：西北工业大学出版社
通信地址：西安市友谊西路 127 号　　**邮编**：710072
电　　话：(029)88493844　88491757
网　　址：http://www.nwpup.com
印 刷 者：北京京华虎彩印刷有限公司
开　　本：787 mm×960 mm　1/16
印　　张：16.875
字　　数：356 千字
版　　次：2014 年 5 月第 1 版　　2014 年 5 月第 1 次印刷
定　　价：39.80 元

引　言

随着国际经济一体化的发展，社会面貌日新月异，财富在人们生活中的作用越来越重要，人们不得不去考虑如何理财的问题。经济危机、通货膨胀，货币不断地贬值，即使你把钱存在银行里，根据物价上涨的速度，如果过去的十年，你的钱没有涨 5 倍，那么你就一直在赔钱！经济和社会发展的残酷现实告诉我们，十年前用 5 万元在一个二线城市能买一套百十平方米的房子，而同样的房子现在 50 万元都不一定能买到；或许现在 5 块钱能吃饱一顿饭，而明天 5 块钱却可能买不了一个馒头了。我们如何能保证基本的生活，如何能提高生活质量，如何能在经济快速发展的今天持续保持高水平的生活呢？至此，家庭理财和个人理财的观念被越来越多的人认可。

本书以我国居民家庭和个人理财为研究对象，综合运用现代经济学、管理学、会计学和心理学等理论、方法和工具，利用简单的事例进行分析，对我国居民家庭和个人理财应该具有的技能和知识做了具体探讨，并且把个人生命历程划分为几个阶段进行理财分析，之后总结各种理财方式的技巧和策略，从而最终改善和提高我国居民生活水平，满足日益增长的物质文化的需要。

通过本书的学习，读者可以掌握理财应具备的基本理论和分析方法，培养独立的理财实践能力，在瞬息万变的市场环境中积累财富。

本书的特色如下：

(1)在结构上，以人的生命周期、发展阶段作为指导，介绍不同人在不同年龄阶段的理财策略，每种方式需要具备的知识和技能，适合不同人群阅读。

(2)在内容上，系统阐述了个人理财应该具备的素质和能力，在少年、青年、中年、老年等不同的人生阶段正确选择投资方式，在此基础上分方式、分品种选择理财产品和工具。

(3)在形式上，以案例和故事为基本导入点，力求通俗易懂。浅显的故事和案例吸引读者深入学习，为激发读者的理财兴趣起到良好的引导和启发作用。

由于水平有限，书中难免有不妥之处，希望读者指正。

王　娟

2013 年 5 月 1 日

目　　录

第一章　理财的基础知识

世界上并非每一件事情，都是金钱可以解决的，但是确实有很多事情需要金钱才能解决。

——李嘉诚

案例导入

学会精彩理财生活

我和大多数家庭主妇一样，长时间来都是实在而传统地打发日子，不懂所谓的“理财”。我的家庭收入主要靠我和老公两个人的工资，算是中等吧。以前一直觉得日子过得不紧不松，钱也够花，而且每月略有节余。但是这几年来，从金融危机到物价上涨，我感到手头趋紧，越来越发现理财的重要性。慢慢地，我有了自己的理财三部曲：科学规划生活、谨慎计划投资、挖掘潜力开源。

科学规划生活。从物价上涨中，我学会了精打细算过日子。我发现家乐福、步步高、华润等大型超市都有便民车到我们小区，于是我每周六早上坐最早的那班免费便民车去超市采购。超市几乎每周末都会有特价活动，同样的大米，20千克要便宜八九块；大白菜超市特价时只卖2毛多钱一斤，一颗大白菜就要节省五六块……就这样我每周一次的集中采购，一般要省四五十元，一个月下来就是两百块钱。酷暑寒冬时，周末和好朋友拼空调、拼餐，出去游玩时拼车，这样不但节省了开支，还增进了友谊。平时注意养成节约的好习惯，水、电、煤气开销也能省下不少。其实，精打细算的生活也是别有情趣的，比如在阳台上建个小菜园，绿色植物自己修剪和打理，少在网上闲逛，多看书或与家人聊天，生活的成本节约了，幸福指数也提高了。

谨慎计划投资。之前我家每个月用到最后剩下的钱都是直接存入银行，朋友亲戚想借就借，压根就不存在投资。这样不但钱生不了钱，有时还会因为借钱还钱的事得罪亲朋。今年我把多余的钱开始定期投资基金，每个月固定投入，年底算收益，加上分红，收入居然很不错。同时我开始关注股票，选择好股票后，每月适时买入。虽说也不知道现在到底是不是底部，但总体看来向上的空间一定比向下的要大得多，是细水长流积累一些股票和基金的时候了。我们平时工作较忙，没有太多的时间学习炒股的技巧，因而在投资上，只能效仿最简单的“长线操作，稳中求升”的方法，相信坚持多年后，会享受到获利的快乐。

挖掘潜力开源。双职工家庭最怕的就是一方失业或收入上有大幅度的减少。随着年龄的增长，我一直在思考，怎样挖掘工作之外的赚钱能力。

去年我开始尝试为外国留学生提供寄宿家庭（Homestay）。Homestay 在国外是很普遍的，而在我国只上海、北京等大城市才开始起步。经过申请和必要的手续，从去年 9 月开始，我家接待了来自英国的女学生。她要在我家住 6 个月，我可以得到相应的报酬。这是去年我在“开源”上收入最大的一块了。当然 Homestay 除了带来一定的经济收入外，它在丰富家庭生活方面的附加值也是不小的。另一个“开源”就是开始投稿，我在上学时就喜欢写文章，大学时曾经靠稿费给自己补充生活费，只是工作后便辍笔了。我买来报纸、杂志研究编辑的用稿特点，接着有目的地写稿、投稿，稿费虽然不多，但是经过一定时间的积累，每月也有了上千元的收入。后来又有开广告公司的朋友找我写广告软文，不但挣了稿费，还免费尝尽了本城市各大饭店的各类美食，并且免费收获了美容卡、健身卡、瑜伽卡，真是不亦乐乎！老公也在我的感染下开起了网店，经常开车去赶集摆摊，收入竟然与工资持平了。

总之，现在的时代生财机会很多，只要善于开动脑子，未雨绸缪安排生活，有钱没钱都“理财”，生活就会芝麻开花节节高，不但收获钞票，还能收获许多“懒人”体会不到的惊喜。

（作者：王奇志，资料来源：www.xiaogushi.com.2012－10－03）

第一节　家庭及个人理财的背景

一个人一生离不开三件事，健康、法律和财务。我们学校教育中缺乏财商教育，现在许多孩子都习惯于看到一件满意的东西就朝爸爸妈妈开口“我要买”，但是钱是哪里来的、如何去衡量价格和价值等，都不知道。我们要从小就倡导财商教育，让孩子们知道怎么挣钱、花钱。

——刘彦斌

一、个人及家庭理财的概念

根据美国理财师资格鉴定委员会的定义，个人理财是指为合理利用个人财务资源、实现人生目标而制定并执行财务策略的过程。该定义虽然说明了个人理财的内涵，但其外延仍不太清楚。中国金融理财标准委员会指出，个人理财包括个人在生命周期各个阶段的资产和负债分析、现金流量预算与管理、个人风险管理与保险规划、投资规划、职业生涯规划、子女养育及教育规划、居住规划、退休规划、个人税务筹划和遗产规划等内容。在国外，专业的理财机构会根据客户的收入、资产、负债等情况，在充分考虑其风险承受能力的前提下，设计个人理财方案并帮助客户实施。严格地说，目前我国金融机构通过销售个人理财产品的形式开展的个人理财业务只是为客户提供了一种新的投资理财工具，而非真正意思上的个人理财。个人理财的核心是合理分配个人资产和收入，既要考虑财富的积累，又要考虑财富的保障。个人理财本质是个人在生命周期内的长期资产配置问题，它以退休储蓄和投资为核心内容。在国外，个人理财包括生活理财和投资理财两种。

专业书籍是这么给“理财”下定义的：理财是对个人、家庭的财产进行科学的、有计划的、系统的全方位管理，以实现个人、家庭财产的合理安排、消费和使用，是一门赚钱、花钱、省钱的学问。不过，日前人们对理财的普遍看法是，理财是为了让资产保值增值，让钱生钱而采取的方法和手段。

二、家庭及个人理财发展历史

研究中国古代居民理财思想，能使现阶段居民理财学科建设从中吸取营养，做到古为今用，在借鉴中求发展。居民理财是社会经济发展的产物。经济、政治、法律、科技和社会等因素影响着居民理财，并导致理财的变革与发展。

中国古代经济思想的一个重要特点是以国家为本位的经济思想占主要地位，“经济”一词的本意“经世济俗”“经国济民”即是指此。历代的思想家大多是从国家的角度谈论财富，把“富国”作为研究经济问题的目的和中心，而很少有人从家庭或个人（私人）角度讨论如何发财致富的问题（私人理财问题）；即便从私人角度谈论如何致富，也只是从流通过程表面分析问题，实际上是谈致富之术（例如战国时代的白圭），而很少有人谈论致富之学（居民理财学）。到了西汉中期，中国古代居民理财思想臻于成熟，其标志是《史记》的问世。《史记》，尤其是其中的《货殖列传》篇蕴含着丰富的中国古代居民理财思想，是以往居民理财思想的系统总结，也是居民理财学发展史上的一座重要里程碑。

司马迁认为“富者，人之情性，所不学而俱欲者也”。他还说：“人各任其能，竭其力，以得所欲。”“天下熙熙皆为利来，天下攘攘皆为利往。”人们都是为了利而奔波忙碌的，于是人们的经济活动得以产生。求利或求富，成为人们从事经济活动的动力，成为社会发展的动力。韩非曾引用过当时的谚语：“长袖善舞，多财善贾。”意思是有了长袖，才能舞得好看；本钱大才能左右逢源，经营自如。这里是把“多财”作为经商成功的条件。司马迁又说“无财作为，少有斗智，即饶多时”。这就是说，有无本钱和本钱的大小不同，谋生、经营方式也不同。没有本钱的人，也就是没有生产资料的人，只能靠劳动谋生。有一定的本钱，但本钱不多，可以经营农、虞、工、商，运用自己的经营才智。如果本钱很大，财力雄厚，就具备了操纵市场，逐时争利的条件，这种“争时”是可获大利的。另外，韩非认为富者是由于“力而俭”，贫者是由于“侈而惰”。司马迁认为，这种说法并未说到点子上：勤俭只是治生（致富）的一个一般条件，而不是决定条件。单纯依靠勤俭，只可免贫，而不足以致富。他进一步论述致富的决定条件为：“夫纤啬精力，治生之正道也，而富者必用奇胜”。纤啬精力，也即勤俭，是“治生之正道”，司马迁是肯定的。但他认为要想致富发大财，单靠勤俭是不够的，必须“用奇胜”。这个“奇”也就是出奇制胜的经营之术,是在治生方面的具体表现。白圭所讲经营者的四种素质中,精于权变的“智”和善于决断的“勇”,就是“用奇胜”所要具备的素质。

可见,我国古代居民理财思想从理财的目的、方法到能力都阐述很多,虽然在某种程度上受到当时落后思想制约,但是也有许多深刻有价值的理论为现在所借鉴,我们可以汲取其中有价值的思想成果,对于现代居民理财学科建设具有重要意义。

三、家庭及个人理财的经济背景

自从 1978 年改革开放以来,我国国民经济持续快速地增长了三十多年,国内生产总值、人均收入、存款余额等这些对个人财富积累、生活质量和人民生活水平产生重大影响的指标都大幅度地增长,街道上的汽车越来越多,高档的小区和娱乐活动越来越丰富,毋庸置疑的是,我国人民越来越富裕了。

当我国第一次面临越来越多的人在满足基本生活之外有了自己的财富时,过惯了几十年的“计划经济生活”的人们又面临着一种新的局面,要开始自己买房、自己负担子女的教育费用、自己承担部分甚至全部医疗费用,要自己安排一生。面对快速发展的经济、急剧变化的社会、未来发展的不确定性,人们的理财意识开始觉醒,对资产增值保值的要求也越来越高。随着居民个人家庭资产日益增多,理财知识与理财观念逐渐改变,银行单一的储蓄功能已不再满足广大投资者的资产增值愿望,传统的以银行储蓄为绝对主体的居民理财格局开始出现变动,除了储蓄之外,寻找新的投资产品,以获取更高的投资收益成了发展趋势。

然而如果居民自己没有专业知识,又没有得到市场专业人士的指导,不但不会保值增值财产,反而会加大损失。如果缺乏必要的专业指导,普通投资者往往在投资过程中出现一些极端的情况,如有些投资者会将所有的财产放在银行存款里面,这样让通货膨胀侵蚀了投资者的财富;有些投资者会为了追求高收益而将所有财产投入股票、期货等高风险市场,可能会面对血本无归的高风险,也可能会造成很大的负面影响。面对现代社会各种复杂的投资理财工具,单纯依靠经验与直觉投身于投资市场将面临巨大的风险。因此,个人投资理财必须理论与实践相结合,要有理论知识的武装和实践训练,不断提高自身的投资理财知识水平、能力、经验与心理素质,从这个角度讲,成功的投资理财并不是每个人都能够做到的。只有不断学习新知识,不断在失败与成功中总结经验与教训,不断磨炼心理素质的人,才能最终成为投资理财的胜利者和成功者。

研究个人理财可以使居民树立正确的理财观念,引导他们采取理性和科学的方式理财,培养和提高其理财能力,使其在特定的资产约束下实现效用和福利的最大化。

有人说:我没有什么钱,又有什么财可理呢?可是那些把企业经营得红红火火的企业家和腰缠万贯的富家子弟,又有几个人会打理自己的财富呢?我国有句古话叫“富不过三代”,摩根公司的最新调查印证了它:全球大部分超级富豪过去 20 年都没能守住自己的巨额财富,其“败家率”高达 80%。有人把《福布斯》杂志的全球富豪榜与 20 年前相比,发现平均每 5 名榜上有名的超级富豪中，只有 1 名能依然屹立在榜单上。富翁破产的原因可能是财富的巨大增加了管理难度，但更重要的是在如何使自己的财富保值增值上缺乏正确的方法，又随意挥霍，最终导致破产。

拳王泰森从 20 岁开始打拳，到 40 岁时挣了将近 4 亿美元，但他花钱无度，别墅有一百多个房间，跑车几十辆，养老虎当宠物，结果到 2004 年年底他破产的时候还欠了国家税务局 1 000 万美元。我国胡适先生是著名的学者、教育家、外交家。他的一生始终处于社会的上层，在步入中年之前，一直收入丰厚。1917 年，27 岁的胡适留学回国，在北京大学任教授，月薪 280 银元。那时 1 银元相当于现在的人民币 40 多元，月薪折合人民币 11 200 元。1931 年，胡适从上海回北京大学，任文学院院长，月薪 600 银元。当时他的著作很多，版税、稿酬更加丰厚。据估算，他每月收入 1 500 银元。那时 1 银元约合现在的人民币 30 多元，月收入相当于现在人民币45 000元，年收入达到 50 多万元。他家住房十分宽敞，雇有 6 个佣人，生活富裕。但胡适不注重理财，长期没有积蓄。1937 年抗日战争爆发时，也就是胡适步入中年以后，他的生活开始拮据起来，且持续到以后余生。进入暮年，胡适每次生病住院的医药费都告急，只能提前出院。为什么这些富裕一族反而陷入财务危机呢？事实是，不会理财使他们的生活陷入窘迫。

钱少的时候，人们可能会抱怨无财可理；钱多了，又觉得没时间理财。有钱、没钱、钱多、钱少都成了忽视理财的借口。理财并不是有钱人的专利。你的收入可能只够勉强维持生计，似乎无财可理，但理财不仅要开源，也要节流，钱少的人更需要合理安排自己的支出，增加自己的理财知识，尽量获得高回报率，使自己的资产增值。

第二节　理财习惯的培养

理财是一种习惯，要想未来过上好日子，从今天起你要改掉你以前的坏习惯。

——刘彦斌

案例导入

理财教育从"零"开始

墨墨（化名）最近刚过 5 岁生日，记者在超市里碰见他的时候，他妈妈正带着他在超市玩具区买玩具，只见他放下这件，又拿起那件，紧锁的眉头显示他正在做着艰难的决定——到底该选哪一件呢？

他妈妈告诉记者，因为出门的时候，已经同他说好只能买一件20元以下的玩具，所以为此，墨墨来到超市之后，不得不将每件喜爱的玩具认真比对，看是否超价，是否还有更心爱的玩具。

“以前来到超市，看到好玩的、好吃的，他统统都要，买回家之后又不珍惜。”墨墨的妈妈说，在墨墨3岁的时候，她意识到儿子的这个习惯不好，但不知从何改起，当每次欺骗儿子说没带钱企图让儿子放弃购买时，儿子都会说“那你去银行取啊”。

墨墨的妈妈有一次参加儿童早教培训，听说小孩也要学会理财，而且越早越好。她意识到，对孩子要进行理财教育了。

要让儿子学会理财，首先就要让他认识到钱的重要性。为此，墨墨的妈妈买了一个塑料的储蓄罐回来，交给墨墨，并告诉他家里的角票、硬币今后都是他的了，要好好保管，今后要买什么东西，都只能从这里取，而不能再去银行取了。经过几次磨合后，墨墨对“赚钱”的激情空前提高，墨墨妈每次买菜回来，他都会将剩余的角票及硬币细心整理，然后放到储蓄罐内。

零钱总是有限的，而墨墨想买的东西又太多，既有好吃的，又有好玩的，特别是一些稍微好玩一点的玩具，价格往往都比较高。这时候，墨墨的妈妈又耐心地教育墨墨，要买好的玩具也可以，那平时就要尽量克制，能不买的玩具和零食尽量不买，要买的时候每次也只能买一样，当积攒较多的钱的时候，就能够买下心爱的玩具了。

墨墨的妈妈告诉记者，看到儿子在购买零食和玩具方面已经学会节制，到超市买东西的时候也能够像大人一样货比三家，她觉得自己对孩子的理财教育已经取得初步成功了。

（作者：刘红辉，资料来源：南方日报.2011-10-08）

一、培养财商，从小做起

财商(Financial Intelligence Quotient，FQ)，是指理财能力，特别是投资收益能力。没有理财的本领，你有多少钱也会慢慢花光的，所谓“富不过三代”就是指有财商的祖辈辛辛苦苦积攒下来的钱，最后大多也会败在无财商的子孙手中。财商是一个人最需要的能力，也是最容易被人们忽略的能力。FQ是继IQ，EQ后逐渐兴起的一个新名词。你的FQ有多高，直接决定了你是否能利用好手中拥有的资产，做好资源配置，完成财富累积。现今社会，理财教育越来越被人们所重视，然而，正如“教育要从娃娃抓起”，不少理财师都指出，培养FQ也要从儿童时代开始，未雨绸缪。“暑假里，父母们刚好可以利用这个时间，对孩子进行贴身理财培育。比如参加银行举办的儿童理财讲座，带着孩子到银行办业务等。”民生银行广州分行理财师表示，13岁前是儿童的黄金教育时期，父母应及早做好准备。

一项调查显示，绝大多数少年儿童都有零花钱，九成以上的孩子存在乱消费、高消费、理财能力差等问题。但与国外注重儿童理财教育不同的是，国内的许多父母仍然认为，孩子年纪还小，学习才是最主要的事情，不需要这么早学理财，不然变成“小财迷”或者“吝啬鬼”就麻烦了。

“这种观念是不正确的。”理财师说道，就像买电器需要使用说明，给予孩子金钱之前也要教会孩子怎么安排零花钱和压岁钱，千万不要只做孩子的提款机。“如果说培养一个好习惯，就像往银行里存一大笔钱，那么不要忽略了存上‘理财习惯’这笔财富。”

研究表明，5～12 岁是儿童理财教育的关键期。在这个阶段，孩子的金钱价值观和消费习惯尚未稳定。如果此时进行理财教育，那么今天孩子学会安排 10 元钱的用途，明天给他 10 万元、100 万元甚至更多的钱，他都能游刃有余地处理好。徐霖认为，理财教育，是一种在生活中引导孩子体验和管理金钱的实践，也是引导孩子学会规划梦想和管理人生的生存教育，更是引导孩子学会感恩父母、建立责任感、获得独立自尊等健全人格的教育。正确的财富观念、理财意识和良好的理财习惯，将让孩子终身受益。表 1－1 列出了各年龄阶段财商培养计划以供参考。

目前，国外对儿童的财商愈来愈重视，家长希望自己的小孩能早一步认识理财观念，并奠定财富基础。各个国家的做法有待我们借鉴[①]。

表 1－1　各年龄阶段财商培养计划

年龄	财商培养计划
3 岁	辨认钱币，认识币值、纸币和硬币
4 岁	学会用钱买简单的用品，如画笔、泡泡糖、小食品
5 岁	懂得钱是劳动得到的报酬，并正确进行钱货交换活动
6 岁	能数较大数目的钱，开始学习攒钱，培养“自己的钱”意识
7 岁	能观看商品价格标签，和自己的钱比较，确认自己的购买能力
8 岁	懂得在银行开户存钱，并想办法自己挣零花钱，如卖报获得报酬
9 岁	可制订自己的用钱计划，能和商店讨价还价，学会买卖交易

德国：童话打开金钱之门。

一向以严谨著称的德国，面对孩子却有生动的一面。向孩子讲述理财童话故事的《小狗钱钱》曾风靡一时。“如果你只是带着试试看的心态，那么你最后只会以失败告终，你会一事无成。尝试是一种借口，你还没有做，就已经给自己想好了退路。不能试验，你只有两种选择，做或者不做。”“你能否挣到钱，关键的因素并不在于你是不是有个好点子。你有多聪明也不是主要原因，决定因素是你的自信程度。”这些生动有趣的话语，相信孩子们在树立金钱观念外，还会学到更多的人生道理。

美国：卖玩具换收入。

① http://yuer.pcbaby.com.cn/yuer_zt/babyFQ/国外理财教育。

作为移民国家的美国，历史很短，因此美国人传统、保守的思想较少，在生活习惯上也不墨守成规。同样，在子女理财教育方面，习惯花未来钱的美国人也与其他国家颇有不同。美国父母希望孩子早早就懂得自立、勤奋与金钱的关系，把理财教育称之为“从3岁开始实现的幸福人生计划”。对于儿童理财教育的要求：3岁能辨认硬币和纸币，6岁具有“自己的钱”的意识。他们有一句口头禅“要花钱，打工去”。美国小孩会将自己用不着的玩具摆在家门口出售，以获得一点收入。这能使孩子认识到即使出生在富有的家庭里，也应该有工作的欲望和社会责任感。

英国：能省的钱不省很愚蠢。

提起英国人，给人们的印象是过于保守，这种作风体现在理财教育方面则表现为，英国人更提倡理性消费，鼓励精打细算。因此，英国人善于在各种规定里寻找最合适的生活方式。在英国，从幼儿起就开始接受理财教育，并针对不同阶段提出不同要求：5～7岁的儿童要懂得钱的不同来源，并懂得钱可以用于多种目的；7～11岁的儿童要学习管理自己的钱，认识到储蓄对于满足未来需求的作用。

日本：管理自己的零用钱。

日本人讲究家庭教育，他们主张孩子要自力更生，不能随便向别人借钱，主张让孩子自己管理自己的零用钱。日本人教育孩子有一句名言：“除了阳光和空气是大自然赐予的，其他一切都要通过劳动获得。”孩子长大一点许多日本家长都鼓励他们利用课余时间在外打工挣钱。在日本，很多家庭给孩子买玩具时，都会告诉孩子，玩具只能买一个，如果想要另一个的话就要等到下个月。

二、性格与理财

理财个性是指居民在理财进行过程中表现出的个人特征，与人的性格有着很大关系。有的人性格比较冲动，有的人性格则比较沉稳；有的人独立性很强，而有的人则事事依赖他人；有的人愿意袒露心扉，而有的人则疑心重重。理财个性也对个人理财方式的选择有着重要影响。在理财中，人们往往只重视理财知识、投资技巧、市场数据等，却忽略了获得财富最重要的一点——理财人格。实际上，理财人格才是决定理财效果的根本原因。[②]

(1)购物狂。吉尔是一个成功的广告主管，她气质出众、知识广博。她还是个满怀雄心壮志的女人，并且有着很强的组织能力。

总算忙完了一天的工作，回家时，当出租车途径繁华的商业区时，一股绚丽的光影从吉尔面前一闪而过。就在那一瞬间，吉尔被那股从一家高档服装店的商品橱窗里射出的美丽无可救药地征服了。“停车！停车！我就在这下吧！”

吉尔径直冲到楼里，走进了那家精美的店铺。她紧张急切地翻着那些摆放的整整齐齐的

② 朱莉·斯塔夫.理财连连看——根据个性来理财.南海出版社，2011.

衣服……太好了，有她穿的号！太完美了！

这件衣服确实很棒，甚至可以说是她见过最美的衣服，但也贵得吓人！

经过一番激烈的思想斗争后，她还是把信用卡拿了出来。

和许多职业女性一样，吉尔具备了挣钱的能力，却不具备获得财富的能力。吉尔产生冲动消费的动机很明显，即她觉得无论什么都是她应得的。这种消费动机其实很常见，也因此才会出现那么多诸如“这件商品不便宜，但却是你应得的”之类的广告文案。

钱一到情绪性消费者的手里，就像水流入沙土，不一会儿就消失得无影无踪了。因此这类人想要有所积蓄，在拿到钱之前就要有所行动。工资自动转移计划、养老金计划及自动存款特别适合这类人。

由于女王型购物狂做事情都很有目标，因而理财上首先要给他们设定一个目标，并针对每一个目标专门设立一个账户。当明确了自己存钱的目的时，存钱的过程就会变得非常有意思。这样，女王型购物狂就能把枯燥的储蓄过程转化为一个可以实现的目标，并最大限度地减少那种盲目购买行为。

对于女王型购物狂，要想走上一条正确的理财道路，一定要把计划职业道路的那股劲头也用在规划自己的理财道路上，在保证自己的幸福指数的同时又能实现财富上的相对稳定。

(2)完美主义者。比尔带着他的儿子吉米去棒球场参加棒球决赛。问题来了：那么大一个露天看台，他该坐哪儿呢？

比尔终于找到了一个观看儿子比赛的绝佳位置。但是……，最好的位置好像应该是再靠下两排的那个，可那个位置被别人占着。

这下比尔可有些按捺不住了。他一直用嫉妒的眼神盯着那个位置看，甚至都没办法专心享受比赛了。当他下了决心并准备去拍前面那位女士的肩膀和她交涉一下时，却看见吉米跑到了运动员休息区，正对着自己疯狂挥手，阻止他这样做。

孩子这一弄让比尔暂且打消了换座位的念头，心里想着：“那好吧，我就坐这儿了，说不定这个位置还好一些呢(那是不可能的)！”但是坐定后他发现这个位置果然更好，因为下面的位置不方便拍摄。可是，这下坏了，比尔想起来自己连数码照相机都没有。一想到这，他感到无比内疚。他多么希望自己已经把那台觊觎了好几个月的数码照相机买了下来，现在就可以派上用场了。但是，当时有那么多的款式和那么多的功能供他选择，他要做那么多的分析和决定。比尔去了四趟商店，每次去商店，都要和售货员咨询好几个小时，售货员都受不了他了。

比尔总是因为过分注重细节而失去对事物的宏观把握，他甚至会把各种有可能发生的紧急情况都考虑得清清楚楚。坦白地说，如果你也是完美主义者的话，你不会轻易向别人承认这一点。但在内心深处，你希望自己能够轻松一些，不要对自己那么苛刻。其实你可以让自己善于分析的性格成为你的优点，只要你能把它限制在一个合理的范围内。

你应该把你所有的“最好”“最完美”改成“比较好”。同样，你还应该把“我必须”“我应该”等词换成“我最想要的”“我最喜欢的”。当你考虑一个问题时，请不要把一些无关紧要的细节都扯进来。

如果你每月要为自己的理财状况从不同的角度作10个分析报告，那么现在是你简化这个程序的时候。选两个最能客观反映自身金融现状的方案，然后毫不犹豫地把其他方案全部舍弃。

在生命中，我们有时必须斩钉截铁地做出决策，然后继续前行。在这些时候，就算做出错误的决定也比什么决定都不作要好。

(3)存钱罐。乔治的每一分钱都是通过长时间的辛勤劳动得来的。小时候，乔治的父亲常常会教导他说："儿子，树上可结不出钱啊，天上可掉不了馅饼啊。"关于金钱的谚语、存钱的方法及朴素实用的理财建议，他父亲可以不停地唠叨上几个小时。

现在，乔治已经有了属于自己的小家庭，可他依然坚定不移地贯彻着父亲的财富观，延续着家族中节俭的优良传统。但是，这年头要保持这个传统不是件容易的事。你看，今天他就遇到麻烦了。他那一向温柔体贴的妻子正在厨房里逼问他。

"乔治，我们每月只看一次电影，你还总是提前在家做好爆米花，把咱家的账本拿给我看看！为了加到最便宜的油，你开车跑到三十公里以外的加油站，我也没有笑话过你……"

在家里，只有乔治才知道钱在哪里——他把钱都精心地藏了起来，以备不时之需。毫无疑问，在"存钱罐"的世界里只有苦行僧般的生活方式。这类人的人格特点往往是由于一些过去的人生经历促成的。他们共同的人生信条：就算别人不来帮助我，我也要保证自己有足够的钱来自助，而不是等着别人来让我失望。

如果想要享受到金钱带来的满足感和幸福感，这样的人要做的第一件事就是，停止逃避生活。钱的真正价值在于可以用它买来多少高质量的时间。

其实要做的事情很简单，就是建立一个有特殊项目的户头，然后选择一个理财方式(比如通货膨胀保值国债、养老保险投资)。这样可以走出自己的那片小天地，拓展自己的理财能力。你会发现，一旦你为自己储存财富的欲望赋予了具体目的，你就会感觉你的钱甚至你生活中的一切都尽在你的掌握之中。

(4)好好先生。十年来，汤姆一直在一家非营利社会服务机构工作。工资虽然有点寒碜，不过倒也能满足他的要求，够支付那间小屋子的租金了。

汤姆过着朴素的生活，他把大量的时间与金钱都投入到当地的教堂及慈善事业。几年前，汤姆在当地的银行办理了一个个人退休存储户头，每个月他都会往账户上存50美元。他想着，这应该让自己退休后有足够的钱养老了。

汤姆有一个比较固定的朋友圈。其中有个叫罗伯特的朋友，为了能去危地马拉旅游，向汤姆借了钱。可自从在危地马拉养足精神而且开开心心地回来后，罗伯特却只字不提还钱的事。

对汤姆来说，这意味着他要把期待已久的河上漂流计划暂时搁置了。

汤姆是个典型的“好好先生”,他的人生有着很明确的目标,那就是将自己的时间、学识无私地奉献给社会。“好好先生”们从来不缺少热情。但要改变“好好先生”,只有当他们看到自己的成功能够帮助那些真正需要帮助的人时,他们才会真正对自己手中的钱另眼相看。

“好好先生”的处事方式有时候会让自己放弃本来属于自己的权利,放下那些原本自己想做的事情,许多想说的话也因为害怕伤害别人而藏在自己心里。可是你是不是也应该坐下来静静地想想自己曾经拥有的梦想。你也应该为自己活一活!

以上几种人物性格充分揭示了不同的人对待不同事物的态度,也决定了理财方式。其实性格划分,主要是对待理财风险的态度,有些人喜欢冒风险,获取最大收益;有些人不喜欢风险,取得稳定收益。俗话说,性格决定命运,这句话用在理财方面同样恰当,不同性格的人会选择不同的理财产品,得到不同的理财结果。如何才能做到在理财过程中扬长避短呢?这需要我们在理财之前对自己的理财性格有一个全面、系统和详细的了解。

(1)保守型。这类型的人,在我们周围的人群中最为常见。他们在理财投资方面胆小谨慎,对于理财中的一切新事物,一概抱着拒绝尝试的心态,无论理财形式如何变化,一概以无风险为首要前提。他们不愿冒理财风险,理财方式以最常见的储蓄、国库券、保险为主,即使贷款买房也是在生活必需的前提下。

建议此类人在关注储蓄、国库券、保险等基本理财品种的基础上,适当尝试新的理财方式,譬如尝试风险较小的基金、购买少量股票等比较激进的投资理财方式。

钱是靠挣而不是靠省的。没有钱也许很大部分就是没有加大理财力度的缘故。那么从现在起,就要慢慢改变理财只是储蓄、保险等原始方式的想法,把理财眼光放得尽量长远一些。

(2)激进型。与保守型相对应的是激进型,这类型人在理财投资方面,勇于尝试一切新方式,是各类理财新产品最早最大胆的试行者。他们把通过理财使个人财富积累作为衡量是否成功的最佳标准,他们渴望一夜暴富,信奉高风险高收益原则,喜欢选择短线投机式的理财投资方式。

此类型人,缺乏系统的理财专业知识,大多时候只是盲目追随市场上的投资热点,今天说买股票赚钱了,就买一堆股票,明天有人买基金挣钱了,就赶忙卖掉手中股票换基金。理财知识和专业投资理财方式严重匮乏,导致多数情况下只是忙来忙去,最终却一无所获。

建议此类人首先改掉盲目冲动、喜欢跟风的坏习惯,请专业理财师,为自己量身定做系统理财规划。开始的时候,最好以传统理财手段和方法为主攻方向,对照理财规划按部就班进行理财投资,经过一段时间调整好理财心态后,再大胆进行理财新产品的运作。

(3)进取型。这类型人在理财过程中,喜欢尝试新的理财投资品种,但是是在了解该品种,并熟知相应投资风险的前提下。他们自身具备一定的理财投资知识,理财更注重质量,偏爱自己直接选择理财方式和手段,专业理财机构的理财规划只是作为他们的一个参考。

进取型的人是脚踏实地的人,适合选择投资房地产。在确认房地产是长期最赚钱的投资项目后，他们会从小户型开始起步，铆足干劲，靠自己的努力和奋斗得到理财收益。

其中生活品位高、审美能力强的人，则适合选择投资收藏，他们一般都是生活条件优越、不期望暴富的一群人，即使投资失误，也不用担心最基本的生活保障。因而，他们在投资收藏、怡情养性的同时，慢慢积累属于自己的财富。

百折不挠的人适宜选择投资外汇和黄金。他们胆大心细，喜欢在金融大潮中抓机遇，不满足小钱小富，往往不达目的不罢休；如果你是进取型而又敢于冒风险，投资外汇、黄金、股票是最佳理财选择。

(4)稳健型。这类人有丰富的社会经验，理财以稳健为主。他们善于花时间专攻理财，注重理财方式的实用性，不把追求高收益作为唯一的理财目的，相信科学的理财方法和专业理财人士的建议，并善于利用这些为自己的理财投资提供更好的服务，事业成功的同时也为自己赢得相应的财富。

在投资理财过程中，他们头脑始终保持精明冷静，不只关注理财的眼前利益，更注重理财的长远规划与收益。此类人在理财过程中有明确的目标，没有把握的投资决不涉及，而一旦瞅准机会，则会持续稳妥地推进，理财过程中一般较少有失败的记录。

他们对理财中出现的新投资品种会大胆尝试，但对其中高风险高收益的投资品种，则会慎重选择，保持高度的警觉。一般情况下，理财主张以安全和长期收益为主，相比其他类型的人，他们更愿意接受专业理财机构的服务。一般情况下，会较多选择风险和收益居中的理财品种。

(5)安逸型。此类型人对于理财没有明确的目标，理财喜欢随遇而安，不会过于执着理财规划所要达到的结果，对金钱的态度也比较平和，投资理财基本属于中庸，即介于激进型和稳健型之间。此类人做事大多虎头蛇尾，若自己单独理财，结果往往不甚理想，需要有专业人士从旁监督指导，但这类人心态极好，不会在理财方面给自己太大的压力。

此类人适合选择高风险和低风险理财产品各半的理财方式，只要中途不随便改变计划，养成定期检查理财产品运行情况的习惯，一般会有较好的理财收益。鉴于此类人天生的理财惰性，最好的理财方式还是选择直接把钱交给专业理财规划师打理。

了解各种理财性格后，我们可以分析一下，自己到底属于哪种类型的理财性格，适合怎样的理财方式，然后根据自己的理财性格、投资偏好和风险承受能力，选择最适合自己的理财方案和理财目标。

三、习惯决定理财

美国理财专家柯特·康宁汉有句名言："不能养成良好的理财习惯，即使拥有博士学位，也难以摆脱贫穷。"虽然养成好的理财习惯是个痛苦的过程，但这些习惯可以让人"有钱一辈子"。[3]

---

③ 佚名．让你一辈子有钱的四个理财习惯．江南时报，2008－09－10．

美国学者托马斯·史丹利调查过上万名百万富翁，其中的84%都是从储蓄和省钱开始的；大约70%的富翁每周工作55个小时，仍然抽时间进行理财规划；这些富翁一年的生活花费占总财产的7%以下，即使没有工作收入、坐吃山空，平均也能撑过12年。

百万富翁都要花时间进行理财规划，白领们怎么会忙到没时间审视自己的收入和支出呢？要想致富，就一定要挤出时间，尽早培养理财习惯。

在理财习惯尚未建立前，得小心一些坏习惯。很多职场中人不但没有储蓄、存钱这些好习惯，反倒养成了拖欠信用卡债务的恶习。结果，人生不是从零开始，而是从负数开始。理财不仅是投资，更是循序渐进地培养"赚钱、存钱、省钱、钱滚钱"的习惯，这些习惯能让人拥有滚滚财源。

(一)努力赚钱，积累"第一桶金"

对于鲜有意外"横财"的职场中人来说，一定要把提高工作收入列为最重要的目标。随着薪水的不断增加，才可能快速积累起可供理财、投资的第一桶金。可以建立自己的"理财情报网"，例如像富翁一样常到银行逛逛，搜集理财情报等。多跟比自己有投资理财意识的人交往，为往后的投资打基础。

(二)定期存钱比投资更重要

无论是靠工作赚钱还是靠钱生钱，持续储蓄的习惯绝不能废弃。储蓄金额一定要随着收入的增加等比例提高。最好的"自动储蓄方法"就是定期定额投资。从2007年年底以来，全球投资市场波动加大、风险升高。此时，"提高储蓄率"比"找到高获利的投资工具"更容易执行，效果也更明显。

(三)记账审视花费，省钱不能忘

想省钱，一定要记账。记账能找出花钱的漏洞，效果非常明显。除了审视花费外，人们还应取消长期不用的"休眠账户"，这些账户里的余额，可能又是一笔百万存款的"头期款"。

(四)钱滚钱，设定5年计划

储蓄是加法的金钱累积，投资则是用"乘法"在累积财富。理财越早开始越好，但不应该太早开始投资。如果没有好的观念、策略，赔钱的可能性更大。因此，杨伟凯强调，年轻人的第一桶金，先通过开源节流的方式累积至少75%，另外25%靠投资获得。而存第一桶金的时间宜设为至少5年，"因为时间一短就会急，不屑于做长期投资了"。

理财是一种习惯，就像人需要建立良好的生活习惯，进行必要的保养、养生来抵抗岁月带来的衰老，财富也同样需要良好的理财习惯来保值甚至增值。近年来流行一句话："成功＝智商＋情商＋财商"，可见在这个社会财富增长加速的时代，对财富的处理已经成为人们生活的重要部分。不管这个等式准确与否，理财需要建立习惯，已经是从理财师到普通投资人的共识。授之以鱼不如授之以渔，应该让孩子养成好的理财习惯，必将受益终生。

第三节　合理选择理财方式

每一个以亿为单位的数字的背后，除了艰辛的创业史外，还有自成体系的理财方式。其实世界上没有传奇，只有不断为传奇而努力；其实赚一亿并不难，难的是让理财方式适合自己。

——萧伯纳

案例导入

教育储蓄和教育保险选哪个好？

读者提问：最近在银行买基金时，听在银行工作的人说存少儿储蓄可以免税，但回到单位同事又说买少儿险的分红也可以免税。我小孩今年3岁，刚上幼儿园，我想从现在开始每月存800元(每年约1万元)，为他准备今后的学费和教育方面的支出。小孩有医疗报销，不考虑医疗方面。请问，我该选择教育储蓄还是教育保险呢？

专家解答：教育储蓄的优点在于与普通储蓄相比，其执行整存整取的优惠利率，且免征储蓄存款利息所得税，收益率相对较高。目前主要有3种期限的存款，分别是1年期、3年期和6年期，执行相应的整存整取利率，其中6年期执行5年存款利率。

教育储蓄的缺点：第一，必须是在校小学4年级(含)以上学生，到期必须持存折、户口簿或身份证到税务部门领取免税证明，并经教育部门盖章才可支取。第二，最低起存金额为50元，但所有本金合计最高限额为2万元，超过一律不得享受免税的优惠政策。第三，当就读全日制高中、大学本科(大专)、硕士和博士研究生时，每阶段可分别享受一次优惠，但合计不得超过2万元。

目前教育险主要分为3种。一是纯粹的教育金保险，提供初中、高中和大学期间的教育费用。二是针对某个阶段教育金的保险，通常针对初中、高中或者大学中的某个阶段，主要以附加险的形式出现。三是不仅能提供初中、高中及大学的教育费用，还可以提供以后的生存保险。

教育保险的优点是兼具储蓄、保障功能。通常，不仅可在被保险人一定年龄后按期给付一定金额的教育金，还可为被保险人提供意外伤害或疾病身故等方面的给付及身故或高残保费豁免的优势。其缺点是，短期不能提前支取，资金流动较差，早期退保可能本金受到损失。

您的小孩教育金如何规划？孩子越小越适合通过教育保险来规划孩子的教育金，您的孩子现在3岁最适合采用教育保险来做教育规划。待孩子小学4年级以后可采用教育保险＋教育储蓄的方式。

（资料来源：太平洋亲子教育网，持家有道.2004－02－28）

了解理财，也要了解理财的分类，很多专业机构对于理财的分类不尽相同，而本书将理财按照主体分为政府理财、公司理财和个人理财，重点介绍个人理财。个人理财按照方式分为节约、储蓄、保险、投资（金融产品投资）、非金融产品投资、收藏和其他方式理财等。

一、节约，最基本的理财

勤俭节约是我国的传统美德。不论是拥有巨额财富的企业家，还是辛苦工作存点小钱的打工白领，都应该认识到节约理财的巨大能量。节约理财是一种关于理财的科学价值观，引导人们正确地生活与理财。美国人的“卯吃寅粮”使美国发生了严重的次贷危机，进而演变成金融危机，不但害了自己，还拖累了世界经济。如今，消费主义浪潮流行，并影响到我国的年轻人，很多人的消费不是满足生活需要，而是满足一种心理欲望。超过自己经济能力的消费膨胀，必然损伤很多人的财务健康。人无远虑，必有近忧，只有生活中奉行节约的价值观，保持健康的财务状况，才能有效抵御、轻松应对职场危机。

从日常生活的节约水电到消费的对比，都是节约的形式，节省下来的钱，就是相当于增加的收入，是理财的根本。

二、储蓄，理财的起点

储蓄是居民将暂时不用或结余的货币存入银行或其他金融机构的一种存款活动，又称储蓄存款。西方经济学通行的储蓄概念是，储蓄是货币收入中没有被用于消费的部分，以个人为考察单位的话，个人的实际储蓄实际是指名义量除以物价水平。存款的金额不同、时间不同，利息就有一定的区别，那么如何选择时间和金额，是储蓄理财要考虑的问题。

对于临时需要用钱的储户，最好采用“连月存储”方式，即储户每月存入一定的钱款，所有存单年限相同，但到期日期分别相差 1 个月。这种存储方法能最大限度地发挥储蓄的灵活性，储户临时需要用钱，可支取到期或近期的存单，以减少利息损失。

应对利率变化的，可以选择阶梯式存款。以 10 万元为例，4 万元存活期，便于随时支取；另外 6 万元分别存 1 年期、2 年期、3 年期定期储蓄各 2 万元。1 年后，将到期的 2 万元再存 3 年期，以此类推，3 年后持有的存单则全部为 3 年期，只是到期的年限不同，依次相差 1 年。阶梯存储使储蓄到期额保持等量平衡，既能应对储蓄对利率的调整，又可获取 3 年期存款的较高利息。

三、保险，理财的基本保障

保险是最古老的风险管理方法之一。保险合约中，被保险人支付一个固定金额（保费）给保险人，前者获得保证：在指定时期内，后者对特定事件或事件组造成的任何损失给予一定补偿。健康保险也是理财，投资型险种能使钱直接“生”钱。而用手头的闲钱购买一些养老、健康的保障型险种则是一种间接的理财方式，它可以用少量的保费来承担风险，从而减少原来需要支出的费用，同时也具有增值效益。与其他不温不火的保险市场相比，收益类险种一经推出，便备受人们追捧。收益类险种一般品种较多，它不仅具备保险最基本的保障功能，而且能够给投资者带来不菲的收益，可谓保障与投资双赢。分红险、万能险和投连险是最常见的收益类险种。分红险红利来源于三差（利差、死差和费差）收益，而投连险和万能险利润来自于投资收益。以投连险为例，它是一种集保险与投资于一身的新险种。由于投连险的投资对象主要是一篮子基金或债券，因此常被介绍为“基金中的基金”。这三类产品中分红险的投资功能最弱，万能险和投连险稍微强一点，但从本质上说，收益类保险的主要功能仍是保险功能，投资者对其收益预期不能过高，完全抱着赚钱的目的购买收益类保险是错误的。购买保险时一定要购买实用、适当的保险产品。购买保险是为了更好地使自己有保障，我们在花比较少的钱购买自己及家人的医疗保险、意外保险、养老保险的基础上，可以再投资分红保险，利用保险公司这一大的机构去为自己投资理财，稳定收益。

四、投资，理财的最直接方式

一提到理财，最先让人想到的方法就是投资。投资指投资者当期投入一定数额的资金而期望在未来获得回报。这个回报取决于投资项目的收益率，投资时间和风险。把握投资理财，需要掌握一定投资知识和技能，才能选择好的投资品种，在适当的时候，投入一定的资金，规避风险，获取收益。在投资的各种品种中，常见的有股票、债券、基金、期货、期权等。

五、收藏，理财的新方法

收藏是一种对于物品的搜集、储存、分类与维护的癖好。收藏家的收集对象通常是有价值的古董，但也可能是其他的小东西。邮票、火柴盒贴画与明信片是较为主流的收集项目。“乱世黄金，盛世收藏”，随着我国经济的飞速发展和人民生活水平日益提高，人们越来越重视投资理财领域的发展，从股票、期货、房地产开始，又逐渐转向艺术品。如何正确选择一种风险小、升值快的收藏品，是每一个投资者、收藏家最为关心的问题。作为一种收藏品，必须具备具有收藏性的各种条件。适合保存、稀有，并且能够升值，是收藏的基本条件。这种理财方式有时能够创造数倍甚至数十倍、上百倍的财富。

第二章 理财应具备的相关知识

如果说急速赚钱是"百米冲刺"，那么理财就是"马拉松"——比的是耐力，需要的是有计划、耐心和原则性。

——佚名

案例导入

你乱理财，财也不理你

都说你不理财，财不理你。但央视财经类节目主持人芮成钢却认为，投资恐龙蛋？没戏。

很多朋友冲着我是财经频道主持人，向我请教"理财绝招"，我说我根本不理财，他们都不信。我跟他们打了个比方：北京有那么多出租车司机，但有几个是因为喜欢开车而当的哥的？我和他们一样，做财经节目只是职业，并非我喜欢理财。

刚参加工作时，我在山东济南一家电视台上班，同事们在办公室里谈得最多的就是理财。有人钻研股票，有人研究基金，还有人琢磨邮票、粮票、连环画之类的冷门收藏品，反正没人闲着，都想让手中的钱生钱，利滚利。

后来，不知从哪儿刮起一股投资兰花的狂风，几乎一夜之间，办公室里的每个人都变成了兰花迷，人手一本花卉图册，苦心钻研，家家阳台上少则十几盆、多则几十盆兰花，挤得满满当当。大家都盼望着手上的兰花能从购入时的上百元一盆飙升到数万元一株。

我不懂兰花和这个市场，但我能看明白的是，如此全民参战地在这样一个狭隘的投资领域里扑腾，太疯狂了，而疯狂的代价绝对是惨痛不已。果然，不到半年，除了顶端的炒家赚足了钱外，绝大多数的小民们全都做了金字塔最底端的垫脚石。我的同事们一个个都未能幸免。

后来到了北京，我又见证了另一场更加荒谬的投资热潮——恐龙蛋。当时有一位特别执着的朋友跟我说起这事时两眼放光：恐龙蛋呀，几千年前的化石啊，几百年前的东西都能称古董，这玩意肯定值钱！

由于飞机和火车上不允许私自携带恐龙蛋，朋友硬是自己一个人把车开到内蒙古去接货，花了50多万把三枚恐龙蛋诚惶诚恐地拖回了北京。

我有幸见过这两枚恐龙蛋，看上去跟大个儿鹅卵石差不多，只是多了一层泥胚外壳。那个朋友专门打造了玻璃展示箱，把它们固定在定做的架子上放好，说后半辈子就指望这两个蛋发财了。

结果是，金蛋变成了完蛋，官方正式对此事进行辟谣，声称此物无任何投资价值，并指出目前市面上所谓的恐龙蛋都是人工伪造的。此消息一出，此前还水涨船高的价格顿时崩盘，那些花高价投资了恐龙蛋的，一夜之间血本无归，唯一从中赚了大把银子的，是内蒙古那帮专做假恐龙蛋的炒家。我那个朋友踌躇再三，小心翼翼地打开了一枚自己视若拱璧的恐龙蛋，发现原来只是一个泥团儿，用放大镜都找不出一丁点骨骼化石。

理财还得悠着点。

因为身边总有人在谈投资理财，耳濡目染地，我发现了一个很有趣的现象：那些谈起某个项目回报丰厚的人，到最后基本上都闭口不提当初的那些事儿了，偶尔问起也支支吾吾言语不详，被逼急了才冒出一句——亏了。有炒股亏掉一大半的，有买基金亏损70%的，更有买海外开放式基金从百万富翁变成十万身家的……我东看西看，发现最后唯一一个稳赚不赔的人是我！

我没落下什么钱，但我没钱的原因是我把钱花掉了；他们也没落下什么钱，原因则是他们的钱亏掉了！我觉得这就像我们同样买了一堆水果，我吃掉了，他们舍不得吃结果坏掉了，虽然水果最后都没了，但吃掉和坏掉绝对会是两种截然不同的心情。

因为工作关系，我认识了不少有名的理财投资专家，他们经常口若悬河地帮人分析什么值得投资，哪些可以关注。但私底下，据我所知，他们自己都很少介入这个领域。我跟一个比较熟的专家开玩笑说他们是站在岸上诱人跳河，他解释说他之所以不介入，是为了置身事外，这才能保持清醒的头脑进行分析。

我不否认有人投资理财赚了钱，可赚的是谁的钱呢？绝大多数输家的财富变成了极少数赢家的利润。

我相信，绝大多数的普通人都跟我一样，连资本市场是怎么回事都搞不清楚，连K线图都看不明白，对于投资领域如何建构操作也不了解，对于收藏品的鉴别更是两眼一抹黑。无知也还罢了，偏偏还非常无畏，对自己的运气与眼光自信满满，深信自己买啥啥涨，屯啥啥赚。

（作者：逸群，资料来源：www.xiaogushi.com.2012－9－29）

第一节　金融市场的基础知识

巨大的财富具有充分的诱惑力，足以稳稳当当地起致使的作用，把那些首先基础并不牢固的人引入歧途。

——马克·吐温

金融市场是指资金筹集的场所。广义的金融市场，是指一切资本流动的场所，包括实物资本和货币资本的流动。广义金融市场的交易对象包括货币、票据承兑和贴现、有价证券的买卖、黄金和外汇买卖、办理国内外保险、生产资料的产权交换等，狭义的金融市场一般是指有价证券市场，即股票和债券的发行和买卖市场。

一、金融市场与理财的关系

(1)金融市场是投资和筹资的场所。金融市场上有许多种筹集资金的方式，并且比较灵活，需要资金时可以到金融市场选择适合自己需要的方式筹资。有了剩余的资金，也可以灵活选择投资方式，为其资金寻找出路。

(2)通过金融市场使长短期资金互相转化。持有的股票和债券是长期投资，在金融市场上随时转手变现、成为短期资金；远期票据通过贴现，变为现金；大额可转让定期存单，可以在金融市场卖出，成为短期资金。与此相反，短期资金也可以在金融市场上转变为股票、债券等长期资产。

(3)金融市场为理财提供有价值的信息。金融市场的利率变动，反映资金的供求状况；有价证券市场的行市反映投资人对企业的经营状况和盈利水平的评价。它们是企业经营和投资的重要依据。

二、金融性资产的特点

金融性资产是指现金或有价证券等可以进入金融市场交易的资产。它们具有以下属性：

(1)流动性。流动性是指金融性资产能够在短期内不受损失地变为现金的属性。流动性高的金融性资产的特征表现为容易兑现，市场价格波动小。

(2)收益性。收益性是指某项金融性资产投资收益率的高低。

(3)风险性。风险性是指某种金融性资产不能恢复其原投资价格的可能性。金融性资产的风险主要有违约风险和市场风险。违约风险是指由于证券的发行人破产而导致永远不能偿还的风险；市场风险是指由于投资的金融性资产的市场价格波动而产生的风险。

上述三种属性相互联系、互相制约。流动性和收益性呈反比，收益性和风险性呈正比。现金的流动性最高，但持有现金不能获得收益。股票的收益性好但风险大；政府债券的收益性不如股票，但其风险小。企业投资时，期望流动性高、风险小而收益高，但实际上很难找到这种机会。

三、金融市场的分类和组成

(一)金融市场的分类

(1)按交易的期限划分为短期资金市场和长期资金市场。短期资金市场是指期限不超过一年的资金交易市场。因为短期有价证券易于变成货币或作为货币使用,所以也叫货币市场。长期资金市场是指期限在一年以上的股票和债券交易市场,因为发行股票和债券主要用于固定资产等资本货物的购置,所以也叫资本市场。

(2)按交割的时间划分现货市场和期货市场。现货市场是指买卖双方成交后,当场或几天之内买方付款、卖方交出证券的交易市场。期货市场是指买卖双方成交后,在双方约定的未来某一特定的时日才交割的交易市场。

(3)按交易的性质分为发行市场和流通市场。发行市场是指从事新证券和票据等金融工具买卖的转让市场,也叫初级市场或一级市场。流通市场是指从事已上市的旧证券或票据等金融工具买卖的转让市场,也叫次级市场或二级市场。

(4)按交易的直接对象分为同业拆借市场、国债市场、企业债券市场、股票市场、金融期货市场等。

(二)金融市场的组成

金融市场由主体、客体和参加人组成。

主体是指银行和非银行金融机构,它们是金融市场的中介机构,是连接筹资人和投资人的桥梁。

客体是指金融市场上的买卖对象,如商业票据,政府债券、公司股票等各种信用工具。

金融市场的参加人是指客体的供给者和需求者,如企业、事业单位、政府部门、城乡居民等。

四、我国主要的金融机构

遍布全国的金融机构,其业务范围、职能和服务对象等不同。

(1)中国人民银行。中国人民银行是我国的中央银行,它代表政府管理全国的金融机构和金融活动,经理国库。其主要职责是制定和实施货币政策,保持货币币值稳定;维护支付和清算系统的正常运行;持有、管理、经营国家外汇储备和黄金储备;代理国库和其他与政府有关的金融业务;代表政府从事有关的国际金融活动。

(2)政策性银行。政策性银行,是指由政府设立,以贯彻国家产业政策、区域发展政策为目的,不以盈利为目的的金融机构。政策性银行与商业银行相比,其特点在于不面向公众吸收存款,而以财政拨款和发行政策性金融债券为主要资金来源;其资本主要由政府拨付;不以盈利为目的,经营时主要考虑国家的整体利益和社会效益;其服务领域主要是对国民经济发展和社会稳定有重要意义而商业银行出于盈利目的不愿筹资的领域;一般不普遍设立分支机构,其业务由商业银行代理。但是，政策性银行的资金并非财政资金，也必须有偿使用，对借款也要进行严格审查，并要求还本付息、周转使用。

我国目前有三家政策性银行：国家开发银行、中国进出口银行、中国农业发展银行。

(3)商业银行。商业银行是以经营存款、放款、办理转账结算为主要业务，以盈利为主要经营目标的金融企业。商业银行的建立和运行，受《中华人民共和国商业银行法》规范。我国的商业银行可以分成两类：

国有独资商业银行，是由国家专业银行演变而来的。它们过去分别在工商业、农业、外汇业务和固定资产借款领域中提供服务，近些年来其业务交叉进行，传统分工已经淡化。

股份制商业银行，是1987年以后发展起来的。这些银行的股权结构各异，以企业法人股和财政入股为主，个别银行有个人股权。股份制商业银行完全按商业银行的模式运作，服务比较灵活，业务发展很快。

(4)非银行金融机构。非银行金融机构主要有以下几种。

保险公司，主要经营保险业务，包括财产保险、责任保险、保证保险和人身保险。目前，我国保险公司的资金运用被严格限制在银行存款、政府债券、金融债券和投资基金范围内。

信托投资公司，主要是以受托人的身份代人理财。其主要业务有经营资金和财产委托、代理资产保管、金融租赁、经济咨询以及投资等。

证券机构，是指从事证券业务的机构：①证券公司，其主要业务是推销政府债券、企业债券和股票，代理买卖和自营买卖已上市流通的各类有价证券，参与企业收购、兼并，充当企业财务顾问等；②证券交易所，提供证券交易的场所和设施，制定证券交易的业务规则，接受上市申请并安排上市，组织监督证券交易等；③登记结算公司，主要是办理股票交易中所有权转移时的过户和资金的结算。

财务公司，通常类似于投资银行。我国的财务公司是由企业集团内部各成员单位入股，向社会募集中长期资金，为企业技术进步服务的金融股份有限公司。它的业务被限定在本集团内，不得从企业集团之外吸收存款，也不得对非集团单位和个人贷款。

金融租赁公司，是指办理融资租赁业务的公司组织。其主要业务有动产和不动产的租赁、转租赁、回租租赁。

五、金融市场上利率的决定因素

在金融市场上，利率是资金使用权的价格。一般说来，金融市场上资金的购买价格可用下式表示：

利率＝纯粹利率＋通货膨胀附加率＋风险附加率

(1)纯粹利率。纯粹利率是指无通货膨胀、无风险情况下的平均利率。例如，当没有通货膨胀时，国库券的利率可以视为纯粹利率。纯粹利率的高低，受平均利润率、资金供求关系和国家调节的影响。

首先，利息是利润的一部分，因而利息率依存于利润率，并受平均利润率的制约。一般说来，利息率随平均利润率提高而提高，利息率的最高限不能超过平均利润率，否则，企业无利可图，不会借入款项；利息率的最低界限大于零，不能等于或小于零，否则提供资金的人不会拿出资金。至于利息率占平均利润率的比重，则决定于金融业和工商业之间的竞争结果。

其次，在平均利润率不变的情况下，金融市场上的供求关系决定市场利率水平，当经济高涨时，资金需求量上升，若供应量不变，则利率上升；当经济衰退时正好相反。

再次，政府为防止经济过热，通过中央银行减少货币供应量，则资金供应减少，利率上升；政府为刺激经济发展，增加货币发行，则情况相反。

(2)通货膨胀附加率。通货膨胀使货币贬值，投资者的真实报酬下降。因此投资者在把资金交给借款人时，会在纯粹利息率的水平上再加上通货膨胀附加率，以弥补通货膨胀造成的购买力损失。因此，每次发行国库券的利息率随预期的通货膨胀率变化，它等于纯粹利息率加预期通货膨胀率。

(3)风险附加率。投资者除了关心通货膨胀率以外，还关心资金使用者能否保证他们收回本金并取得一定的收益。这种风险越大，投资人要求的收益率越高。实证研究表明，公司长期债券的风险大于国库券，要求的收益率也高于国库券；普通股票的风险大于公司债券，要求的收益率也高于公司债券；小公司普通股票的风险大于大公司普通股票，要求的收益率也大于大公司普通股票。风险越大，要求的收益率也越高，风险和收益之间存在对应关系。风险附加率是投资者要求的除纯粹利率和通货膨胀之外的风险补偿。

第二节　经济法律知识

理财是一种习惯，要想未来过上好日子，从今天起你要改掉以前的坏习惯 。

——刘彦斌

案例导入

6 条戒律做理财保守派

“不准买、不准买、不准买！”享誉全球的美国第一女理财师苏西·欧曼在她的财经电视节目中对观众叫道。如今，经济低潮再次蔓延全球，她的“千万不要消费一分一毫那些你所没有的钱”的坚定结论再次占据人们视线。做个保守派理财人，是苏西给女性的最新建议。

首先请做到这一点心理建设：像关心你的伴侣、家人、朋友、宠物、花草、喜欢的衣服那样，对待你的钱。接下来，谨记这6条戒律，它们贯穿你成年后的各个人生阶段。

1. 不借出超过承受能力的金钱

当一个朋友、亲戚或恋人有一天对你说，他们需要向你借数目不小、对你而言是个不小负担的一笔钱(或许是5 000元)时，你说出口的却是“好”。为什么不说“不”？你真实的想法很可能是你并不想借出这笔钱，你很可能因此而不得不承受一段时间财务上的压力。要知道，真正的慷慨更应该是在合适的时间对有需要的人给出适当的帮助，这是一个双方受益的行为。

2. 不和任何人为一笔贷款共同签字

一个朋友或家人需要得到你贷款上的支持，希望你和他/她签署一个联合贷款合同。当然，以此商业模式盈利的贷款公司非常愿意做成这笔生意：当他们发现借钱人的信用并不是很好时，多建议其以联合贷款的方式借贷。为什么不签字？作为一个联合借款人，你冒着不小的风险。因为那意味着，在你的朋友或家人延迟或不能还款的情况下你的信用也会受损，同时你有可能要全权代劳付清所有欠款。

3. 不要拒绝婚前协议

在婚前有一个协议，表述清楚双方各自希望独自拥有的和愿意分享的部分，对很多成功的职业女性而言尤其必要。它对婚姻的重要性何在？你可能认为，在婚姻中，夫妻共享财产并均摊负债。但事实上，并不是结婚了就必须分享财产。这虽然听起来缺乏人情味，但确实有不少女性因为结婚后便匆忙把自己的财产转到共同名下而在日后引发麻烦。

4. 不要将财务问题完全交由你的家人去处理

触及个人财务问题和家庭理财的时候，女性似乎总倾向于把问题丢给家人处理，这可能是出于对理财这件事的抗拒。为什么不这样做？在家庭理财问题上，你也应该“积极参与”进去，共同掌握家庭财务命运：不仅仅是支付账单，更要共同管理家庭理财投资的情况。这样做，你会惊奇地发现，你的家庭关系也会因此而获益。

5. 不要将未成年孩子设定为你所买的人寿保险受益人

按照规定，保险公司不会支付保险补偿费给18岁以下的未成年孩子(或他们的监护人)。这样一来，一旦你发生了不幸，你的孩子若要动用这笔钱将面临很繁杂的手续问题。推荐的做法是设立一个可撤销的生前信托，把这个信托命名为你人寿保险的受益人。这样，最终保险公司将自动支付你的人寿保险费到信托账户，你的信托继任托管人将根据你生前的表述处理这笔款项。

6. 优先为你的退休生活储蓄，而不是孩子的大学费用

如果你的钱不足以同时建立孩子的大学费用账户和你的退休储蓄，大多数人将以孩子的教育为重。为什么这是个误区？假如未来你没有足够的钱支撑退休生活，最终还是会成为孩子的负担。出于对孩子长远利益的考虑，你该先保障自己的退休账户。大学费用可以通过申请助学贷款等方式获得，而退休金则不能。

(作者：Carrie，资料来源：www.xiaogushi.com. 2012－12－13)

一、物权法

居民成为理财主体的首要条件是居民个人拥有独立的财产权，这是居民个人从事一切经济活动的基础。英国的《自由大宪章》，法国的《人权宣言》和美国的宪法第 1～10 修正案的《权利法案》都明确宣布私人财产神圣不可侵犯。正是在此基础上才有了资本主义的快速发展。长期以来，由于我国历史、传统文化、经济体制等原因的影响，个人财产权的必要性和重要性处在被忽视的地位，这不仅阻碍了以居民为主体的财务活动的发展，而且进一步损害了整体经济的繁荣。这也正是我国传统居民理财与改革开放前居民理财发展受到抑制的直接原因。只有到了 20 世纪 80 年代，居民作为财务主体才在理论与实践中得以确立，其标志主要体现在“保护个人财产权利的理念”被载入相继颁布的法规法令中。2007 年通过的《中华人民共和国物权法》标志着目前个人财产权在我国上升到了史无前例的高度。研究居民作为理财主体确认的历史演进过程，可以更加清楚地剖析有中国特色的居民理财有别于西方居民理财理论的根本原因，从而开拓并建立有中国特色的居民理财理论体系。

二、与银行相关的法律

居民理财的法律基础，最基本的是《中华人民共和国物权法》。同时随着中国经济的高速增长，中国的个人理财业务市场随之不断地发展壮大，以商业银行、保险公司、基金公司、信托公司等为代表的金融机构纷纷开展个人理财业务，各类理财产品的设计日渐完善，个人理财业务正成为商业银行重要的利润来源。但是，在个人理财业务迅速发展的同时，商业银行与理财产品投资者之间的矛盾纠纷也日益增多。为了加强对个人理财业务的监督和指导，2005 年 9 月，中国银行业监督管理委员会(以下简称银监会)颁布了《商业银行个人理财业务监督管理暂行办法》，其中第二条对商业银行的个人理财业务做出如下界定：“本办法所称个人理财业务，是指商业银行为个人客户提供的财务分析、财务规划、投资顾问、资产管理等专业化服务活动。”这一定义列举了商业银行个人理财业务的范围和内容。根据此定义，商业银行的个人理财业务不同于其传统的资产业务和负债业务，而是对传统个人金融业务进行发展和延伸而形成的新型中间业务。同时 2005 年，银监会颁布了《商业银行个人理财业务风险管理指引》，和《商业银行个人理财业务监督管理暂行办法》一起对商业银行的个人理财业务进行了界定和规范。

《银行与信托公司业务合作指引》是银监会在 2009 年出台的政策性法规，其出台的背景是银行与信托公司业务合作类理财产品的迅猛发展和相关监管文件的空白。银监会为了规范银行理财产品销售过程中出现的问题而最新出台的规范性法规，内容主要集中在在规范商业银行销售理财产品，维护投资者利益方面。第一，要求商业银行进行风险提示时必须做到具体、详细、明确。银行理财产品合同书中必须在醒目位置详细注明风险提示说明，不得过度强调以往收益情况，应该向投资者说明最坏情况下理财产品的收益情况。第二，要求商业银行在销售银行理财产品前必须对投资者进行产品适合度评估和风险承受能力评估，确保产品适合于投资者的真实投资能力。第三，要求商业银行必须进行明确的信息披露，确保信息披露的及时性、真实性和畅通性。

三、金融证券市场的管理规定

证券发行与交易过程中的各参与主体按法律要求规范其行为。运用法律手段管理证券市场，主要是通过立法和执法来消除欺诈、垄断、操纵、内幕交易和恶性投机现象等，维护证券市场的良好运行秩序。

涉及证券市场监管的法律法规范围很大，大致可以分为两类。

一类是证券监管的直接法规。除证券管理法、证券交易法等基本法律外，还包括各国在上市审查、会计准则、证券投资信托、证券金融事业、证券保管和代理买卖、证券清算与交割、证券贴现、证券交易所管理、证券税收、证券管理机构、证券自律组织、外国人投资证券等方面的专门法规，几乎遍及证券市场的所有领域。

另一类是与证券市场密切相关的其他法律，如公司法、银行法、票据法、破产法、财政法、反托拉斯法等。

这样，证券市场监管的法律是一个以证券基本法为核心，专门证券管理法规和规则相补充，其他相关法律相配套的证券法律体系。

第三节　理财的基本原则

> 如果你没有做好承受痛苦的准备，那就离开吧，别指望会成为常胜将军，要想成功，必须冷酷！
>
> ——索罗斯

理财原则，是指人们对财务活动的共同的、理性的认识。它是人们管理资金，投资理财必须遵循的准则。

关于财务管理的原则，人们的认识不完全相同。道格拉斯·R.爱默瑞和约翰·D.芬尼特的观点具有代表性，他们将理财原则概括为三类，共12条。

一、有关竞争环境的原则

有关竞争环境的原则是人们对资本市场中人的行为规律的基本认识。

(一)自利行为原则

自利行为原则是指人们进行决策时都按照自己的财务利益行事，在其他条件相同的情况下人们会选择对自己利益最大的行动。

自利原则的依据是理性的经济人假设。人们对每一项交易的可能性都能衡量其代价和利益,并且会选择对自己最有利的方案来行动。自利原则假设企业决策者对企业目标具有合理的认识程度,并且对如何达到目标具有合理的理解。这种假设情况下,企业会采取对自己最有利的行动。在从事商业交易时总是为了自身的利益做出选择和决定,否则他们就不必从事商业交易。

自利行为原则的一个重要应用是委托—代理理论。该理论认为,一个公司涉及的利益关系人很多,他们之间存在着利益冲突,都是按自利原则行事。企业和各种利益关系人之间的关系,大多属于委托代理关系。这种相互依赖又相互冲突的利益关系,需要通过契约来协调。

自利行为原则的另一个应用是机会成本和机会损失的概念。机会成本是指经济资源采用一个方案而放弃另一个方案时,被放弃方案的最大净收益,也称择机代价。机会损失是指被放弃方案的参数给定时,被采用方案的收益与被放弃方案可能取得的最大收益之间的差额,也称预计误差损失。尽管人们对机会成本或机会损失的概念有分歧,它们的计算也经常会遇到困难,但是人们决策时考虑机会成本是一个重要的问题。

(二)双方交易原则

双方交易原则是指每一项交易至少都存在两方,当一方根据自己的利益决策时,另一方也会按照自己的经济利益行动,因此决策时要正确预见对方的反应。

双方交易原则的建立依据是商业交易至少有两方,交易是“零和博弈”,以及各方都是自利的。每一项交易都有买方和卖方。无论是买方市场还是卖方市场,在已经成为事实的交易中,买进的资产和卖出的资产总是一样多的,一方的获利只能以另一方的付出为代价。一个高的价格使购买人受损而卖方受益;一个低的价格使购买人受益而卖方受损。一方得到的与另一方失去的一样多,从总体上看双方收益之和等于零,故称为“零和博弈”。在零和博弈中,双方都按自利原则行事,都想获利而不想吃亏。那么,为什么还会成交呢?这与事实上人们的信息不对称有关。由于信息不对称,买卖双方对未来的价格走势和收益预期产生偏差,因此,决策时不仅要考虑自利原则,还要使对方有利,否则交易就难以实现。

双方交易原则要求理解财务交易时不能只看重自身利益,在谋求自身利益的同时也应注意对方的存在,以及对方也在遵循自利原则行事。这条原则要求我们不要总是“自以为是”,错误认为自己优于对手。

双方交易原则还要求理解财务交易时要注意税收的影响。由于税收的存在,主要是利息的税务扣除,使得一些交易表现为“非零和博弈”。凡是交易政府都从中收取税金。减少政府的税收,交易双方都可以受益。避税就是寻求减少政府税收的合法交易形式。避税的结果使交易双方受益但其他纳税人会承担更大的税收份额,从更大范围来看并没有改变“零和博弈”的性质。

(三)信号传递原则

信号传递原则,是指行动可以传递信息,并且比公司的声明更具说服力。

信号传递原则是自利原则的延伸。比如公司买进一项资产意味着该项资产"物有所值"，买进的行为提供了有关决策者对未来的预期或计划的信息。

信号传递原则要求根据公司的行为判断它未来的收益状况。比如，一个经常用配股的方法圈钱的公司，很可能现金流转困难；个人大量购买国债的公司，很可能缺少净现值为正数的投资机会；内部持股人出售股票，通常是公司盈利下降的重要信号。

信号传递原则还要求公司决策时不仅要考虑行动方案本身，还要考虑该项行动可能给人们传递的信息。

(四)引导原则

引导原则是指所用办法都失败时，寻找一个可以信赖的榜样作为自己的引导。引导原则在两种情况下适用：一是理解存在局限性，认识能力有限，找不到最优的解决办法；二是寻找最优方案的成本过高。

引导原则的一个重要应用，是行业标准概念。比如，资本结构没有一个绝对的标准，理论不能提供公司最优资本结构的实用化模型。可以通过观察本行业的成功企业的资本结构，或者多数企业的资本结构，不要与它们的水平偏离太远，就成了资本结构决策的一种简便、有效的方法。

二、有关创造价值和经济效率的原则

有关创造价值和经济效率的原则，是对增加财富基本规律的认识。

(一)有价值的创意原则

竞争理论认为，企业的竞争优势可以分为经营奇异和成本领先两个方面。经营奇异，是产品本身、销售交货、营销渠道等客户广泛重视的方面在产业内独树一帜。这都来源于新的创意。创造和保持经营奇异的企业，如果其产品溢价超过了产品的独特生疏而附加的成本，它就能获得高于平均水平的利润。有价值的创意原则主要应用于直接投资项目，同时也应用于经营和销售活动。

(二)比较优势原则

比较优势原则是专长能创造价值。在市场上要想赚钱，必须发挥专长。要想赚到钱，必须在某一方面比别人强，并依靠强项来赚钱。没有比较优势的人，很难取得超出平均水平的收入；没有比较优势的企业，很难增加股东财富。

比较优势原则的依据是分工理论。让每一个人去做最适合他的工作，让每一个企业生产最适合它的产品，社会的经济效率才能提高。

比较优势原则的一个应用是"人尽其才、物尽其用"。在有效的市场环境中，不必要求自己什么都能做得最好，但要知道谁能做得最好。对某一件事情，如果有人比自己做得更好，就支付报酬让他代自己去做，而自己去做比别人做得更好的事情，让别人给自己支付报酬。如果每个人都去做自己能够做得最好的事情，每项工作就找到了最称职的人，就会产生经济的效率。

每个企业要做自己能做的最好的事情，自然就会产生高效率。

比较优势原则的另一个应用是优势互补。合资、合并、收购等，都是出于优势互补原则。一方有某种优势，另一方有其他优势，优势互补，能产生“1＋1＞2”的效果。

（三）期权原则

期权是指不附带义务的权利，它是有经济价值的。期权原则是指当估价时要考虑期权的价值。在财务上，一个明确的期权合约经常是指按照预先预定的价格买卖一项资产的权利。

（四）净增效益原则

净增效益原则是指财务决策建立在净增效益的基础上，一项决策的价值取决于它和替代方案相比所增加的净收益。

在财务决策中净收益通常用现金流量计算，一个方案的净收益是指该方案现金流入量减去现金流出量的差额，也称净现金流量。一个方案的现金流入量是指方案引起的现金流入量增加额，而现金流出量是指该方案引起的现金流出量的增加额。

净增效益原则的应用领域之一是差额分析法，也就是当分析投资方案时只分析它们有差别的部分，而省略其相同的部分。

贯彻净增效益原则，还应注意沉没成本概念。沉没成本是指已经发生、不会被以后的任何决策改变的成本。沉没成本与将要采纳的决策无关，因此分析决策方案时应不予考虑。

三、有关财务交易的原则

有关财务交易的原则，是人们对于财务交易基本规律的认识。

（一）风险-报酬权衡原则

财务管理中的风险，通常是指企业经营活动的不确定性影响财务成果的不确定性。风险按其形成的原因可分为经营风险和财务风险。经营风险是指由于企业生产经营上的原因而给经营成果带来的不确定性，它来源于企业外部环境的改变和企业内部原因两个方面。财务风险是指企业由于筹措资金上的原因给企业财务成果带来的不确定性，它来源于企业资产报酬率与负债资金利息率差额上的不确定性和负债资金与权益资本比例的高低。

风险-报酬权衡原则是指风险和报酬之间存在一个对应关系，任何投资都必须进行风险和报酬之间的分析。低风险往往带来较低收益，而高风险却不一定带来较高收益，那么，人们之所以愿意冒着风险进行投资，其目的是为了获得超过平均收益的额外收益。但要实现此目的，必须规避风险、化解风险。

（二）投资分散化原则

投资分散化原则，是指不要把全部财富都投资于一个公司、一个项目或一种证券，而要分散投资。

投资分散化原则的理论依据是投资组合理论。这种原则来源于股票投资，若干种股票组成投资组合，其收益是这些股票收益的加权平均数，但其风险要小于这些股票的加权平均风险，因此投资组合能降低风险。

（三）资本市场有效原则

资本市场有效原则，是指在资本市场上频繁交易的金融资产的市场价格反映了所有可获得的信息，而且面对新信息完全能迅速地做出调整。

资本市场有效原则要求理财时重视市场对企业的估价，同时要求理财时慎重使用金融工具。如果资本市场是有效的，购买或出售金融工具的交易的净现值则为零。公司作为从资本市场上取得资金的一方，不要企图通过筹资获取正的净现值，而应当依靠生产经营性投资增加股东财富。

（四）货币时间价值原则

货币时间价值原则，是指财务计量时要考虑货币时间价值因素。货币时间价值是指货币在周转中由于时间因素而形成的差额价值。

货币时间价值的依据是货币投入市场后其数额会随着时间的延续而发生增值。这是一种普遍的客观经济现象。要想让投资者投资，市场必须给他们一定的报酬。这种报酬包括两部分，一部分是时间价值即无风险投资的投资报酬；另一部分是风险价值即因为冒着风险而获得的投资报酬。

第三章 不同性别的理财差异

其实世界上没有传奇，只有不断为传奇而努力；其实赚一亿并不难，难的是让理财方式适合自己。

——萧伯特

案例导入

男女理财观念大不同

有这么一个故事，一个男人和一个女人要到河对岸去，只因河面太宽两个人游了几次都没过去。女人另寻他途成功地到了对岸，最后她发现男人还在跟自己较劲，嘴里念叨着“我就不信锻炼好臂力我就游不过去”。此时他正在拿着石头练臂力呢。当然这仅仅是一个笑话，但它却道出了男女思维的大不同，男性比女性更爱钻牛角尖。而有关统计显示在经济下滑中因炒股借贷等不当投资赔钱的人中男性占据多数，由此也更是说明男女在理财上的思维方式存在很大差别。家庭中夫妻经常会因为理财观点不一致而产生矛盾，业内人士表示男性和女性在理财投资上的确有着不尽相同的态度及表现，如男人看长期，女人重短期，男人为获利，女人为保本等。

小丽最近在向闺蜜抱怨，自己和老公大吵了一架！他炒股专挑高风险的股票买，银子大进大出，看得我心惊胆战，他说：“男人大气该玩大手笔。”但我觉得这么做万一赔惨了血汗钱就付诸东流，多划不来。结果两人争论不休气得三天没说话。的确，对男人而言投资是为了获取最大收益，因此会把无所作为当成高风险，也就是说把钱放那儿啥事都不做是件愚蠢的事。而女性则比较重视风险规避，认为保本是最高原则，因此宁可啥事儿不做也不愿因轻举妄动而赔上老本。

在选择理财产品上，女人更容易听取理财师意见，因为术业有专攻，所以她们都实现了稳妥增值，对财富的看法不一样。男人把钱看成身份与地位的象征，他们常把自己能从投资中赚取多少钱与别人作比较，赚多了就神气活现，亏钱了就心灰意冷。而女人则相对平淡，他们只是把投资当作安全保障的途径。

在投资方面，男人爱冒险，女人重安全。男人往往把金钱当作身份的象征，为提升身价男性甘冒风险放手一搏，期望剑走偏锋获得更大的收益。经常能听见身边的男人大放狂言——现在的股市玩的就是心跳！高风险才有高回报……而在女人看来，金钱代表着安全感，为求心安低风险的投资策略才是她们的最佳选择。因此在股市上操作大手笔资金的多数是男性。虽然股市的连续下跌也让男人们很没面子，很多人损失惨重。而女性在投资上相对谨慎一些，即使很多女人涉足股市，也只是小打小闹，因为女人的赌性不如男人。

在理财过程中，男女受外界影响也不一样，男人常依赖报纸、杂志财经刊物获得市场资讯，甚至会凭传闻、小道消息改变他正常的投资计划，因此常听到男人说："投资理财有什么难的？我研究研究就能全部搞定……"而女人的投资则有一定轨迹可寻，投资行为注重长期性和稳定性，面对复杂的股市状况和瞬息万变的市场信息，女人对自己的分析能力会产生怀疑："现在入市的决定正确吗？万一跌了那怎么办呀……"因此女人不会对自己的投资计划朝令夕改！

（作者：庄可循，资料来源：银率网．2012－10－10）

第一节　性别与理财的关系

美国心理学博士约翰·格雷有一本在市面上比较畅销的书《男人来自火星，女人来自金星》，讨论了不同性别在对待两性及婚姻问题等方面上的异同，而在理财方面，不同性别之间其实也有很大差别。在这里所指的男女差异，主要指心理和个性的差异，造成投资理财时表现的大不相同。当然，当今社会不断进步，很多男女性格逐渐糅合，很多男性越来越女性化，而女性越来越男性化，这不是本节强调和探讨的。

北美地区曾有一项研究，显示该地区女性更倾向于为了子女教育以及置业而进行投资；而男性则更多的是为了买一部汽车，长远来看则是为了退休养老而进行投资理财。特别是在为老年生活的储备上面，男性比女性投入更多。这份研究进一步指出，考虑到女性的寿命较长、高离婚率给女性带来的困境以及抚养孩子等方面的需要，事实上女性比男性更应该为将来做好财产方面的准备。针对女性的这种需求，通常会建议将70%的资产投资于低风险的品种，而将剩余部分适当投资于高风险品种。

一、男女性格差异

（一）文化背景的影响

男女性别差异，在社会上的体现并不是简单的生理差异，更重要的是在个体成长过程及社会文化中形成的性格、态度、价值观念和行为。男性和女性是先天形成的，而在家庭生活和社会活动中扮演什么角色，是从儿童时期接受成人影响、教育的结果。事实上，人们从一降生，就因性别不同而受到不同的待遇和教育。例如男耕女织、男主外女主内的社会分工等，所有这些均受到伦理、道德、风俗、传统等社会文化的决定性影响。在不同的文化中，个性和社会特征总是依附于各种性别；对特定的性别赋予某些特征，这种现象不是生物学上的男性或女性的遗传结果，而是传统习惯造成的。不同的社会文化，规定着人们扮演何种角色，包括与这些角色相关的义务和权力。

社会心理学辞典中指出，人类社会是一个由男女两性共同组成的社会。处在这种社会中的每一份子必须学习如何适当地扮演自己的性别角色，否则就不能在社会上有良好的适应。首先得由个人确认并接受自己的性别，然后才能自如地扮演自己的性别角色。儿童性别角色的形成大约经过两个阶段：第一阶段，被动地由父母进行分配。比如，给男女儿童穿不同的服装，玩不同的玩具，做不同的游戏，讲不同的故事。父母这样做的结果，使孩子意识到了自己是一个男孩还是一个女孩。第二阶段，儿童主动地模仿与认同。儿童性别角色的确认，先是对同性别的长辈行为开始模仿，而后认同。

（二）社会教育结果

根据社会学习理论家的观点，孩子的行为和价值不是由他们自己的性别角色，而是在社会环境和历史时期中由他们的社会学习史决定的。西方的一些社会学习理论家把性别特征的形成看作是男女角色社会化的过程，男女角色社会化是通过社会、家庭和学校的影响而实现的，而这种影响又是社会化的代理人（父母、教师、演员、报刊、广播等）作为社会化的媒介作用而实现的。例如，父母给予不同性别的儿童以不同的独立程度，一般允许男孩拥有较大的独立性。父母要求不同性别的儿童严格按照同性别的成年人的行为模式进行活动，要求他们各自以同性别的成年人的活动方式为榜样来组织自己的行为；电影、电视、广告、报刊、广播中男女两性不同地位、作用和身份无形中对儿童男女角色分化发生影响，教科书的故事情节中男女主角与配角的比例及不同行为表现对儿童男女角色定型也会发生影响。该理论的基本观点是强调外界条件（包括家庭生活、社会环境和文化因素等）、社会学习和成人榜样在男女两性性别行为形成中的作用。认为男性之所以具有男性心理特点，是因为他是在父母和周围成年人等外界的督促、鼓励和支持下，严格按照男性特点行事和活动的结果，当他们的行为出现女性特点时，那么就会受到父母和周围成年人的否定、制止甚至指责。女性亦然。也就是说，性别定型是男女两性分别掌握行为的性别模式，先学着把这些不同的性别行为模式加以区分，然后把个别经验运用到新情境中去，最后逐渐学会履行相应的行为规则。而当一个性别的儿童表现出另一性别模式的行为时，就会被认作反常而加以否定。比如小女孩因为文静温顺得到夸奖，男孩子因胆怯懦弱受到批评。采用奖励或惩罚的一些措施，给儿童心理上造成一种压力，促使他们按性别角色规范自己的行动，从而获得相应的性别角色行为。

（三）大众传媒的影响

在我们的社会生活中，男性与女性的性别特征被认为有着两极化的差异，例如，认为男性能力天生比女性强，认为男性是强者，他们独立、无情、客观、理性、有主见、强悍、勇敢、富有竞争力和进取心，注重理性，心胸宽广、目光长远，以社会为主，应该有事业有成就；而女性就应该是弱者，她们感性、温柔、善解人意、见识短，只能以家庭为生活中心，照顾家庭中男人的生活和心理需要。人们也大都理所当然地认为这些差异不过是生理学、荷尔蒙和人类天性造成的，是与生俱来、亘古不变的真理，不论社会做些什么都不会改变的。然而，这种认识是因为长期以来混淆社会层面的性别（gender）与生物层面的性征（sex）的概念而导致的错误看法，实际上，性别是社会文化的产物，是非自然天生的，是可以学习、可以改变的。

1. 传媒对男性的表现

在传媒陈述中，男性大都以工作角色出现在公共领域，曾有研究者对我国八家主导报纸《人民日报》《光明日报》《法制日报》《经济日报》《农民日报》《中国青年报》《工人日报》《文汇报》新闻版新闻的统计发现，在 10 801 条主流新闻报道中，男性占 83.19%，女性占 16.81%；在有言论被引述的主要新闻人物中，男性占 91%，女性为 9%；在有照片被拍摄的主要新闻人物中，男性占 71%，女性占 29%；在正面报道中显示出主动作用的男性为 82.28%，女性为 17.72%。而且传媒表现的男性在职业和身份上都呈现高度的单一性和权威性，他们大都是成功者，有财富、名望、地位，经常以社会领导者、建设者等重要的社会角色形象活跃在多样的社会领域中，他们肩负着引导社会前进的重任，从事各种重要的具有创造性、专业性和竞争开拓性的高级职业，是科学家、工程师、教授、医生、政治领导人、律师、哲学家、军事家、经济精英等科、教、文、卫的带头人，有崇高的身份地位和较大的权力，具有积极主动、冷静、自信、权威、果断、阳刚、理智、独立、进取、创造、好强、征服、奋斗等“男性气质”，他们善于抽象思维，空间能力强，擅长数理化，较为客观，拥有渊博的知识、强悍的体魄、宽广的胸怀、高超的智力、决策能力和专业技能，善于解决问题，喜欢冒险，不怕被挑战且从不流露感情。他们是控制者，是生活的强者，在社会上占据优势地位，总是在追求着某种事业，当家庭与事业有了冲突时，都会把自己的事业和工作摆在第一位，忽略家庭生活，因为推动、创造社会精神、物质财富的个人成就而受到关注，是社会公共领域中的主导。他们还是家庭财源的主要供应者，拥有名车、名表等高档用品，身边还不时地环绕着美女。传媒中的男性不经常出现在私人领域，他们出现在私人领域中大多是为了休闲娱乐、被人伺候、坐享清福的，这些男性形象从公共领域退到私人领域，或是被女性服侍着享用佳肴、服用补药、换洗脏衣服，或是悠闲地看报、看电视，不然就是在娱乐场所尽情放纵、与女友或情人卿卿我我，却几乎没有男性形象从事家务劳动的，即使有也都是一两次的非常态体现，还都心不甘情不愿，不是受“凶悍”妻子的胁迫就是为了得奖，并且仍然是各种问题的解决者、主导者、控制者。

2. 传媒对女性的表现

传媒表现女性时，总是从传统的男权中心视角出发，为迎合男性口味、欣赏习惯及心理需求而选择表现、塑造出符合男性理想标准的被异化的女性形象，这些女性无论在私人领域还是在公共领域，都具有与男性对立性差异的“女性特质”，她们温柔、贤惠、娇弱、顺从、敏感、无私、依赖、被动、宽容、善良、忍让，她们不太好强，无逻辑、无自信、无野心也无竞争性，善于安慰他人，易受感情影响，较为主观，容易被影响、被小事感染情绪，总犹豫不决，形象思维能力强、对人文社会科学较有兴趣、不具备商业才能，善于表达感情，害怕冒险，需要男性的保护，在传媒中被表现为无私奉献的母亲、服从丈夫或家庭需要的妻子、社会的生育工具、誓死保卫贞节的“烈女”、“诱惑”男性腐败的“祸水”、取悦男性的物体以及社会的装饰品等。传媒表现中出现在公共领域中的女性虽然数量上有所增加，但相对于男性在公共领域中的主导地位，女性仍被传媒置于公共领域的边缘状态，选择性地只将女性表现为重要男性的配偶、恋人、母亲、亲戚、女儿、欣赏者、崇拜者等陪衬身份。即使出现极个别的对事业成功的职业女性的采访报道，也多是以“能否兼顾家庭，为照顾丈夫、孩子而奉献”之类的标准衡量其是否是“真正成功的女人”，并着力表现这些女性因没有为男性奉献更多或因使男性分担了家务而愧疚，以此种方式强调女性在私人领域中的传统家庭角色与责任。

总之，由于各种教育、社会、传媒、传统等影响，形成了后天男女的不同性格差异，致使在理财过程中的表现大不相同，最终表现的是理财的收益不同。

二、男女职业收入差异

无论是传统遗留的深远影响，还是社会性别歧视的尚未消除，不得不承认在当今社会中男女在职业上和收入上存在明显差异。在劳动力市场上，女性就业的行业集中现象非常明显，在卫生体育和社会福利事业、批发和零售贸易餐饮业中所占的比重远高于男性，而在国家机关和社会团体、建筑业中所占的比重远远低于男性。属于“男人的工作”或属于“女人的工作”，在招聘过程中企业普遍地对求职者进行着显性或隐性的性别要求。劳动和社会保障部对62个指定城市的调查表明，67%的公司提出了性别要求，或明文规定女性在就业期内不能怀孕或生育。一般认为，针对女性的就业歧视是指企业仅因为性别问题，故意减少女性就业、晋升、发展机会等，并给予她们低于同级别男性职员的薪酬和福利的现象。

（一）在业率

在业率是关于某一地区劳动就业状况的重要指标，可以反映出劳动人口中参加工作人员数量的多寡。2010年末我国城镇中18～64岁女性的在业率为60.8%，城镇男性的在业率为80.5%，选择参加工作的女性比例要比男性低19.7个百分点，男性在就业市场中占据主导地位。与历史数据相比，城镇男女劳动者的在业比例均持续下降，20年间城镇男性在业率下降了10个百分点，而城镇女性在业率下降了15.5个百分点，比男性多出5.5个百分点，更大比例的女性劳动者选择离开工作岗位，男女劳动者之间的在业差距不断扩大。城镇不在业妇女中，选择料理家务的占69.3%，短期失业者占13.3%，在校学习者占6.4%，大多数妇女离开工作岗位的原因是要照料家庭和子女，而在业妇女在第一产业、第二产业、第三产业的比例分别为45.3%，14.5%和40.2%，大多聚集在对技术水平要求较低的农林牧渔、流通部门和服务部门。

(二)性别差异

改革开放以来,我国摆脱了计划经济色彩,进入市场经济阶段,对外开放程度不断扩大。用人单位在市场经济时期拥有确定招募员工数量及特点的用人自主权。在经济利益和自身效用的驱使下,用人单位选择在工资性收入上对女性劳动者进行区别对待。随着经济的发展我国居民的收入也实现了持续增长,但男女劳动者之间还有着巨大的工资性收入差距。1990 年我国城镇女性的工资性收入水平相当于男性的 77.5%,男性的工资性收入水平整体高于女性,至 1999 年城镇女性的工资性收入相当于男性的 70.1%,降低了 7.4 个百分点,经济的发展并没有缩小性别差距。据第三期妇女社会地位调查数据显示,2010 年城镇女性的工资性收入水平仅为男性的 67.3%,相比于 1999 年又降低了 2.8 个百分点,男女之间的差距仍然在不断扩大。

调查显示,14~64 岁间的女性劳动者的工资性收入主要集中在低收入和中低收入组中,中高收入和高收入组主要以男性为主,女性的工资性收入很难高于男性。在城镇低收入和中低收入组,女性劳动者的比例分别比男性高 19.6 和 31.4 个百分点,而在城镇中高收入和高收入组,女性劳动者的比例要比男性低 28.8 和 38.2 个百分点,大多数女性在工作中的收入要低于男性。来自 2009 年中国家庭动态跟踪调查中北京、上海和广东三个省市的调查数据也表明了这点,见表 3-1。

表 3-1　不同城市分性别的工资性收入情况

总收入	北京		上海		广东	
	男性	女性	男性	女性	男性	女性
2 500 元以下	9.2%	19.1%	4.3%	10.1%	10.8%	29.6%
2 500~7 500 元	12.8%	16.6%	7.5%	11.8%	18.1%	18.2%
7 500~1.2 万元	11.8%	13.3%	6.8%	10.1%	12.4%	15.0%
1.2 万~1.8 万元	14.4%	13.9%	14.7%	22.9%	16.8%	10.7%
1.8 万~2.7 万元	23.7%	21.4%	28.2%	21.0%	12.5%	9.5%
2.7 万~4 万元	15.9%	10.8%	16.7%	15.4%	14.4%	10.4%
4 万元及以上	12.3%	4.9%	21.9%	8.6%	15.1%	6.5%
共计	100%	100%	100%	100%	100%	100%

资料来源:《中国报告·民生·2010》,北京大学中国社会科学调查中心。

从性别角度看,北京、上海和广东的调查群体中低端收入女性所占比例远远高于男性,而在高端收入上远远低于男性,三个省市普遍存在个人总收入的性别差异。在 2 500 元以下和 2 500~7 500 元两个档中,三个省市的女性所占的比例都要远高于男性,而在 4 万元及以上收入的人群中，该档的女性占全体女性的不到9%。上海的男性中有22%工资性收入在4万元及以上，而女性仅为8.6%；广东省女性中29.6%工资性收入在2 500元以下，而工资性收入在4万元及以上的仅有6.5%；北京市工资性收入在1.8万元以下的群体中，该档女性占全体女性的62.9%，而男性仅为48.2%。从2 500元以下和4万元及以上两档中，可以清楚地看到女性大多集中在工资性收入较低的行列，在高工资性收入的群体中以男性居多。

收入决定着投资和理财的本金和安全性，理财时应该把相关因素考虑在内。同时女性退休年龄也比男性早，而寿命在某种程度上要比男性长，这也是理财要考虑的因素。

第二节　不同性别的不同理财策略

> 经验显示，市场自己会说话，市场永远是对的，凡是轻视市场能力的人，终究会吃亏的。
>
> ——威廉·欧奈尔

一、男女家庭角色

在我国传统观点上，男性为一家之主，但是通常在家庭中，妻子往往负责日常生活的财务管理，决定着每日家庭的开销。而丈夫呢，则是在事业上保持主动性，决定家庭大事和远期生活目标，投资的决定权大部分也在男性手中。家庭理财上，女性更加重视维持现实生活的需求，而男性则重视保证未来生活的品质。

对待金钱态度上，男性和女性有诸多不同。女性可谓家庭财务的主管，对日常生活的财务管理和理财要比男性精明得多，日常开销节约计算大多要比当丈夫的更胜一筹。正因为对日常生活的关注度女性要比男性更高，当家庭日常花钱上更加现实，一家人住得好、吃得好是女性细微的关注点。省吃俭用是许多家庭主妇的持家之道，通常用积攒下来的钱应急或是满足某种特殊需要。女性在职业上也多愿从事帮助他人的职业，如教师，虽然这一职业的收入并不高。在家庭遭遇经济困境时，家庭主妇倾向于夫妻共同承担责任，以渡过难关，而男性则喜欢一个人承担大事。

男性在家庭中承担的重任是养家糊口。因此在投资上男性似乎比女性要更加擅长。虽然男性不必为日常生活的花费操太多心，但在某种程度上必须为家庭生活的安稳和生活品质的不断提高负起责任。现代社会男人挣钱多少也成为其成功与否的一个标志。

二、男女金钱观

女性和男性在对待金钱的价值观、在消费和投资上都有着很大的不同，各自理财和投资有着不同的轨迹。虽然这并不是性别特征决定的，但却是从一出生就受到不同的教育观念所影响，形成了不同的投资理财观念和特点。

在美国，女性从小就被灌输成人后负有养育子女的观念，在成年后她们可以不必工作，只要能照顾好丈夫和孩子就可以。女性在投资理财上更多地将金钱看成是拥有良好生活质量的一种方式，当家理财时女性更关注日常衣食住行的花销，这种特性被称之为金钱现实主义。美国的男性从小就被灌输教育成人后要肩负养家糊口的重任，养得起老婆、孩子才是重要责任。更多的美国男性在投资理财上是将金钱视为财富积累的一种工具，因此男性比女性更少于花钱，而更加注重投资。男性的这种特性被称之为金钱未来主义。同样是花钱，男性偏重用钱换来更多的财富价值，如投资住房和退休基金，女性偏重改善生活和用在孩子身上。

同时金钱在婚姻中起着很大的作用，如何花钱、如何赚钱常常是引起夫妻间吵架的原因。人们知道，结婚的男人明里暗里搞个小金库，而结婚的女人会存些私房钱。俄亥俄州立大学的研究显示，美国很多家庭夫妻多会认为自己的另一半实际收入要比拿回家的钱多。例如，男人会认为自己家庭的收入会比妻子所说的要高出 5%，家庭财富也会比妻子所说的要高出 10%。而作为妻子同样也相信家庭每个月的实际收入要比丈夫所讲的至少高出 500 美元。

三、女性喜欢花钱，男性不愿欠债

一项对全球 12 个国家的调查结果表明，不论男女，大多数人都认为女性比男性更善于理财也精于持家。不过，美国《理财策略》杂志也对美国男性和女性如何理财进行过调查，调查结果显示其实男性比女性更善于理财，或者说是男性在不乱花钱、积蓄和投资上比女性都占有优势。71%的受访男性表示他们会注意钱要花在刀刃上，每个月的支出决不能超过收入，而持这种观点的受访女性比例则为 51%，男性的比例要出女性 20 个百分点。对于是否每个月还清信用卡的债务，受访男性中有 61%的人做到月月在信用卡上不欠债，而能做到这一点的受访女性为 36%，大大低于男性比例。对于每个月日常生活要付的各类账单，受访男性中有 90%的说他们每个月都会准时支付这些账单，而女性每个月能准时支付家庭各种账单的比例为 74%。手头是否存有能应付未来几个月意外花销的应急钱，受访男性中有 53%的人有这种应急钱，而受访女性中有这种应急钱的人数比例为 34%。

与此同时，多数人也认为女性比男性更能花钱。人们都知道女性喜欢逛商店，喜欢买衣服，这是很多女性的共同特点。然而在现实生活中，女性买下的衣服、鞋子有的时候可能一生只穿过一次。美国女性在受访时有三分之一的人承认，她们购买的衣服、鞋子其实是完全没有必要购买的，只是心里喜欢，而不是因为缺衣少鞋才买的。女性天生爱美，因此在服装、美容、健身上的花销也是毫不吝啬。究其原因，这与女性在职场上的特性有关。女性未必聪明就能有高收入，苗条的身材、姣好的面孔也许真能为女性带来财富。佛罗里达大学对美国公司人员进行抽样调查后得出了一个似乎有点荒谬的结论。该调查称苗条女人比胖女人在职场挣钱会多，而胖男人会比瘦男人多赚钱。如果女性体重比正常体重轻 25 磅，这些女性会比正常体重女性每年收入多 16 000 美元；如果女性体重比正常女性重 25 磅，这些女性会比正常女性每年收入少 14 000 美元。而男性体重上的差异对收入的影响没有女性那样大，通常瘦的男性会比胖男人一年少收入 9 000 美元。美国专家对此现象的解释是,在职场,女性的外表很关键,而苗条的女性自然会收到青睐,而男性胖一点瘦一点关系不大。

四、男性在投资上喜欢冒风险

在投资上,男性有点大男子主义。男性多认为自己的投资头脑要高于女性,而女性更多关心的是家庭日常生活的花销。例如只有 27%的男性认为他们的妻子相信正确的投资是家庭财务规划中最重要的环节之一,超过七成的男性不相信妻子会把投资看得很重要。尽管近一半男性把正确的投资看成是家庭财务规划中最重要的环节之一,而在家庭主妇眼里她们并不比自己的丈夫差到哪里,也有近一半家庭主妇把正确的投资看成是家庭财务规划中最重要的环节之一。45%的男性认为他们的妻子会把存有应急钱看得很重要,而实际上 67%的家庭主妇认为存有应急钱是至关重要的。

美国家庭攒钱的重点不是储蓄,也就是说不会把省下来的钱存到银行中靠吃利息来赚钱。家庭理财规划上一个很重要的方面就是如何投资,当然投资就有风险,要想赚得越多,风险也就越大。而在投资这一点上,男性多多少少有点傻大胆或者是说艺高人胆大,而女性在这方面真的是表现得恰如婆婆妈妈了。美国《财富管理》杂志在调查中发现,41%的受访男性在投资上为了多赚钱宁愿甘冒高风险,相反女性在投资上愿冒高风险的比例为 27%。更有 27%的受访女性属于任何风险都不愿意冒的投资人,她们宁可将钱投资在没有风险但获利很低的产品上,也不愿为了发大财而做出亏本的买卖。当然男人中保守的人也不少,有 20%的受访男性在投资上采取无风险投资策略。

那么女性在投资上最大的特点又是什么呢?答案挺简单,女性虽不像男性那样甘冒风险,但也不是不想赚钱。因此女性在投资上最普遍的策略就是平衡投资,行话就叫不把鸡蛋放在一个篮子里。46%的受访女性称她们是平衡投资者,每年的投资回报率目标锁定在 8%至 10%,细水长流,几十年下来老母鸡还在,而鸡窝里的蛋也越下越多。女人心细,男人也不傻,39%的受访男性也将自己归列为平衡投资者,虽然这一比例要低于 41%愿意进行高风险投资的男性比例。

五、女性收入决定理财地位

在美国很多家庭,妻子的收入可占到家庭总收入的 1/3～1/2。美国 1/3 家庭的妻子的收入要超过丈夫。研究结果表明,妻子的收入越高于丈夫,妻子在家庭财务规划上的发言权就越多、决定权也越大。在美国家庭中,妻子收入如果低于丈夫,只有 20%的家庭是由妻子主导投资。而在妻子收入是家庭主要收入来源的家庭,有四成的家庭是由妻子做出投资的决定。很多的研究和调查也表明,女性对于家庭财务状况比男性更加担忧。美林证券作过的一项家庭投资理财调查发现,47%的受访女性表示她们缺少如何投资的知识,男性的比例为 30%。女性也坦诚她们承担财务风险的能力远不如男性。仅有 31%的家庭主妇认为自己敢于进行风险投资，而家庭男性认为自己敢于进行风险投资的比例为66%。

难道在投资上，女性天生就是不敢冒险的弱者吗？其实女性在承担风险上并不比男性弱到哪里，只不过女性比男性面临的家庭投资与理财的挑战更大和更多。首先，美国的女性收入远低于男性，即使同样的学位、从事同样的职业，女性收入也只有男性的七八成。离婚后的女性往往要独自抚养子女，这对女性的压力更大。女性平均寿命高于男性，对于晚年生活有着更多的担忧。

六、女性比男性更具财务风险忧患意识

美国《财富管理》杂志2011年2月所作的一项调查显示，在经历经济危机的风暴后，美国家庭男性和女性对于如何理财在认知上仍存在一些不同点。在如何看待经济危机对家庭财务规划的影响上，女性比男性更加注重节衣缩食、未雨绸缪。在受访者中，49%的女性表示她们在经历经济危机后比以前更加仔细地计划家庭财务，而持这种观点的男性只有39%。与此同时，29%的受访女性表示现在与丈夫讨论如何花钱的时间比过去多出许多，而男性与妻子讨论如何花钱时间增多的人数比为24%。相反，男性认为经济危机对家庭如何规划财务没有影响的人数比例远远高于女性，有51%的受访男性持这种观点，而女性持这种观点的人数比例为38%。

当面对家庭财务困难期时，女性似乎比男性更具有忧患意识。女性对于经济衰退、通货膨胀、收入降低、房地产贬值、退休后生活等诸多经济和金融因素比男性更敏感也更加关注。调查显示，69%的受访女性担心经济进一步衰退，而男性的比例为54%。有51%的受访女性担心通货膨胀率会超过投资的回报率，男性的比例为44%。47%的受访女性担心缺少足够的钱去支付家庭的医疗保健支出，男性的比例为40%。46%的受访女性担心过上理想生活要差钱，男性的比例为40%。45%的受访女性担心房地产贬值，而男性的比例为35%。45%的受访女性担心退休后无法过上自己心目中理想的退休生活，男性的比例为34%。

不可否认，一个家庭的财政大权大多掌握在家庭主妇手中，而有趣的现象却是，作为一家之主的男性对于家庭的重大财务规划确实要比老婆大人说了算的机会更多。根据相关调查，在美国家庭中，有53%的男性表示对于家庭的重大财务规划他们是自己就可说了算，而能够自己说了算的女性只占17%。而且还有10%的女性承认，家庭的重大财务规划是家中的另一半说了算，而男性认为是另一半说了算的人数比例为2%。当然现在美国女性的经济地位高了，有时比男人赚的钱还多，因此很多家庭是夫妻两人共同协商来决定重大的财务规划。调查结果显示，73%的女性表示是夫妻两人一同来决定重大的财务规划，受访的男性也有45%的人表示重大的财务规划一定要与老婆商量才做出决定。

第四章 节约创造价值

> 资本增加的直接原因，是节俭，不是勤劳。诚然，未有节俭以前，须先有勤劳，勤俭所积蓄的物，都是由勤劳得来。但是若只有勤劳，无节俭，有所得而无所贮，资本决不能加大。
>
> ——亚当·斯密

案例导入

节省每一分钱　大一女生写校园理财宝典

哪家超市东西最便宜？哪个窗口打饭价低量足？华师传媒学院大一女生张小磊将1个多月校园生活消费进行总结，写成了一部"理财宝典"。

"理财宝典"首页，写有"节省每一分钱"六个大字，内页记载了张小磊的消费心得，如"食堂土豆粉比外面便宜""食堂2号窗口实惠"等。"只要平时用心，真的能省很多钱。"张小磊说，"身边大学生的月生活费一般在800元左右，而她从开学至今只花了600元。他们感觉我平常消费和他们差不多，但实际花销却比他们少很多。"张小磊说："父母供我上学很不容易，我要学会给他们省钱。"

（作者：乐毅，陈思捷，资料来源：楚天都市报.2012-10-11）

书中的理财方法

洛克菲勒于1839年出生，他虽然进入学校读书的机会不多，但他善于把握学习时间，阅读了大量的书籍，加上头脑十分机敏，到了十多岁时，他已考虑自己怎么创业致富了。为了寻找致富之路，他辛辛苦苦地打工挣钱，很不容易积攒到5美元，他决定将这5美元用于购买书籍，希望从书本中找到致富的方法。

一天，他在一份晚报上看到了出售发财秘诀的巨幅广告，他便连夜赶到书店去购买这本求之不得的书。拿回家急忙拆开包装严密的《发财秘诀》，哪知书内空无他物，全书仅印有"勤俭"

两个大字。

洛克菲勒大失所望，十分生气，把书扔到地上，马上想去书店找老板算账，控告他及作者骗人。但当时时间已很晚，他估计书店已关门了，所以准备第二天再去。

那天晚上，洛克菲勒一夜辗转不能入睡，起初是对书的作者和书店生气，生气他们为什么要以如此简单二字印书骗人，使他辛苦得来的5美元血汗钱浪费在这"骗术"上！后来，夜已深了，他的火气也慢慢降下。他想，为什么作者仅用两个字出版一本书呢？为什么又选用"勤俭"这两个字呢？想呀想，越想越觉得该书作者的用意，越想越觉得勤俭是人生立世和致富的根本通路，他终于大彻大悟。

想到这里，他赶紧把书本从地上捡起来，深深地吻了它一下，然后端正地摆在他卧室的书桌上，作为他的奋斗创业座右铭。从此，他努力打工，埋头苦干，把每天挣来的钱，除了部分交给家里外，其余一分也不乱花，全部积蓄起来，准备用作以后创业之用。

洛克菲勒如此坚持了5年，辛辛苦苦地积攒了800美元，他用这笔钱开创了他的事业。就是这样，他最后成了石油大王。

确实，坚实的财富是需要努力和节俭才能追求到的，同时也需要时间和毅力。具有节俭的耐性和毅力，利用积蓄的钱发挥作用，由此便可得到许多意想不到的赚钱机会。

（资料来源：www. sina. com. 2004－01－30）

第一节　节约——比较价值

节约相当于增加收入，但是节约是相对而言的，并不是绝对的，在对比过程中才能知道节约了多少。因此节约应该是一种比较价值。

一、节约的概念

节约，就是节省、俭约的意思，是人们以人生幸福为目标，追求效益、力避浪费的行为活动。这种行为活动根源于一般生物趋利避害的本性，但又始终闪烁着人类智慧的光芒。无论是生产工具的不断改进，还是生活方式的逐步完善，无一不是人们节约的结果。人们在自己节约的实践活动中逐渐认识到，节约活动本身"没有最好，只有更好！"正是这一信念让人类节约的脚步永不停息。整个人类社会发展的历史，可以说，就是一部节约史，或者说，是一部追求效益、力避浪费的历史。

二、节约是比较价值

具体的节约永远只是相对而言的。过去能够称之为节约的行为，现在就不一定具有节约的性质；同样，对某个人来说是节约的行为，对其他人或某个团体来说不一定是节约；而对某个团体来说是节约的行为，对整个社会来说又不一定是节约。还有，在某一区域属于节约的行为，而在另一区域很可能就是浪费。节约的这些相对性和复杂性，使得人们在各自的立场上和视域里追求效益、力避浪费的行为即“节约”之间不可避免地会发生矛盾和冲突。即使是在社会主义条件下，只要人们之间还存在着不同的利益，这种矛盾和冲突就不可避免。而“节约”之间的矛盾和冲突，往往会造成事与愿违的结果。人们追求的是节约，最后却造成了浪费！这便要求人们努力去总结和探索节约的规律，把个人节约、团体节约和社会节约，以及局部节约和整体节约有机地统一起来，实现真正意义上的社会节约！

所谓社会节约，就是以多数人甚至所有人的人生幸福为目标，追求社会整体效益、力避各种浪费的社会运动。这种运动通常是在仁人志士的组织领导和直接参与下进行的。古今中外，几乎所有的仁人志士都具有强烈的社会责任感。他们力求社会节约，反对无耻浪费。在自然灾害面前，他们能够组织力量，想方设法地将各种损失缩小到最低限度；在社会需要面前，他们也能够挺身而出，为民族利益、国家利益和社会利益而英勇斗争和不懈努力。社会节约是仁人志士不朽的追求！

三、节约的具体体现

古代朱元璋的“四菜一汤”节约日子：朱元璋的故乡凤阳，还流传着四菜一汤的歌谣：“皇帝请客，四菜一汤，萝卜韭菜，着实甜香；小葱豆腐，意义深长，一清二白，贪官心慌。”朱元璋给皇后过生日时，只用红萝卜、韭菜，青菜两碗，小葱豆腐汤，宴请众官员。而且约法三章：今后不论谁摆宴席，只许四菜一汤，谁若违反，严惩不贷。

中国伟人毛泽东勤俭一生：毛泽东要求别人的，自己首先做到。他一生粗茶淡饭，睡硬板床，穿粗布衣，生活极为简朴，一件睡衣竟然补了 73 次、穿了 20 年。经济困难时期，他自己主动减薪、降低生活标准，不吃鱼肉、水果。20 世纪 60 年代，有一次他召开会议到中午还没有结束，他留大家吃午饭，餐桌上一大盆肉丸熬白菜、几小碟咸菜，主食是烧饼。伟人在勤俭节约方面为国人做出了表率。

勤俭节约的故事举不胜举，我们要理财，在日常生活中就必须奉行节约。从日常节约水电费开始，不让水龙头空流、缩短淋浴时间、安装节水龙头、用节水型抽水马桶，尽量少使用电器、随手关灯、随时关紧电冰箱的门、使用节能灯具、购买高效低能耗电器。不浪费资源，又能节约资金。同时在吃穿住行上更应该注意节约，很多人在吃的方面十分浪费，在饭店吃饭，大手大脚地花钱，没有计算，菜点了不少，可是吃了一点点，造成大量浪费，这本身就是一个不会理财节约的习惯。穿衣服更是一个浪费点，很多人没有详细考虑自己衣服的折旧费用问题，一件衣服，如果花费 300 元买的，在一个季节当中如果有两件衣服换着穿，相当于每天消耗 6 元，如果加上鞋子和裤子的消费，价值更是惊人。目前消费比较大的还有交通工具，是步行，是打车，还是自己开车？在选择的时候，除了比较几种方式的费用，还要考虑本身的时间创造的价值差，如果因为打车比步行快而花费了更多的资金，而节约的时间能赚得到更多的资金，那么就是节约,而不是浪费。

四、消费比较

消费的前提是要购买必需的东西,而不是买一些没有必要的物品。即使是必需的,也要看是不是有推迟购买的可能,我们知道,如果推迟消费,也就相当于为自己攒钱,资金有时间价值。

在必须当时购买的物品中,也要货比三家,进行比较,购买经济实惠、物美价廉的。日常用品我们经常会选择去一些大型市场和超市购买,能够节约资金。还有就是等待一些折扣物品,会财务的人都能够比较折扣收益和延迟付款的收益对比产生的差额,之后选择是延迟付款还是折扣。

拒绝一些以奢侈为特征的不良消费现象,例如一次性消费、陋习消费、炫耀性消费、攀比消费、公款消费、过度包装消费等。尤其是一次性消费,不知道从什么时候开始,一次性消费品悄然走进了我们的生活,一次性杯盘、一次性刀叉、一次性饭盒、一次性筷子、一次性纸餐巾、一次性桌布、一次性抹布、一次性牙刷、一次性照相机、一次性文具、一次性包装袋等。尽量少用一次性资源,如果在卫生许可的范围内,应该想办法循环使用和废物再用。

第二节　网络团购

你少花一元钱就相当于挣到一元钱,而少花一元钱要比挣到一元钱容易得多。记住:没有购物习惯就等于拥有一份收入。

——佚名

如今,团购已经成为很多人生活消费当中必不可少的工具,从最常见的服饰、食品、家电到酒店、温泉、旅游,已经是“吃喝玩乐”样样皆能。团购很大程度上节约了资金,减少了消费。

一、网络团购的概念

团购(group purchase)就是团体购物,指认识或不认识的消费者联合起来,加大与商家的谈判能力,以求得最优价格的一种购物方式。根据薄利多销的原理,商家可以给出低于零售价格的团购折扣和单独购买得不到的优质服务。网络团购作为一种新兴的电子商务模式,通过消费者自行组团、专业团购网站、商家组织团购等形式,提升用户与商家的议价能力,并极大程度地获得商品让利,引起消费者及业内厂商、甚至是资本市场关注。

网络团购的主力军是年龄 25～35 岁的年轻群体,目前这个群体正在向年轻化转移,很多在校学生，对网络比较熟悉，在这个团体中占有很大比重。网络团购在北京、上海、深圳、广州、厦门等大城市十分普遍。网友们一起消费、集体维权。同时团购网的公司提供网络监督，确保参与厂商资质，监督产品质量和售后服务。网络团购改变了传统消费习惯。团购最核心的优势体现在商品价格优惠上。根据团购的人数和订购产品的数量，消费者一般能得到从5%～40%不等的优惠折扣。

二、网络团购的发展

团购这种模式早已有之，只不过不是很多，国内很多网站都在尝试用团购的方式在网络上开展B2T(business to team)的工作，不过没有被完全地热炒起来。因此网络团购的最早起源被认为是美国的Groupon，在不到2年内其估值飙升到13.5亿美元。在国内团购始发于北京、上海、深圳等城市，已经迅速在全国各大城市发展起来，成为众多消费者追求的一种现代、时尚的购物方式，因为它有效地防止了不成熟市场的暴利、个人消费的盲目、抵制了大众消费的泡沫。

而网络团购的发展则是一场互联网引发的消费革命。随着中国电子商务的繁荣发展，近两年多时间，网络团购在中国网民中流行起来。

团购产品也从最初的小物件逐渐向大件过渡，尤其是家电团购。由于家电市场信息相对其他产品要透明化，加上一些专业家电销售平台的成长，家电团购从众多的产品团购中脱颖而出。

同时随着网络团购的风靡，各个具有地方性特色的团购也在不断兴起，不仅限于网络团购，更在于把地方生活丰富多彩化，伴随本地市民的生活。

三、网络团购的基本优势

网络团购作为网上购物的一种方式，具备了网络购物的所有优点，如方便、快捷、不受地域限制等。而价格优势又成为其最主要的核心优势，这种优势甚至要比普通网络购物更加明显。

以家电为例。在线下卖场，家电企业为了盈利，通常的做法是将在渠道中因为各种原因产生的附加成本转嫁到产品上，终端消费者就不可避免地成为中间环节之间多重利润的受害者。而网络团购，不仅赋予了消费者也赋予了企业、代理商发起团购的权力。同时作为家电直销平台推出的团购，也意味着价格将比其他同类产品的网络团购更加优惠。网络团购组织方式的灵活性，无论是在时间上还是成本上，线下卖场都是望尘莫及的。

2006年10月，国内首家品牌月饼直销的网上商城品牌月饼网的成功上线试营，无疑是对传统销售发起了挑战。厂家直接通过网站提供的平台与消费者对接，中间费用的节省保证了消费者能够在厂价直销的基础上购买到正品行货。

四、网络团购的风险

作为一种新兴的消费方式，网络团购还没有相关的规则来约束它，因此，诈骗案也屡见不鲜。因此，消费者在选择网络团购以博取价格优惠的同时，更应该全面考虑，对于交易要小心谨慎。

网络团购存在着一些陷阱。例如，建材、家具等行业的产品价格缺乏透明度，有的商家暗地里拉高标价再打折，这样消费者就很被动。有的网络团购是由隐藏在背后的商家发起的，这样的团购其实就是促销。

网络团购毕竟只是出于某一特定目的而临时组织的松散团体。现实中，团购者交易成功后就分散了，售后一旦出现纠纷，往往难以再组织起来，这给消费者日后的维权行动带来困难。因此，消费者参与网络团购，尤其是购买一些大件商品时，一定要咨询律师或其他相关人士，以避免不必要的麻烦。消费者还要关注商家的专业水平、售后服务等信息。参加团购时，避免将钱款交付给代购者。网络团购的参与者还应该想办法签订团购协议来规避各种风险。

为了确保购物安全，消费者在选择团购博取优惠价格的同时，对团购平台的选择也应该谨慎小心。选择专业、信誉高的平台发起团购，或参加团购，既可以提高网购安全系数，团购产品的质量及售后服务也能有所保障。

五、网络团购的基本流程和支付方式

要想在网络上进行团购，必须了解团购的基本流程，而且要知道怎样支付。专业团购组织的团购流程如下：

第一步，注册成为团购组织的会员。注册方式基本上和注册电子邮箱一样，填写自己的基本信息，根据注册向导指示，完成注册。

第二步，向团购组织提交购买消费意向或者直接报名参加已有团购活动。这一过程也可是选择自己团购的商品或者服务。

第三步，挑好自己要购买的产品后下单。提交订单过程，确认要购买的物品或服务。

第四步，验货付款提货。有的是先付款，后消费。

付款的方式：

随着互联网的发展，2010年后团购网站如雨后春笋般出现，走在电子商务网络购物前沿地带。由于团购价格便宜，产品样式多样化，很多网民都选择网上团购、网上在线支付货款。团购网站支持的支付方式一般有以下几种方式：

(1)网上银行。只要银行卡开通网上银行业务就能在线支付。

(2)支付宝。只要团购网站装有支付宝接口，网民有支付宝账户就能使用支付宝付款。

(3)财付通。只要团购网站装有财付通接口，网民拥有QQ账号就能开通财付通付款交易。

(4)易宝。易宝支付用得比较少,团购网站也需要装有易宝接口,网民有易宝账户就能使用易宝支付。以上所有接口都是团购网站交手续费,网民不需要交任何交易费用。

(5)手机支付。手机支付业务是面向用户提供的一项综合性移动支付服务,可以是用手机话费支付,也可以开通手机银行支付。

第三节　金融理财产品的团购

善治财者,养其所自来,而收其所有余,故用之不竭,而上下交足也。

——司马光

近年,"团购风潮"又开始瞄准金融市场,理财产品也能"团"了,包括理财卡、投资银条、纪念币、千足金条甚至基金、保险、银行理财产品等,统统都成了热门的团购产品。

一、金融理财产品团购概述

金融团购,指金融产品的团体购买,是一种新型的以金融理财产品和服务为交易对象的电子商务模式,即一个团队向商家采购金融理财产品。区别于一般意义上的团购就在于顾客联合购买的产品不是普通商品,而是金融理财产品。这是一种新型的网络金融服务模式,金融团购的目的在于降低金融产品交易双方的成本,寻找最合适的投资机会。要么费率打折,要么降低门槛,团购就是为了省钱,投资时选择团购也不例外,以团购的形式贷款、炒股、买基金,买信托,通常可以获得比个人单独投资更低的费率;团购理财产品还可以变相降低高投资起点理财产品的门槛。因为投资者开户、存取资金、交易,都是直接和券商打交道,这种团购方式基本上没什么风险。

(1)金融团购的发展前景:金融团购网团购申请贷款、证券开户、申购基金或信托产品、炒股、买基金,能享受费率折扣;可降低投资门槛,增加与金融机构议价的筹码,可以团购的形式享受低费率,投资者只需在线预约报名,并在金融团购网指定的证券公司办理,今后的交易都可在网上进行。钱多力量大,钱多能杀价,金融团购网一旦打开局面,精明的投资者必将蜂拥而入。因为金融团购网站为客户带来了交易成本最低的金融产品,必将有大量的客户资源,大量的交易转户。瑞银信行是国内首家专注于金融团购的第三方理财机构,现已获得多家风险投资机构的注资。

(2)金融团购的核心内容:金融团购的核心服务内容是帮助客户降低交易成本,获取优质低价的金融服务。金融团购的经营理念是通过会员集团采购的方式,协助广大中小投资者获取机构客户的交易价格优势,执行属于机构与大户的价格水平,为客户节约交易成本,提高竞争能力,从而实现"付出最少,赚得最多"。金融团购的对象主要是国内中产阶级家庭和中小企业主,金融团购的业务范围包括贷款费用的团购经纪服务,保险代理团购服务和股票、期货、基金的团购信息服务，工商注册与会计记账等财税团购服务业务等。

(3)金融团购的服务宗旨：金融团购可以提供金融折扣信息，也可以根据客户的需求，推荐相关服务机构。无论客户是入门的新手还是活跃的资深专业投资者，金融团购都希望帮助客户找到合适的投资理财机构和合适的金融产品，从而帮助客户降低金融交易成本，增加盈利机会。金融团购网是提供降低金融理财服务与产品交易成本的服务性网站，致力于成为中国最权威的低成本交易信息资源提供平台，通过与金融机构合作，帮助广大投资者找到可靠度高、成本低，稳定便捷的交易通道和性价比高的金融产品。

(4)金融团购的合作对象：金融团购通过团购模式的客户快速积累，与市场上实力强劲，信誉卓著的证券公司、期货公司、保险公司、信托公司、典当公司等金融机构形成合作关系，通过金融团购网，可以享受到这些金融理财机构优质低价的交易服务。通过与金融机构建立合作关系，金融团购能帮助客户在投资时省钱。客户在金融团购网团购金融产品后，只需从金融团购网预约到这些金融机构，客户就可以获得只有超级机构大户才能获得的超低交易成本，从而最大限度地省钱。

(5)金融团购的市场行情：股票交易佣金可以获得的优惠费率为万分之三，甚至更低；货物运输保险可以获得的优惠费率是万分之三，甚至万分之二；基金可以提供万分之四，甚至更低的交易佣金；期货可以提供给客户比市场平均交易成本低一半以上的交易佣金。

(6)金融团购的核心原理：大家都知道批发和零售的价格是有区别的，同样，在金融产品的渠道上也存在机构和散户的区别，毫无疑问，金融机构给机构的价格肯定比给散户要低。金融团购网的使命就是集合广大投资者进行团体购买，这样就形成一个机构，跟金融机构进行议价，必然可以获得最低的价格。金融团购网凭借众多的会员，数量巨大的交易，可以要求获得最低的交易成本。

(7)金融团购的法律监管：金融团购并不构成招揽、强迫或诱导任何人对金融产品做出投资，若客户计划投资或者交易相关产品，客户应该向开户机构索取相关法律文件，与产品相关的所有权利与义务均以该法律文件为准。金融团购网不是证券公司、不是期货公司、不是基金公司、不是银行，客户不需要向金融团购网支付任何费用，也不能通过金融团购网进行任何交易。金融团购网只负责向客户提供折扣信息，将向有需求的客户推荐有资质的公司。

二、银行和保险理财产品团购

2012 年 12 月份，国内购物网站淘宝网上的“聚划算”促销中首次出现了金融理财产品专区，并宣称“理财第一团”，其推出的理财产品主要分两类：一类是与一家银行合作的智能存款服务，另一类则是与一家保险公司合作的保险理财产品。

虽然团购理财产品听着有些新鲜，但却受到投资者的追捧。在其推出的理财产品中，保险理财产品明显更受青睐，三款产品均遭疯抢。其中，一款最被热推的产品短短三天内便引来 4 365 人下单购买，每单 1 万元起购，该产品总共卖出了 1.01 亿元，刷新了中国网购单品纪录。

同样，另一“智能存款”的理财服务也被 50 219 人抢购，卖出 200 多万元。

理财产品团购受到投资者欢迎主要还在于其低门槛与高收益的双重诱惑，比如 2012 年 12 月份在淘宝网最为热销的三款保险理财产品，其中号称“超短理财”的“金钥匙 1 号”这款产品不仅“一万元可买”“3 个月后可退”“预期年化收益 4.05％”，而且还宣称“无募集期”“初始费用、手续费、管理费全无”。而其中收益最为可观的另一款产品年收益甚至高达 5.2％。

相比目前普通银行理财产品最低 5 万元的门槛，和如今在售产品普遍 4％左右的年收益率，团购理财产品的优势显而易见。“其实这类团购在保险业是一种惯例，现在则是借助网络团购的形式把个人客户集中起来。”

此外，该网站通过团购形式热销的另一款“智能存款”的产品也相比其线下银行设置的条件少了“五万元起存”这一条，50 元便可起购，可谓十分“草根”。而且，3 个月、半年、一年期的存款利率，均比基准存款利率要高，分别高出 0.26％，0.28％，0.3％。

而对于一些购买门槛需要上百万元的信托类理财产品来说，团购理财的诱惑则更大，曾经某网站推出“信托计划”的团购活动，宣称合格投资者只需 30 万元即可购买，其采用的方式便是凑钱投资。据了解，此信托产品单笔购买 30 万元至 50 万元，预期年收益率为 6％，50 万元及以上的为 6.5％。而该团购在半个月时间里就有数十名投资者响应，并筹集到 1 500 万资金。此外，这些团购理财产品还有一个吸引投资者的是，购买相对较为便捷、快速，省去了跑银行的麻烦，只需鼠标一点，便可团下。

三、基金团购

基金团购是由第三方理财机构进行的金融产品服务模式。由于基金申购成本较高，因此，理财机构通过和证券公司的合作，采取“先征后返”的形式，将投资者的申购费用降低。由于有理财机构和证券公司的合作，理财机构的会员通过证券公司购买基金就会享受到优惠折扣，其幅度要比基金公司和银行的折扣高，投资成本较低。

从风险性来说，关键是看运作模式，目前主流的模式几乎是没有风险的，因为投资者无论是开户、存取资金还是交易都是直接和券商和银行打交道，严格按照证券公司的购买基金的流程，只是在去证券公司开户前，需要和理财机构联系沟通一下就可以了。等购买完基金一个月后结算时，理财机构将交易成本中高于约定折扣部分返还给投资者。因此从交易本身来看是没有风险的，唯一可能的风险是，理财机构可能不把应该返还的交易成本返给投资者。

从交易便捷性来看，所有的手续都和在证券营业部一样，除了到证券营业部开资金账户需要本人亲自去一趟外，其余完全可以在证券公司的网上交易系统完成，和正常的股票交易一致。只是在去证券营业部开户之前，要跟理财机构沟通一下。

因此，总体来看，基金团购还是比较放心的，也比较方便。

第四节　利用二手市场

案例导入

二手生活既是聪明理财方式，也是一种生活态度

生活离不开理财，理财少不了二手生活。二手，不仅仅是一种经济实惠的交易方式，也是充分利用社会资源，不浪费、够时尚的生活态度。一句话：会二手，会生活。

如果你从未购买过二手商品，抑或从未出售过闲置品，那你一定称不上是个理财高手，因为你还缺少对理财的认知。

何谓理财？就是对可支配的财产予以经营、管理，使其发挥最大的效用、价值。而二手商品的买卖，正能起到物尽其用的作用，同时对交易双方来说，都能获取一定的经济利益。

可以说，二手，既是一种聪明的理财方式，也是一种资源充分利用的生活态度。

在我身边，就有这样一位理财高手，她虽早已退休，却从未停止对理想的追逐。年过六旬之时，通过巧妙的理财方式成功换房、开起网店、能骄傲地说一句“不啃小”。实际上，帮助她成功实现这三大理财目标的正是二手生活的理念。

章妈妈是一位平民理财女王，也是一位不折不扣的二手达人。在章妈妈的理念里，不管是购买二手商品还是出手二手货，都是非常聪明的理财行为。章妈妈说：“理财是为生活服务的，这几年里，我前前后后‘倒腾’的二手货少说也有一两百件，要不是有它们，我还真不知道现在的生活会是怎样的。”显然，章妈妈有着深深的二手情结，而2010年换房时，她房款中很重要的一部分就来自出售二手藏品。

“我出生、成长在卢湾区（现已并入黄浦区），可1998年搬家后离开了这块有50年情缘的老土地，所以住回卢湾区一直是我的心愿。不过那里的房价多高啊，怎么算都有将近20万元的缺口。”章妈妈说，从2009年起，她就一直盘算着把外环的房子卖掉后搬回卢湾区居住，可就算面积缩小20来平方米，总价还是不够。不想给孩子添麻烦的她动起了“卖家当”的念头。也就在这时候，珍藏多年的各种金银币、旧版纸币、邮票、纪念册等派上了大用场。“熊猫金币一出售就到手5万多元；一组1953年版的纸钞，卖了2万多元。”一笔一笔积累起来，到2010年，章妈妈终于实现了换房梦。

“很多人都问我，你怎么舍得把收藏那么多年的宝贝卖掉呢？说实话，一开始我也舍不得，但慢慢也就想开了。”章妈妈说，她能跨过“舍不得”的心理障碍，是因为她明白三点：一是从客观上讲，若不赶快筹款，地段越好的房子涨得越快，缺口只会越来越大，生活环境永远无法得到

改善;二是虽然这些藏品都是她多年积累,但终究是“身外之物”,小辈们对她眼里的这些“宝贝”毫无兴趣,留或不留意义不大;三是一贯的想法,好东西必须给到那些懂得欣赏、真正喜欢、明白价值的人,出售金银币、纸币、邮票等藏品也是希望它们能更好地传承下去。

尝到二手交易甜头的章妈妈可没有就此打住,反而更勤快地跑起调剂品商店来。“调剂品商店就是二手店,我买好卢湾房产后,基本上所有的家具和大部分中小家电都是在那里面淘来的。”说到淘货的本事,章妈妈说眼光准、下手快很重要,“现在我主卧的大衣柜、床,与之风格配套的书橱、书桌、茶几、电视柜,全都是我一起打包买下的,你知道一共才多少钱吗? 11 000元! 全是实木的呢。”章妈妈介绍,这一整套家具都是从一户别墅人家淘来的,“住别墅的人买的家具肯定不会差,而且因为平时住得少、使用频率低,基本上和新品没什么两样。”对这一次的淘货经历,章妈妈颇为骄傲。

如今,章妈妈的网店生意还挺红火。“做做代购、做做‘二道贩子’,赚零花钱嘛。”章妈妈说,只要是她觉得自己不会再用、同时别人可能还有需求的,她就会放到网上售卖。“冰箱、微波炉、助动车、自行车、音响、座钟、花瓶、跑步机、健身球……我买过、卖过的二手货多得自己都记不清。你知道不,就连饭桌上的防蚊罩也可以卖掉! 二手市场真的有太多意想不到了。”

如今,章妈妈的快乐二手生活还在继续,而听了她的介绍,你是否也对这个无限开阔的市场有了一丝兴趣呢? 如果你愿意试一试,相信也会感受到一份独特的乐趣。

(作者:张安立,资料来源:理财周刊.2013-05-06)

正如案例中所介绍那样,如果你从未购买过二手商品,抑或从未出售过闲置品,那你一定称不上是个理财高手,二手市场能够给你提供物品同样的使用价值,却让你支付比新购买产品要少得多的价格。

一、二手简介

二手的,用过的,旧的。相对于刚购买的商品而言,二手指已经经过一次或多次交易的商品。

二手交易市场最早出现在19世纪的欧洲。由于当时的卫生条件限制,许多二手商品尤其是衣物类普遍带有跳蚤,因此当时的人们将二手交易市场称为“跳蚤市场”,并且一直沿用至今。

二手买卖网,是以提供二手物品的买卖信息为主,兼顾各种生活服务类信息,涵盖了二手买卖、二手车、房屋租售、二手设备、二手电脑、二手数码产品、二手家具百货、二手电器、宠物花草、古玩收藏、二手办公用品、二手供求信息等多个与居民生活息息相关的网站,能够为网民提供一个安全、方便、实用的直销式交易平台。

二、二手商品的成色

对于二手商品,我们要判断其新旧程度,一般按照几成新来分类,下面简单介绍下新旧程度的认定。

(1)全新：首先说明全新的概念，全新务必要是卖方自货到手以来完全保持拿到货时的状态，即完全没有使用过的经历，这样的物品一般都有完好的包装(如果包装有一定程度的损毁则不能算是全新)。总之一点，全新的概念就是自出厂以来(不包括厂内调试)完全没有任何使用迹象的物品，不是声称所谓的几乎全新，在形容自己的商品同时要对商品进行全面的阐述，若符合全新的标准即写明全新即可。要求保修卡完全未填。

(2)九八成新：这类商品的定义是包装有损毁，在保修期内，物品没有使用迹象，或者包装完好，物品有试用的迹象，但要注意，九八成新的物品上是不能留有使用痕迹的(如划痕，碰痕等)如不符合标准则不能算作九八成新。

(3)九五成新：这类商品的定义是包装及配件全在，且商品有极短暂的使用经历，表面可有完全不明显的轻微划痕，无任何故障。如符合以上条件则可定义为九五成新，同样要在保修期内，不可以有维修史。

(4)九成新：这类商品的定义主要在于使用时间和本体上。使用时间在 1 个月(如保养有道则何以放宽到 3 个月或者更长)以内，无任何故障，表面的比较明显的划痕不能超过 3 条则可定义为九成新。以 GBASP 游戏机为例，若机盖上比较明显的长度在 3 厘米以内的划痕不超过 3 条则可定义为九新，如划痕在 5 厘米以内不超过 1 条也可定义为九成新，若屏幕上有较明显划痕则定义在九成新以下。要在保修期内，同样不能有维修史。

(5)八五成新：八五成新的商品要求能完全正常使用，使用时间不超过 1 年。表面较明显划痕在 8 条左右，可以有轻微的摩擦痕迹，不可有掉色现象。如产品有屏幕，则屏幕上允许有轻微使用划痕。不可有零件更换，同样要在保修期内，最好不要有维修史，如有，则要维修彻底，且仅仅允许轻微故障的维修。

(6)八成新：八成新的商品同样要求能正常使用，使用时间不超过两年。表面较明显划痕在 10 条以上，可有 3 处以内的摩擦痕迹和轻微的小面积掉色。不可有零件更换，可以在保修期外，但不能有明显质量问题。允许有维修史，但同样要彻底。

(7)七成新：其实八成新以下的类别都可以归到七成新以内(一般说七五成新的都是幌子)，使用时间在 5 年以内，表面有多处较长较明显划痕，但使用正常，可有 5 处以上的摩擦痕迹，允许小面积掉色 4 处左右(四角)，有陈旧感。但一定可以使用正常。可有部分更换的零件，但不可以影响使用。

(8)六成新或以下：此类商品就不太主张购买了，六成新要求可以有小毛病如有需要维修的故障则要有可维修彻底的保证，但不可以影响正常使用，表面划痕多，摩擦多，有较大面积的掉色，外观严重陈旧……而有影响正常使用的毛病都要归到六新以下，严重外观损毁或者屏幕大花等。

三、二手的物品不等于旧

在过去的观念中，“二手”意味着陈旧、废弃。那是由于过去受经济条件的影响，我们总是把每一件物品用到报废为止，无论是家具、家电，还是一支铅笔、一块橡皮，都尽可能用到没法再用时再丢弃。也正因为这样，那些走街串巷、回收二手货的小商贩们，会被冠以“收旧货”“收废品”的职业名称。而很多人对二手货的心理定位，也长期处于旧货、废品的层次。

其实在不知不觉中，我们对生活品质的要求已提升不少，对新鲜事物的向往使得物品替换速度更快。很多闲置品其实仍有大把的剩余价值可以利用，它们或许还保有七八成新，或许是“一见钟情”购置回家却从未用过。而这样的二手商品，对我们来说可能已不再需要，但对他人来说很可能正是“宝贝”。反之，他人抛出的二手货品，对我们来说也可能很是适用。

这里我们所说的二手生活，并不是拣拾废弃物品，而是出于自用的需求，将他人闲置的、仍无碍使用的物品继续利用，同时将自己不用之物转于他人。

四、二手创造使用价值

一辆使用仅 2 年、行驶公里数不超过 4 万千米的二手汽车，售价可能只是新车价格的七折，而且还不必为新车磨缸、内饰污染担心；一个看似崭新的名牌包包，专柜售价近 3 万元，而在二手商店的售价可能只需 2 万元；一套实木家具，虽有瑕疵，但售价可能只是商场同类新品的对折；而包括家用电器、数码产品、书籍、文具在内的二手商品，更可能只需原价十分之一就能买到。

“一货一价”也是二手商品价格的特点。即便看似一样的二手货，售价也难以统一，因为二手商品的价格通常与卖家的心理价位有关，同时也受商品新旧程度、养护情况的影响。

当然，也有一些二手商品是比较特殊的，它们的售价反而比新品更高。比如限量版的名包、名表，它们进入二手市场交易时，价格可能高于当初的新品价格，因为这些商品本身具有稀缺性、又有升值空间，所以才会出现价格倒挂的情况。罕见的邮票、纪念币、旧版纸钞等也都会出现这种情况。而正是因为二手市场中有这样越少越值钱、越老越值钱的宝贝，才让这个市场多了一份魅力。

商品的再利用无疑对节约社会资源贡献巨大，二手交易对买卖双方来说都是避免浪费的有效手段。

不知你是否有这样的体会，每到搬家时总会有一堆平时收藏着却用不到的东西面临清理，这个过程其实非常浪费。都说新房子要有新气象，当然会买新家电、新家具，但实际上，老房子里的这些物品并没有达到使用年限，它们仍能为下一任主人提供服务，从功能性上讲，丝毫不逊于新品。

若大多数人能树立“虽然这个东西对我已经没有什么价值了，我不再需要，但仍然有需要它的人”又或是“反正一样能用，买二手价格便宜功能也不差，性价比更高，还节约社会资源”等意识，那么，整个社会急速生产的脚步就会放慢，长远考量，对节约社会生产资料、维护自然生态平衡意义重大。

第五章　储　蓄

储蓄是所有理财计划的基础，也是一个人自立的基础。它来源于计划和节俭，是一个人自立能力、理财能力的基本体现。连储蓄都做不到的人，说明他缺乏自我控制的能力，不可能指望他在财富管理方面获得成功。

——佚名

案例导入

鸡蛋理财法

古巴比伦的财务专家亚凯德有一次问学生：“假如你的菜篮每天可收 10 个鸡蛋，但只拿 9 个做菜用，久而久之结果会如何？”学生异口同声地答：“篮子就会装满。”但当问到如何处置那可能会溢出的多余鸡蛋时，就有不同的回答和做法：有人开始大吃大喝，有人拿出来另装篮，有人则取而用之育小鸡。

这个故事一直深深地印在我心里，我也要让这个方法实现我有车的梦想。

很多人认为家庭支出公式是“余钱＝收入－支出”。我则采用“记账法”，将公式改为“支出＝收入－余钱”，强制规定余钱的数额，这样就可以开始制订适合自己的理财计划和收支预算了。除去家庭支出，我将剩下的钱做了多方面的分配。

比如，三分之二用来储蓄。我选择每个月存一张定期存单，除了利息上的收益，一年到期后如果不需要动用这笔钱还可以加利息一起再存起来。万一需要提前支取，损失的利息也比较少。

比如，三分之一作投资。基金定投的门槛很低，而且省时省心，十分方便。

再比如，储蓄转买证券。我们将每月节余的“鸡蛋”存入银行后，时间长了就有了一定的数额，我们将达到一定数额的钱取出转买证券，以获取较高的年利率。

最后是证券赎回再投资。买证券的本利累积了几年后，我们计划把这笔钱的 50％继续投资基金，加大基金的投资量。

我还充分利用信用卡的最长还款期，用信用卡购买日常用品，把省下的家用钱用来买货币基金，等到还款日之前赎回基金将透支的额度还上。这样不仅可以累积积分，免去信用卡的年费，而且操作得好的话还可以通过积分换取一些小收益呢。

梦想逐步接近。相信有一天，我会拥有一部属于我的“宝马”！

（作者：葛风，资料来源：www. xiaogushi. com. 2012－12－26）

第一节 资金时间价值

时间就是生命，时间就是金钱。

——富兰克林

时间价值是客观存在的经济范畴，任何企业的财务活动，都是在特定的时空中进行的。离开时间价值因素，就无法正确计算不同时期的财务收支，也无法正确评价企业的盈亏。时间价值原理，揭示了不同时点上的资金之间的关系，是财务决策的依据。

一、资金时间价值的含义及实质

资金时间价值，是资金经过一定时间的投资和再投资所增加的价值，也称货币时间价值。在商品经济中，有这样一种现象：现在的 1 元钱和一年后的 1 元钱的经济价值不相等。现在的 1 元钱，比一年后的 1 元钱的经济价值要大些。例如：将现在的 1 元钱存入银行，存款利率 10%，一年后可得到 1.10 元。这 1 元钱经过一年时间的投资增加了 0.10 元，这就是资金时间价值。

这是因为，货币投入生产经营过程后，随着时间的推移其价值不断增长，是一种客观的经济现象。企业资金循环和周转的起点是投入货币资金，企业用货币资金购买所需要的资源，生产出新的产品，产品出售得到的货币量大于最初投入的货币量。资金循环和周转以及因此实现的货币增值，需要一定的时间，每完成一次循环，资金就增加一定的数额，资金周转次数越多，增值额也就越大。这一增值额就是资金时间价值，它是由劳动创造的，资金时间价值的真正来源（实质）是劳动者创造的剩余产品价值。

从量的规定性看，资金时间价值的大小通常以利息率（或利息额）表示。利息率是没有风险和通货膨胀条件下的社会平均资金利润率。在市场经济中，竞争普遍存在，各部门的投资利润率趋于平均化，各企业进行项目投资，至少要获得社会平均利润率，否则就会改变投资方向。因此，资金时间价值成为评价投资方案可行与否的基本标准。财务管理中对资金时间价值的研究，主要是对资金的筹集、投放、使用和收回从量上进行分析，以便进行财务决策。

二、资金时间价值的计算

在财务管理中，要正确进行筹资、投资和收益分配决策，就必须弄清楚在不同时点上收到或付出的资金价值之间的数量关系，掌握资金时间价值的计算方法。有关资金时间价值的指标很多，这里介绍单利终值和现值、复利终值和现值、年金终值和现值的计算方法，以利息率表示资金时间价值。同时，为方便计算分析，假设资金的流入流出是在某一时期(通常为一年)开始或终了时进行。

终值：又称将来值或本利和，是现在一定量资金在未来某一时点上的价值。如前例中的1.10元即为终值。

现值：又称本金，是指未来某一时点上的一定量资金折合到现在的价值。如前例中的1元即为现值。

(一)单利终值和现值的计算

单利：每期都按初始本金计算利息，当期利息不计入下期本金，计算基础不变。

【例5-1】 现在的1元钱，年利率为10%，从第一年到第五年，各年年末的终值计算如下：

1年后的终值=1+1×10%×1=1×(1+10%×1)=1.1元

2年后的终值=1+1×10%×2=1×(1+10%×2)=1.2元

3年后的终值=1+1×10%×3=1×(1+10%×3)=1.3元

4年后的终值=1+1×10%×4=1×(1+10%×4)=1.4元

5年后的终值=1+1×10%×5=1×(1+10%×5)=1.5元

单利终值的一般计算公式为

$$F=P+Pin=P(1+in)$$

式中 F——终值，即第 n 年末的价值；

P——现值，即第一年初的价值；

i——利率；

n——计算利息的期数。

单利现值的计算和单利终值的计算是互逆的，可用倒求本金的方法计算。由终值求现值，叫贴现。

【例5-2】 年利率为10%，从第一年到第五年，各年年末的1元钱，其现值计算如下：

1年后的现值=1/(1+10%×1)=0.909元

2年后的现值=1/(1+10%×2)=0.833元

3年后的现值=1/(1+10%×3)=0.769元

4年后的现值=1/(1+10%×4)=0.714元

5年后的现值=1/(1+10%×5)=0.667元

单利现值的一般计算公式为

$$P=F/(1+in)$$

【例题5-3】 现在100元，单利利率10%。求3年后的终值。

$$F=100\times(1+10\%\times3)=130\text{ 元}$$

【例 5-4】 某人希望在 5 年后取得本利和 1 000 元，单利利率 5%。他现在需要存入多少钱？

$$P=1\ 000/(1+5\%\times5)=800\text{ 元}$$

(二)复利终值和现值的计算

复利：本能生利，利息在下期转为本金与原来的本金一起计息，即“利滚利”。也就是说：它涉及本金的利息，也涉及利息所生的利息。资金时间价值通常是按复利计算的。

复利终值：一定量的本金按复利计算若干期后的本利和。

【例 5-5】 现在的 1 元钱，年利率为 10%，从第一年到第五年，各年年末的复利终值计算如下：

1 年后的终值 $=1\times(1+10\%)=1.1$ 元

2 年后的终值 $=1.1\times(1+10\%)=1\times(1+10\%)^2=1.21$ 元

3 年后的终值 $=1.21\times(1+10\%)=1\times(1+10\%)^3=1.331$ 元

4 年后的终值 $=1.331\times(1+10\%)=1\times(1+10\%)^4=1.464$ 元

5 年后的终值 $=1.464\times(1+10\%)=1\times(1+10\%)^5=1.611$ 元

因此，复利终值的一般计算公式为

$$F=P(1+i)^n$$

$(1+i)^n$通常称作“复利终值系数”，也可表示为$(F/P,i,n)$，可以查阅附表 1“1 元复利终值表”。

复利现值：指以后年份收到或付出资金的现在价值。它是复利终值的逆运算，可用倒求本金的方法计算。

【例 5-6】 年利率为 10%，从第一年到第五年，各年年末的 1 元钱，其现值按复利计算如下：

1 年后的现值 $=1/(1+10\%)^1=1/1.1=0.909$ 元

2 年后的现值 $=1/(1+10\%)^2=1/1.21=0.826$ 元

3 年后的现值 $=1/(1+10\%)^3=1/1.331=0.751$ 元

4 年后的现值 $=1/(1+10\%)^4=1/1.464=0.683$ 元

5 年后的现值 $=1/(1+10\%)^5=1/1.652=0.621$ 元

因此，复利现值的一般计算公式为

$$P=\frac{F}{(1+i)^n}$$

$1/(1+i)^n$通常称作“复利现值系数”，也可表示为$(P/F,i,n)$，可以查阅附表 2“1 元复利现值表”。

【例 5-7】 某项投资预计 6 年后可获得收益 800 万元，按复利 12%计算，这笔收益的现在价值是多少？

$$P=\frac{F}{(1+i)^n}=800\times(P/F,12\%,6)=800\times0.507=405.6\text{ 万元}$$

【例 5-8】 李先生获社会科学奖金 200 000 元，现存入银行，年利率 6%，按复利计算，6 年后提出本利和，问他一共可提出多少现金？

$$\text{共提出现金}=200\ 000\times(F/P,6\%,6)=200\ 000\times1.419=283\ 800\text{ 元}$$

(三)年金终值和现值的计算

上面介绍的单利终值和现值的计算、复利终值和现值的计算，都属于一次性收付款项(在某一特定时点上一次性支付或收取，经过一段时间后再相应地一次性收取或支付的款项)。在现实经济生活中，还存在一定时期内多次收付的款项，称为系列收付款项。如果每次收付的金额相等，则这样的系列收付款项被称为年金。

简单地说，年金是指一定时期内每次等额收付的系列款项，通常记作 A。年金的形式有多种，如利息、租金、保险费、折旧费、等额分期收款、等额分期付款以及零存整取或整存零取储蓄等。年金按其每次收付发生的时点不同，分为普通年金(后付年金)、先付年金(即付年金)、递延年金(延期年金)、永续年金。

下面介绍不同种类年金计算(均按复利计算)。

1.普通年金终值和现值的计算

普通年金是指一定时期内每期期末等额收付的系列款项。

(1)普通年金终值犹如零存整取的本利和，它是一定时期内每期期末收付款项的复利终值之和。

【例 5-9】 每年存款 1 元，年利率 10%，经过 5 年，年金终值计算如图 5-1 所示。

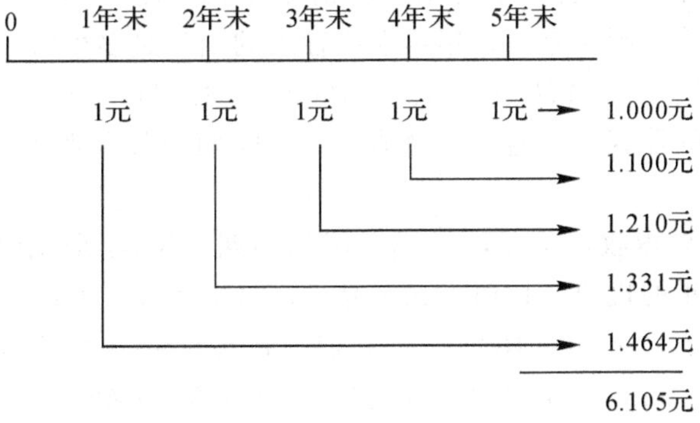

图 5-1　年金终值计算

$$\begin{aligned}1\text{ 元年金 5 年的终值}&=1\times(1+10\%)^0+1\times(1+10\%)^1+1\times(1+10\%)^2+\\&\quad 1\times(1+10\%)^3+1\times(1+10\%)^4=\\&\quad 1+1.100+1.210+1.331+1.464=6.105\text{ 元}\end{aligned}$$

因此，普通年金终值的计算公式为

$$F=A(1+i)^0+A(1+i)^1+A(1+i)^2+\cdots+A(1+i)^{n-2}+A(1+i)^{n-1}=$$

$$A\sum_{t=1}^{n}(1+i)^{n-t}=A\frac{(1+i)^n-1}{i}$$

式中　A—— 年金；

t—— 每笔收付款项的计息期数；

n—— 全部年金的计息期数。$\frac{(1+i)^n-1}{i}$ 是年金终值系数，可记作$(F/A,i,n)$，可查附表 3“年金终值系数表”。

【例 5－10】　某项目在 5 年建设期内，每年年末向银行借款 100 万元，年复利率 10%，问该项目竣工时应付本息总额是多少？

$$F=100\times(F/A,10\%,5)=100\times6.105=610.5\text{ 万元}$$

(2)年偿债基金的计算(已知年金终值 F，求年金 A)。偿债基金是指为了在未来某一时点清偿某笔债务或积聚一定数额的资金而必须分次等额提取的存款准备金。由于每次提取的等额准备金类似年金存款，因而同样可以获得按复利计算的利息，因此，债务实际上相当于年金终值，每年提取的偿债基金相当于年金。也就是说，偿债基金的计算实际上是年金终值的逆运算。

计算公式为

$$A=F\frac{i}{(1+i)^n-1}$$

式中，$\frac{i}{(1+i)^n-1}$ 称作偿债基金系数，可计作$(A/F,i,n)$。

【例 5－11】　某企业有一笔 4 年后到期的借款 1 000 万元，为此设偿债基金，年复利率 10%，到期一次还清借款。则该企业每年年末应存入的金额是多少？

$$A=1\,000\times(A/F,10\%,4)=1000\times1/4.641=215.47\text{ 万元}$$

(3)普通年金现值的计算。普通年金现值是一定时期内每期期末等额系列收付款项的现值之和。

【例 5－12】　每年取得收益 1 元，年利率 10%，为期 5 年，年金现值计算如图 5－2 所示。

$$\begin{aligned}1\text{ 元年金 5 年的现值}&=1/(1+10\%)^1+1/(1+10\%)^2+1/(1+10\%)^3+\\&\quad 1/(1+10\%)^4+1\times(1+10\%)^5=\\&\quad 0.909+0.826+0.751+0.683+0.621=3.790\text{ 元}\end{aligned}$$

因此，普通年金现值的计算公式为

$$P=A/(1+i)^1+A/(1+i)^2+\cdots+A/(1+i)^{n-1}+A/(1+i)^n=$$

$$A\sum_{t=1}^{n}\frac{1}{(1+i)^t}=A\frac{1-(1+i)^{-n}}{i}$$

式中，$\frac{1-(1+i)^{-n}}{i}$ 叫年金现值系数，记作$(P/A,i,n)$，可查附表 4“年金现值系数表”。

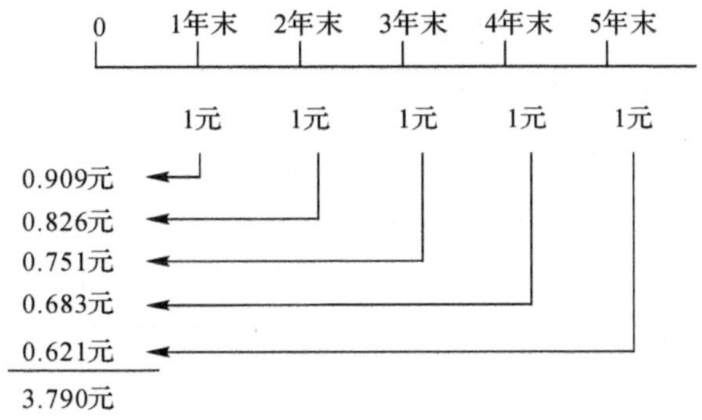

图 5－2　年金现值计算

【例 5－13】　某企业租入一台设备，每年年末需要支付租金 1 200 元，年复利率 10%，则该企业 5 年内应支付的租金总额的现值是多少？

$$P=1\ 200\times(P/A,10\%,5)=1\ 200\times3.79=4\ 548\text{ 元}$$

(4)年资本回收额的计算(已知年金现值 P，求年金 A)。资本回收是在给定的年限内等额回收或清偿初始投入的资本或所欠的债务。年资本回收额是年金现值的逆运算。计算公式为

$$A=P\frac{i}{1-(1+i)^{-n}}$$

式中，$\frac{i}{1-(1+i)^{-n}}$ 是资本回收系数，记作$(A/P,i,n)$。

【例 5－14】　某企业现在借款 100 万元，在 10 年内以年利率 12% 均匀偿还，每年末应偿还的金额是多少？

$$A=100\times(A/P,12\%,10)=100\times1/5.65=17.70\text{ 万元}$$

2. 先付年金终值和现值的计算

先付年金是在一定时期内，每期期初等额的系列收付款项，又称即付年金。先付年金与普通年金的区别仅在于付款时间的不同。先付年金终值和现值的计算可在普通年金终值和现值的计算公式基础上进行调整。

(1)先付年金终值的计算。n 期先付年金终值和 n 期普通年金终值之间的关系如图 5－3 所示。从图 5－3 可以看出，n 期先付年金和 n 期普通年金的付款次数相同，但付款的时间不同，n 期先付年金终值比 n 期普通年金终值多计算一期利息。因此，可以先计算出 n 期普通年金终值，然后，再乘以 $(1+i)$ 便可求出 n 期先付年金终值。其计算公式为

$$F=A(F/A,i,n)(1+i)\quad\text{或}\quad F=A[(F/A,i,n+1)-1]$$

公式中方括号内的数值$[(F/A,i,n+1)-1]$称作先付年金终值系数，它是在普通年金终值系数的基础上，期数加 1，系数减 1 的结果。通过查阅“1 元年金终值表”得$(n+1)$期的值，再减去 1，即可得到对应的先付年金终值系数的值。

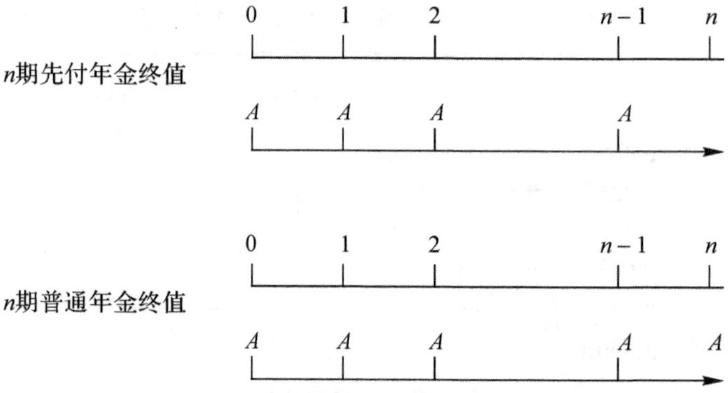

图 5-3　先付年金终值和普通年金终值关系图

【例 5-15】　某公司决定连续 5 年于每年年初存入 10 万元作为住房基金，复利率 10%。则该公司在第五年年末一次取出多少本利和？

$$F = 10 \times (F/A, 10\%, 5)(1 + 10\%) = 10 \times 6.105 \times 1.1000 = 67.16 \text{ 万元}$$

或

$$F = 10 \times [(F/A, 10\%, 5 + 1) - 1] = 10 \times (7.716 - 1) = 67.16 \text{ 万元}$$

(2) 先付年金现值的计算。n 期先付年金现值和 n 期普通年金现值之间的关系如图 5-4 所示。从图 5-4 可以看出，n 期先付年金和 n 期普通年金的付款次数相同，但付款的时间不同，n 期先付年金现值比 n 期普通年金现值少贴现一期。因此，可以先计算出 n 期普通年金现值，然后，再乘以 $(1+i)$ 便可求出 n 期先付年金现值。其计算公式为

$$P = A(P/A, i, n)(1 + i)$$

或

$$P = A[(P/A, i, n - 1) + 1]$$

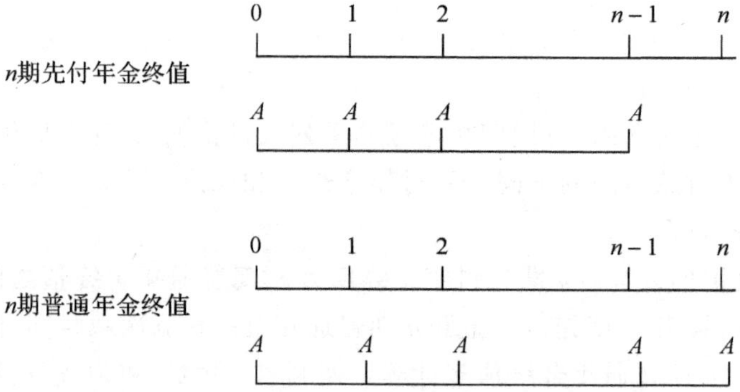

图 5-4　先付年金现值和普通年金现值关系图

公式中方括号内的数值 $[(P/A, i, n - 1) + 1]$ 称作先付年金现值系数，它是在普通年金现值系数的基础上，期数减 1，系数加 1 的结果。通过查阅“1 元年金现值表”得 $(n-1)$ 期的值，再加 1，即可得到对应的先付年金现值系数的值。

【例5-16】 某企业租用设备一台，在10年中，每年年初支付租金6 000元，年利息率8%，问租金的现值是多少？

$$P=6\ 000\times(P/A,8\%,10)\times(1+8\%)=6\ 000\times6.710\times1.08=43\ 481\text{ 元}$$

或 $$P=6\ 000\times[(P/A,8\%,10-1)+1]=6\ 000\times(6.247+1)=43\ 482\text{ 元}$$

3.递延年金现值的计算

递延年金是第一次收付款发生的时间不在第一期末，而是隔若干期后才开始发生的系列等额收付款。它是普通年金的特殊形式，凡不是从第一期开始的普通年金都是递延年金。如图5-5所示。

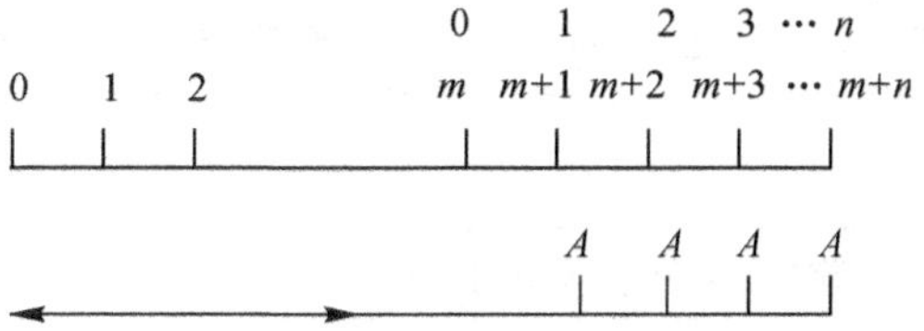

图5-5　递延年金现值计算图示

递延年金现值的计算：先全部按普通年金计算现值，然后再减去没有发生年金的前若干期普通年金现值，即可求出递延年金现值。其计算公式为

$$P=A(P/A,i,n+m)-A(P/A,i,m)$$

或者先将普通年金部分按普通年金计算现值，然后再将其作为终值乘以复利现值系数贴现到第一期期初，即可求出递延年金现值。其公式为

$$P=A(P/A,i,n)(P/F,i,m)$$

【例5-17】 某人计划年初存款一笔，以便从第六年年末起每年取出1 000元，到第十年年末取完。当银行存款利率为10%时，此人计划年初一次存款多少钱？

$$P=1\ 000\times(P/A,10\%,10)-1\ 000(P/A,10\%,5)=$$
$$1\ 000\times6.145-1\ 000\times3.791=2\ 354\text{ 元}$$

或 $$P=1\ 000\times(P/A,10\%,5)(P/F,10\%,5)=1\ 000\times3.791\times0.621=2\ 354\text{ 元}$$

4.永续年金现值的计算

永续年金是无限期等额收付的年金，是普通年金的特殊形式，即期限趋于无穷的普通年金。例如存本取息中的利息，优先股股利；西方无期限债券的利息等。

通过普通年金现值计算公式可推导出永续年金现值的计算公式为

$$P=A/i$$

【例5-18】 某人持有某公司的优先股1 000股，每年每股可获得优先股股利5元，如果他想长期持有，在利率为10%的情况下，对该项股票投资做出估价。

$$P=\frac{5}{10\%}=50\text{ 元}$$

(四) 资金时间价值计算中的特殊问题

1. 不等额系列款项现值的计算

前述单利、复利业务都属于一次性收付款项，年金则是每次收付相等金额的系列款项。在经济活动中，常常发生每次收付金额不相等的系列款项，这就需要计算不等额系列款项的现值之和。不等额系列款项有两种情况：全部不等额系列款项，年金和部分不等额系列款项。

(1) 全部不等额系列款项现值的计算。为求出全部不等额系列款项现值，可先计算每次收付款项的复利现值，然后加总。

【例 5-19】 某企业连续 5 年每年年末的现金流量如表 5-1 所示。

表 5-1 某企业连续 5 年每年年末的现金流量 单位：万元

年份 / 年	1	2	3	4	5
现金流量	10	20	30	20	35

若贴现率为 5%，这笔不等额现金流量的现值为

$$P = 10 \times (P/F,5\%,1) + 20 \times (P/F,5\%,2) + 30 \times (P/F,5\%,3) + 20 \times (P/F,5\%,4) + 35 \times (P/F,5\%,5) = 10 \times 0.952 + 20 \times 0.907 + 30 \times 0.864 + 20 \times 0.823 + 35 \times 0.784 = 9.52 + 18.14 + 25.92 + 16.46 + 27.44 = 97.48 \text{ 万元}$$

如果遇到若干年间不连续发生的不等额系列款项，可分别计算各项现金流量的复利现值，然后再加总求出其现值之和。

【例 5-20】 设某企业第三年年末需用 20 000 元，第五年末需用 20 000 元，第六年末需用 40 000 元，用于设备修理，为保证按期从银行提出所需资金，当复利率 10% 时，该企业现在应向银行存款多少？

$$P = 20\ 000 \times (P/F,10\%,3) + 20\ 000 \times (P/F,10\%,5) + 40\ 000 \times (P/F,10\%,6) = 20\ 000 \times 0.751 + 20\ 000 \times 0.621 + 40\ 000 \times 0.565 = 50\ 040 \text{ 元}$$

(2) 年金和部分不等额系列款项现值的计算。如果在一组不等额系列款项中，有一部分为等额款项，则可分段计算年金现值和复利现值，然后加总。

【例 5-21】 某企业连续 8 年每年年末的现金流量如表 5-2 所示。

表 5-2 某企业连续 8 年每年年末的现金流量 单位：万元

年份 / 年	1	2	3	4	5	6	7	8
现金流量	30	30	30	20	20	20	40	50

若贴现率为 10%，计算这笔不等额现金流量的现值。

在例 5-21 中，1 至 3 年现金流量均为 30 万，是普通年金形式，可求 3 年期的普通年金现值；4 至 6 年现金流量均为 20 万，是递延年金形式，可求 6 年期的递延年金现值；第 7 年和第 8 年分别为 40 万元和 50 万元，分别按复利求现值。则这笔不等额现金流量的现值为

$$P = 30 \times (P/A,10\%,3) + 20 \times (P/A,10\%,3)(P/F,10\%,3) +$$

$40 \times (P/F, 10\%, 7) + 50 \times (P/F, 10\%, 8) =$

$30 \times 2.487 + 20 \times 2.487 \times 0.751 + 40 \times 0.513 + 50 \times 0.467 =$

$74.61 + 37.35 + 20.52 + 23.35 = 155.83$ 万元

2.计算期短于一年的时间价值的计算

前面讨论的时间价值的计算均假定利率为年利率，每年复利一次。实际经济生活中，会遇到计息期短于一年的情况。例如，债券利息一般每半年支付一次，股利有时每季度支付一次，银行之间拆借资金为每大计息一次等。当每年复利次数超过一次时，这样的年利率叫名义利率，而每年只复利一次的利率才是实际利率。

对于一年内多次复利的情况，可采取两种方法计算时间价值。

(1) 将名义利率调整为实际利率，然后，按实际利率计算时间价值。

$$i = (1 + r/m)^m - 1$$

式中 i—— 实际利率；

r—— 名义利率；

m—— 每年复利次数。

【例 5-22】 某企业于年初存入 10 万元，在年利率为 10%，半年复利一次的情况下，到第十年末，得到多少本利和？

$$i = (1 + 10\%/2) \times 2 - 1 = 10.25\%$$

$$F = 10 \times (1 + 10.25\%)^{10} = 26.53 \text{ 万元}$$

(2) 不计算实际利率，而是先调整有关指标，再计算时间价值。

利率 $= r/m$； 期数 $= mn$

第二节 储蓄投资理财

只有当你可以靠利息生活时，你才算富有并获得了经济自由。

——佚名

案例导入

亿万富翁的神奇公式

假定有一位年轻人，从现在开始能够定期每年存下 1.4 万元，如此持续 40 年；但如果他将每年应存下的钱都投资到股票或房地产，并获得每年平均 20% 的投资报酬率，那么 40 年后，他能积累多少财富？

一般人所猜的金额，多落在 200 万元至 800 万元之间，顶多猜到 1 000 万元。然而正确的答案却是 1.028 1 亿，一个令众人惊讶的数字！这个数据是依照财务学计算年金的公式得到的。

计算公式为

$$14\ 000\times(1+20\%)\times 40=1.028\ 1\text{ 亿}$$

这个神奇的公式说明，一个 25 岁的上班族，如果依照这种方式投资到 65 岁退休，就能成为亿万富翁了。投资理财没有什么复杂的技巧，最重要的是观念，观念正确就会赢，每一个理财致富的人，只不过养成了一般人不喜欢、且无法做到的习惯而已。

（作者：蔡家紫月，资料来源：和讯论坛.2012－03－21）

储蓄是最重要的理财方式，相信多数拥有一定短期闲置资金，并希望得到稳定回报的人都会将眼光投向储蓄。在日常生活中，现金指钞票、硬币等在内的法定货币。现金最重要的特征是，它是被普遍接受的支付手段。显然的，现金不足，意味着客户不能进行正常的支付，不能得到想购买的商品和服务。在很多时候，活期存款同样被用于直接支付，而且客户可以非常方便地的将活期存款转换成现金。因此，在理财规划书中，现金不仅包括钞票和硬币，还包括客户的活期存款。办理定期存款时也可以组合办理，以同时获得流动性和高收益。

一笔 5 万元的存款，可分成两三笔资金分别存入银行，这样就可以解决临时需要的问题，利息损失也只是很小的一部分。分批存款要根据每个家庭情况不同，灵活调整。这种方法适用于那些确定在一段时间内不需要使用资金的人。另外，可尽量选择不同的存款方式。例如，把多笔资金分设为通知存款、三个月定期、一年定期、两年定期等。不管什么时候需要用钱，总会有一笔存款适合你。这种方式特别适合那些不知道是否在近期内要用钱的人。越是不定期要用钱的人，越适合短时间的定期存款。储蓄尽量定期化、长期化。定期存钱比投资更重要。无论是靠工作赚钱还是靠“钱生钱”，持续储蓄的习惯绝不能废弃。储蓄金额一定要随着收入的增加等比例提高。最好的“自动储蓄方法”就是定期定额投资。

随着全球投资市场波动加大、风险升高。此时，“提高储蓄率”比“找到高获利的投资工具”更容易执行，效果也更明显。除了审视花费外，人们还应取消长期不用的“休眠账户”，这些账户里的余额，可能又是一笔百万存款的“头期款”。钱滚钱，设定 5 年计，储蓄是“加法”的金钱累积，投资则是用“乘法”在累积财富。理财越早开始越好，但不应该太早开始投资。如果没有好的观念、策略，赔钱的可能性大。因此，年轻人的第一桶金，先通过开源节流的方式累积至少 75％，另外 25％靠投资获得。而存第一桶金的时间宜设为至少 5 年，“因为时间一短就会急，不屑于做长期投资了。”

储蓄的种类包括以下几种：

活期储蓄存款：不确定存期，可随时存取款，存取金额不限。

整存整取存款：就是一次存入本金，到期一次支取本金和利息的一种银行储蓄方式。它是定期储蓄中最常用的存款类型。

零存整取存款：就是每月分笔存入本金，到期一次支取本金和利息的一种银行储蓄方式。这种储蓄有利于强制储蓄，是积累资金的首选储蓄方式。

存本取息存款：就是一次存入本金，在存期内每次（月）支取利息，到期一次提取本金的一种银行储蓄方式。

整存零取存款：就是一次存入本金，在存期内每次（月）支取本金，到期一次提取利息的一种银行储蓄方式。

定活两便存款：就是不约定存期，取款时按实际存期确定利率的一种银行储蓄方式。

通知储蓄存款：存取不定，支取时事先通知银行，起存金额为一千元，可分一次或多次支取，利率按支取日挂牌同期限的利率档次打六折计息。通知存款一般用于短期内不用的大账户的储蓄。灵活性强，且可以获得比活期账户更高的利息。

第三节　银行不同，价值不同

一、银行存款利率

银行业的发展，致使各个银行之间出现了竞争势态，除了最基本的利率有差异，不同的银行之间的活期利率也有差异。中信银行理财师曾简单算了一笔账，目前存一年定期储蓄存款100万元，存在执行央行基准利率的银行，一年的收益为30 000元；存在工农中建等国有大银行，收益为32 500元；在执行1.1倍利率的银行，收益为33 000元，利息差最大为3 000元。如果100万元存的是5年定期，5年期定存基准利率为4.75％，上浮1.1倍的利率为4.75％和5.225％，5年的利息差为23 750元。

居民可以根据各个银行存款利率情况加以区分，选择最合适的银行来存款。表5－3是一组主要银行利率对比表。

表5－3　2013年1月银行存款利率表

银行	1年定期利率	2年定期利率	3年定期利率	5年定期利率
基准利率	3.00％	3.75％	4.25％	4.75％
中国银行	3.25％	3.75％	4.25％	4.75％
建设银行	3.25％	3.75％	4.25％	4.75％
工商银行	3.25％	3.75％	4.25％	4.75％

续表

银行	1 年定期利率	2 年定期利率	3 年定期利率	5 年定期利率
农业银行	3.25%	3.75%	4.25%	4.75%
邮政银行	3.25%	3.75%	4.25%	4.75%
交通银行	3.25%	3.75%	4.25%	4.75%
光大银行	3.30%	3.75%	4.25%	4.75%
兴业银行	3.30%	3.75%	4.25%	4.75%
招商银行	3.30%	3.75%	4.25%	4.75%
浦发银行	3.30%	3.75%	4.25%	4.75%
平安银行	3.30%	3.75%	4.25%	4.75%
中信银行	3.30%	3.75%	4.25%	4.75%
恒丰银行	3.30%	3.75%	4.25%	4.75%
北京银行	3.30%	3.75%	4.25%	4.75%
上海银行	3.30%	3.75%	4.25%	4.75%
江苏银行	3.30%	3.75%	4.25%	4.75%
广州银行	3.30%	4.13%	4.68%	5.23%
吉林银行	3.30%	4.13%	4.68%	5.23%
徽商银行	3.30%	4.13%	4.68%	5.23%
南京银行	3.30%	4.13%	4.68%	5.23%
宁波银行	3.30%	4.13%	4.68%	5.23%
龙江银行	3.30%	4.13%	4.68%	5.23%
盛京银行	3.30%	4.13%	4.68%	5.23%
天津银行	3.30%	4.13%	4.68%	5.23%
重庆银行	3.30%	4.13%	4.68%	5.23%
长沙银行	3.30%	4.13%	4.68%	5.23%
东莞银行	3.30%	4.13%	4.68%	5.23%
河北银行	3.30%	4.13%	4.68%	5.23%
西安银行	3.30%	4.13%	4.68%	5.23%
锦州银行	3.30%	4.13%	4.68%	5.23%
九江银行	3.30%	4.13%	4.68%	5.23%
厦门银行	3.30%	4.13%	4.68%	5.23%

存款利率网制作 www.cunkuanlilv.com。

国家通过调整银行利率来调整经济，这样导致居民的储蓄存款在变化，有很多网上的存款办法，可以同样存钱却差异不少。

二、各类网传“存款法”哪个更靠谱

(一)极品存款法

近来一种“极品存款法”正在网络风传。这个“极品存款法”建议客户养成每天存款的习惯：先到5年期定存利率上浮10%的银行开户，每天将50元的闲钱通过网银存5年期定存，而且持续存5年，将得到的到期利息可达25 595元。而同样的钱，如果凭据活期存款年利率0.4%计算，持续存5年，得到的利息只有912元。

不少细心的网友发现，这种算法并不现实，可操纵性不强。而绝大多数人为月结形式，月存1 500元对比日存利息只少几元钱，考虑到时间成本，完全没有须要拆成每天存50元。

(二)十二张存单法

其实比较靠谱的存款方法是有的，比较有名的就是每个月固定存入一笔钱，如按月定存1 500元，存期为一年，连续12个月。那么到第二年的时候，手上就会有12张存期为一年的定期存单，并且此时第一个月存的存单已经到期，可以把它连本带息取出来，然后再加上第二个月的固定存款1 500元再存进去。这样形成良性循环以后，每个月都有一张定期存单到期，可备不时之需，而不需再动长期存款。从利息来看，这种存钱法比定存1.8万元一年(年利率3.575%)的利息643.5元要多出100多元。

(三)五张存单法

这种存款办法是把家里已经有的存款分成5份，一份存定期1年，两份存定期2年，一份存定期3年，一份存定期5年。

在把所有存单都搞定之后，第二年定期1年的存单到期，取出来连本带息存成存款期为5年定期存款；第三年那两份定期2年的存款到期，取出来一份续存定期2年，一份存成5年；到了第四年，第一年存的3年期定存到期，同样也是取出来存成定期5年；到了第五年，第三年时转存的那份2年期存款也到期了，也取出来存成5年。

这样形成了为期5年的定期存款循环链，既可以最大可能地赚到银行的利息，又可以最大可能地减少因为银行利率的调整而造成的利息上的损失。

第六章 保险理财

案例导入

会理财胜过高薪水

从金钱的角度讲，人的生活无非分成两部分：上班赚钱，下班理财。很多人往往注重上班赚钱，也就是拿高薪，而忽略了理财的重要性。即使你有高薪水，如果不能合理理财，你也会让自己为衣食担忧，因为你很难做到一辈子都拿高薪水，尤其是在你退休后，你就没有薪水了，但你还要继续生活，而生活的来源就是你年轻时积累的财富。

我把收入比作一条河，财富就是个水库，而花出去的钱则是流出去的水，即使你有高薪水，如果都花出去了，那么你的水库也还是干枯的，也就是说你没有财。因此理财是始于消费的，合理控制消费是理财的第一步。谨慎消费的一个核心内容就是不要过度负债消费，这值得很多年轻人引起重视。

在你的收入，也就是薪水进入你的水库之前，你要经过税收这一关，也就是我们常说的，你真正得到的是税后收入。在美国，职业理财师的一项重要工作就是帮助客户进行税务筹划，但这在国内目前还没有引起人们足够的重视，因为我们的税收制度还不完善。随着我们国家税收制度的改革，税务筹划会成为理财的一个新重点。

当你有了剩余的收入后，也就是说你有了财之后，就要考虑投资的问题，因为如果你把钱都存在银行里，你的钱就会贬值，毕竟银行存款利率跑不过通货膨胀。建议你把钱分成三份：应急钱、养命钱和闲钱。应急钱和养命钱应该存在银行里，储蓄是理财最基础的手段，一个人如果没有银行存款，那他心里会没有安全感。

你应该用闲钱投资，而股票和基金是最好的长期投资工具。长期投资于股票和基金可以让你跑赢通货膨胀。如果你熟悉股票投资，那你完全可以自己投资；如果你因为上班而没有时间研究股票，那你就应选择投资基金，而投资指数基金是很简单有效的方法。不要选择衍生金融工具投资，它们复杂难懂，风险很大。

房产是很好的投资对象。但是，房产适合有钱人投资。我们身处不同的国家，房产本身就是地域化的投资产品。

第六章 保险理财

保险是理财的必需品，一位理财专家讲过一句话：一个人如果没有保险，那他就是财富裸体。我说的保险是指保障型的保险：意外伤害保险、重大疾病保险、定期寿险、医疗保险等。保险也有储蓄型的，这相当于银行存款；保险还包括投资型的，其相当于基金。

长寿也是一种巨大的风险。中国有句老话：养儿防老。这句话已经过时了，现在养儿不啃老已经是万幸了。养老一定要靠自己！我认为一个人从35岁开始就要储备养老金了，到60岁时要拥有可在未来20年支配的养老金。储备养老金的方式包括买股票、基金、房产、养老保险，以及拥有银行存款，等等。要记住：没有钱就很难长寿。

（作者：张友涛，资料来源：中国保险报．2010－11－02）

第一节　保险的基础知识

如果我能办得到，我一定要把保险这个字写在家家户户的门上，及每一位公务员的手册上，因为我深信，通过保险，每个家庭只要付出微不足道的代价，就可免遭万劫不复的灾难。

——丘吉尔

我国的个人理财是一巨大的潜力市场，现已成为各金融机构的竞争焦点，这对我国的保险行业来说既是挑战又是机遇。一方面，我国保险公司要面对来自国内外各金融机构的激烈竞争，个人理财业务是应对挑战的产品创新；另一方面，个人理财业务将会成为保险公司新的利润增长点。

一、保险的概念

“天有不测风云，人有旦夕祸福。”自然灾害和意外事故是人类生活中有可能发生，也有可能不发生的或然风险。保险就是转移风险、补偿损失的最佳手段。《中华人民共和国保险法》（以下简称《保险法》）第2条明确了保险的定义：“本法所称保险，是指投保人根据合同约定，向保险人支付保险费，保险人对于合同约定的可能发生的事故因其发生所造成的财产损失承担赔偿保险金责任，或者当被保险人死亡、伤残、疾病或者达到合同约定的年龄、期限时承担给付保险金责任的商业保险行为。”

根据以上定义可知，首先商业保险行为是一种以保险合同为形式、以经济补偿为内容的民事法律行为，不同于以国家立法为基础的社会保险；其次投保人必须根据合同约定，履行交费义务，才可享有保险事故发生时的索赔权和经济补偿，不同于以单方给予为基础的社会救济；再次，保险人的赔偿给付义务的履行（人寿保险除外）是不确定的，有赖于合同约定的事故（人身保险也称事件）的发生与否，不同于以确定的受益权为基础的储蓄制度。

保险的基本职能是转移风险、补偿损失，即投保人通过交纳少量保险费，将风险转由保险人承担；一旦发生风险，则进行损失分摊，由众多的企业和个人共同分摊少数遭受灾害事故的企业和个人的损失。由于保险具有这一基本职能，因此，对家庭和个人具有不可低估的保障作用。首先可以保障家庭生活的安定。因为个人的财力有限，很难积累足以应付天灾人祸的后备资金，一旦受损，正常生活难以为继。如果个人和家庭参加了财产保险和人身保险，则可以根据保险合同约定，从保险人处获得赔偿和给付，由此保障了家庭生活的安定。其次可以积累个人资金。因为长期人寿保险具有类似储蓄的投资作用。虽然参加长期人寿保险没有买股票获利的机会多，但没有风险性，而且还可以获得生老病死的经济保障。由于人寿保险单本身具有现金价值，可以抵押，可以转让，故在国外普遍被认作个人金融资产，购买人寿保险无疑是既能获得经济保障，又能使货币保值增值的一举两得的最好的投资方式。随着改革开放的进一步深化，社会主义市场经济体制的逐步建立，人们对保险的认识将从量的积累到质的飞跃，最终将由过去的被动型转变为当今的主动型。有风险、买保险，已成为现代经济社会的共识。

二、保险的分类

(一)财产保险与人身保险

根据保险标的不同，保险可分为财产保险和人身保险两大类。

财产保险是指以财产及其相关利益为保险标的的保险，包括财产损失保险、责任保险、信用保险、保证保险、农业保险等。它是以有形或无形财产及其相关利益为保险标的的一类补偿性保险。

人身保险是以人的寿命和身体为保险标的的保险。当人们遭受不幸事故或因疾病、年老以致丧失工作能力、伤残、死亡或年老退休时，根据保险合同的约定，保险人对被保险人或受益人给付保险金或年金，以解决其因病、残、老、死所造成的经济困难。

(二)商业保险与社会保险

商业保险是指按商业原则经营，以盈利为目的的保险形式，由专门的保险企业经营。所谓商业原则，就是保险公司的经济补偿以投保人交付保险费为前提，具有有偿性、公开性和自愿性，并力图在损失补偿后有一定的盈余。

社会保险是指在既定的社会政策的指导下，由国家通过立法手段对公民强制征收保险费，形成保险基金，用以对其中因年老、疾病、生育、伤残、死亡和失业而导致丧失劳动能力或失去工作机会的成员提供基本生活保障的一种社会保障制度。社会保险不以盈利为目的，运行中若出现赤字，国家财政将会给予支持。两者比较，社会保险具有强制性，商业保险具有自愿性；社会保险的经办者以财政支持作为后盾，商业保险的经办者要进行独立核算、自主经营、自负盈亏；商业保险保障范围比社会保险更为广泛。

(三)原保险与再保险

发生在保险人和投保人间的保险行为，称之为原保险。发生在保险人与保险人之间的保险行为，称之为再保险。

再保险是保险人通过订立合同，将自己已经承保的风险，转移给另一个或几个保险人，以降低自己所面临的风险的保险行为。简单地说，再保险即“保险人的保险”。

我们把分出自己直接承保业务的保险人称为原保险人，接受再保险业务的保险人称为再保险人。再保险是以原保险为基础，以原保险人所承担的风险责任为保险标的的补偿性保险。无论原保险是给付性还是补偿性，再保险人对原保险人的赔付都只具有补偿性。再保险人与原保险合同中的投保人无任何直接法律关系。原保户无权直接向再保险人提出索赔要求，再保险人也无权向原保户提出保费要求。另外，原保险人不得以再保险人未支付赔偿为理由，拖延或拒付对保户的赔款；再保险人也不能以原保险人未履行义务为由拒绝承担赔偿责任。

再保险是在保险人系统中分摊风险的一种安排。被保险人和原保险人都将因此在财务上变得更加安全。利用再保险分摊风险的典型例子就是承保卫星发射保险。该风险不能满足可保风险所要求的一般条件。保险人接受特约承保后，将面临极大的风险，一旦卫星发射失败，资本较小的公司极可能因此而破产。最明智的做法是将该风险的一部分转移给其他保险人，由几个保险人共同承担。

(四)个人保险与团体保险

按保险保障的对象分，可以把人身保险分为个人保险和团体保险。

个人保险是为满足个人和家庭需要，以个人作为承保单位的保险。团体保险一般用于人身保险，它是用一份总的保险合同，向一个团体中的众多成员提供人身保险保障的保险。在团体保险中，投保人是“团体组织”，如机关、社会团体、企事业单位等独立核算的单位组织，被保险人是团体中的在职人员。已退休、退职的人员不属于团体的被保险人。另外，对于临时工、合同工等非投保单位正式职工，保险人可接受单位对其提出的特约投保。

团体保险包括团体人寿保险、团体年金保险、团体人身意外伤害保险、团体健康保险等，在国外发展很快。特别是由雇主、工会或其他团体为雇员和成员购买的团体年金保险和团体信用人寿保险发展尤为迅速。团体信用人寿保险是团体人寿保险的一种，是指债权人以债务人的生命为保险标的的保险。团体年金保险已成为雇员退休福利计划的重要内容。近几年，美国有些雇员福利计划中还加入了团体财务和责任保险项目，比如团体的私用汽车保险和雇主保险等。我国保险公司也开展了团体寿险、人身意外伤害险、企业补充养老保险和医疗保险等团体保险业务，但险种还不完善。随着经济体制改革的不断深入，商业保险的作用将不断加强，团体保险应有更大的发展空间。

(五)自愿保险和强制保险

按保险的实施方式分，保险可分为自愿保险和强制保险。

自愿保险是投保人和保险人在平等互利、等价有偿的原则基础上，通过协商，采取自愿方式签订保险合同建立的一种保险关系。具体地讲，自愿原则体现在投保人可以自行决定是否参加保险、保什么险、投保金额多少和起保的时间；保险人可以决定是否承保、承保的条件以及保费多少。保险合同成立后，保险双方应认真履行合同规定的责任和义务。一般情况下，投保人可以中途退保,但另有规定的除外。比如《保险法》第 34 条明确规定:“货物运输保险合同和运输工具航程保险合同,保险责任开始后,合同当事人不得解除合同。”但当前世界各国的绝大部分保险业务都采用自愿保险方式办理,我国也不例外。

强制保险又称法定保险,是指根据国家颁布的法律和法规,凡是在规定范围内的单位或个人,不管愿意与否都必须参加的保险。

第二节　保险险种

保险是唯一可以保证不可知的未来有笔可知的金钱的金融工具。

——丘吉尔

一、人身保险

人身保险是指以人的生命和身体为保险标的,当被保险人发生死亡、伤残、疾病、年老等事故或保险期满时给付保险金的保险。人身保险的保险标的为人的生命或身体。当人的生命作为保险标的时,保险以生存和死亡两种状态存在。在定期保险中,如果被保险人在保险期间内死亡,根据保险合同有关条款,保险人给付保险金;在生存保险中,如果被保险人生存至某一约定时点,则保险人给付保险金。当人的身体作为保险标的时,它是以人的健康和生理能力、劳动能力等状态存在。在健康保险中,如果被保险人的身体遭受疾病或意外伤害而导致损失,根据保险合同,保险人给付保险金。

人身保险的保险责任包括生、老、病、死、伤、残等各个方面。这些保险责任不仅包括人们在日常生活中可能遭受的意外伤害、疾病、衰老、死亡等各种不幸事故,而且包括与保险人约定的生存期满等事件。

人身保险的给付条件是,当被保险人遭受保险合同范围内的保险事件,并由此导致死亡、伤残、疾病、丧失工作能力或保险期满、年老退休时,保险人根据保险合同的有关条款,向被保险人或受益人给付保险金。

二、普通人寿保险

(一)死亡保险

死亡保险是指以人的死亡为保险事故,当事故发生时,由保险人给付一定保险金额的保险。死亡保险目的是避免由于被保险人死亡而使其家属或依赖其收入生活的人陷于困境。

死亡保险根据保险期间的不同,可分为定期死亡保险和终身死亡保险。

定期死亡保险习惯上称为定期保险,是指在保险合同约定的期间内,被保险人如发生死亡事故,保险人依照保险合同的规定给付保险金。如果被保险人在保险期间届满时仍然生存,保险合同即行终止，保险人无给付义务，也不退还已交的保险费。

定期保险的保险期间，通常为1年期、5年期、10年期、15年期、20年期或30年期。一般，定期保险的被保险人在合同期满时不超过65周岁。保险人也可应投保人的要求，为特定的被保险人提供保险期间短于1年的定期保险，如保险期间为几个月或几个星期的定期保险。

定期保险的保险条款大多规定，保险人承担的保险责任自保险人同意承保、收取首期保费并签发保单的次日零时开始，至合同约定终止时止。

由于定期的保费主要是依据被保险人的死亡概率计算出来的，储蓄因素极少，且保险人承担死亡风险责任的期限是确定的，在保险金额相等的条件下，定期保险的保险费，低于其他任何一种人寿保险，从而投保定期保险可以以较低廉的保险费获得较大的保障。正因如此，定期保险的逆选择风险较大。当被保险人感到或已存在身体不适或有较大风险存在时，往往会投保较大金额的定期保险。为了控制风险责任，保证经营的稳定，保险公司往往要对被保险人进行严格的核保，例如，对高额保险的被保险人进行严格的体检，对从事危险工作或身体状况略差的被保险人适用较高费率。

终身死亡保险简称终身寿险或终身保险，是一种不定期的死亡保险。终身保险的保险期间自保险合同生效时起至被保险人死亡时为止，保险人须对被保险人的终身负责，不论被保险人何时死亡，保险人均依照保险合同的规定给付死亡保险金。通常被保险人的年龄以100岁或105岁为限，若被保险人在100岁或105岁时仍生存，也可以领取终身保险金。终身死亡保险的最大优点是使被保险人得到永久性的保障。

终身寿险按照交费方式又可分为普通终身寿险、限期交费终身寿险和趸交终身寿险。

普通终身寿险也称终身交费终身寿险。投保人按照合同规定定期交纳保险费(通常为按年交纳，也可按每半年或每季、月交纳)，直至被保险人身故。

限期交费终身寿险是指投保人按照保险合同约定的交费期间按期交纳保险费的一种终身寿险。一般有两种情形：一是交费期间约定为10年、15年或20年，由投保人自行选择；二是交纳时限定被保险人年满60岁或65岁时止。在同一保险金额下，交费期越长，投保人每次交纳的保费越少，反之亦然。在终身保险中，投保限期交费终身寿险的人较多。

趸交终身寿险是指投保人在投保时一次性交清全部保费。趸交终身寿险可以避免因停交费而致保单失效的情况发生，但由于保费需一次交清，因此金额较大。

无论是定期保险，还是终身寿险，保险人并非对所有原因造成的被保险人的死亡都承担给付。保单中对不承担给付责任的除外责任作了明确说明，如投保人、受益人故意伤害、杀害被保险人，被保险人故意犯罪或拒捕、故意自伤，被保险人服用、吸食或注射毒品，被保险人在合同生效或复效之日起两年内自杀，战争、军事行动或武装叛乱，核爆炸、核辐射或核污染等。

(二)生存保险

生存保险是指被保险人如果在保险期间届满时仍然生存，保险人依照保险合同的约定给付保险金。

生存保险是以被保险人在合同约定期间届满时生存为给付条件的，如果被保险人在保险期内死亡，保险人不承担保险责任，并且不退回投保所交纳的保险费。因此，保险人依照保险合同规定给付生存者的保险金，不仅包括其本人所交的保险费及保费所产生的利息，而且包括保险期内死亡者所交纳的保险费及保险费所产生的利息。

生存保险的主要目的，是为一定时期之后被保险人可以领取一笔保险金，以满足其生活等方面的需要。如为子女投保子女教育保险，可以使子女在读大学时有一笔教育基金。

(三)两全保险

两全保险，又称生死合险，是指当被保险人在保险合同约定的保险期间内死亡，或在保险期间届满仍生存时，保险人按照保险合同均承担给付保险金责任的人寿保险。两全保险的死亡保险金和生存保险金可以不同，当被保险人在保险期间内死亡时，保险人按合同规定将死亡保险金支付给受益人，保险合同终止；若被保险人生存至保险期间届满，保险人将生存保险金支付给被保险人。

任何两全保险单中都载明一个到期日。如果被保险人至到期日仍然生存，保险人应将保险单规定的保险金额支付给被保险人。两全保险的期满日既可以是特定的年龄，也可以是某一特定时期的结束日。例如，一张 20 年期的两全保险单的到期日是自该保单生效之日起满 20 年止。投保此类保险的人，除了希望在保险期内获得保险保障，还想以储蓄为目的，期望在一定时期后有一笔较大收入用于特定目的支出。两全保险的到期日也可为被保险人生存至 60 岁或 65 岁止。这种类型对于那些既想在保险期间内获得保障，又想在年老退休后取得可观两全保险，被保险人生存至期满日或在期满日前死亡，两全保险单都将支付固定的金额。

两全保险具有保障性和储蓄性的双重功能。首先，两全保险对被保险人在保险合同约定的保险期间内可能发生的死亡事故提供保险保障。同时，两全保险在保险期间内不断积存现金价值。因为两全保险通常也采用均衡保险制，在均衡保费制下，保险人早期收取的保费大于其用于赔付的部分，超过的部分不断积累起来构成准备金用于以后的支付。在两全保险中，当积累起来的准备金保险期间届满时将等于保险金额。因此说，两全保险具有很强的储蓄功能。正因为两全保险承担了双重的保险责任，生死合险的保险费率要比单纯的生存保险或死亡保险高。

目前两全保险的业务种类很多：①普通两全保险，即无论被保险人在保险有效期死亡或生存至保险期满，保险人都给付保险金。②双倍两全保险，即被保险人如果在保险期间届满时生存，保险人给付一倍的保险金，若被保险人在保险有效期内死亡，保险人给付两倍的保险金。③养老附加定期保险，即被保险人如果在保险期间届满时生存，保险人给付一倍保险金额的保险金；如果被保险人在保险期间内死亡，保险人按照生存保险金的若干倍给付保险金。④联合两全保险，即由两人或两人以上联合投保的两全保险。在保险期内，联合被保险人中的任何一人死亡时，保险人给付全部保险金，保险即终止；如果在保险期限内，联合被保险人中无一人死亡，保险期限届满时保险人也给付保险金，保险金由全体被保险人共同受领。

三、人身意外伤害保险

意外伤害保险是指保险人对被保险人由意外伤害事故所致死亡或残疾，或者支付医疗费用，按照合同约定给付全部或部分保险金的保险。

意外伤害保险的保险责任是被保险人由意外伤害所致的死亡或残疾，或者支付医疗费用，不负责疾病所致的死亡或残疾。其主要由三个条件构成：被保险人遭受了意外伤害事故且意外伤害事故须发生在保险期间内，被保险人死亡或残疾或支付医疗费用，意外伤害事故是死亡或残疾或支付医疗费用的直接原因或近因。被保险人遭受意外伤害事故是构成意外伤害保险责任的首要条件。被保险人遭受的伤害事故首先必须符合意外的含义，即伤害的发生是被保险人事先无法预见的，或伤害的发生违背了被保险人的主观意愿，在技术上不能避免或由于法律或职责的规定不能逃避。而且，被保险人遭受意外伤害必须是客观发生的事实，不能是臆想或推测的。

被保险人遭受意外伤害的客观事实必须发生在保险期间之内。如果被保险人在保险期间开始以前遭受意外伤害，而在保险期间内死亡或残疾或支付医疗费用，不构成保险责任。

被保险人在责任期间内死亡或残疾或支付医疗费用是构成意外伤害保险的保险责任的必要条件之一。责任期间是意外伤害保险和健康保险的特有概念，指自被保险人遭受意外伤害之日起的一定期间（一般为 90 天或 180 天），只要被保险人遭受意外伤害的事件发生在保险期间内，而且在责任期间造成死亡、残疾或支付医疗费用的后果，保险人须承担保险责任，给付保险金。即使被保险人死亡或被确定为残疾时保险期间已经届满，保险人仍须负责给付保险金。如果被保险人在保险期间内遭受意外伤害，责任期间结束时治疗仍未结束，尚不能确定最终是否造成残废以及造成何种程度的残废，则推定责任期间结束时这一时点上被保险人的组织残缺或器官正常功能的丧失是永远的，即以责任期间结束时的情况确定残废的程度，并按照这一程度给付残疾保险金。即使被保险人在此之后经治疗痊愈或残废程度减轻，保险人也不追回残废保险金；反之，若被保险人残废程度加重或死亡，保险人也不追加给付。

在意外伤害保险中，被保险人在保险期间内遭受意外伤害，并且在责任期间内死亡或残疾或支付医疗费用，并不意味着必然构成保险责任。只有当意外伤害与死亡、残疾或支付医疗费用之间存在着因果关系，即意外伤害是死亡或残疾或支付医疗费用的直接原因或近因时，才构成保险责任。

保险人在保险单中明确列明不承担给付责任的意外伤害风险：被保险人故意犯罪，被保险人寻衅殴斗，醉酒，服用、吸食或注射毒品等。对于一些特殊风险，保险人考虑到保险责任不易区分或限于承保能力，一般不予承保，但经过投保人与保险人特别约定，通过额外加费也可予以承保，如战争、核辐射、医疗事故造成的意外伤害，或被保险人在从事登山、跳伞、滑雪、江河漂流、赛车等高风险运动中遭受的意外伤害。

意外伤害保险费率的厘定一般不需要考虑被保险人的年龄、性别等因素。因为被保险人所面临的主要风险并不因被保险人的年龄、性别不同而有较大的差异。被保险人遭受意外伤害事故的概率多取决于其职业、工种或所从事的活动。在其他条件相同的情况下，被保险人的职业、工种或所从事活动的危险程度越高，应交的保险费越多。因此，费率厘定时不需要以生命表（生命表又称“死亡表”，是反映一个国家或一个区域人口生存死亡规律的调查统计表）为依据，而是根据损失率来计算。一般的意外伤害保险不具有储蓄性，保险费率较低，仅为保险金额的千分之几，投保人只要交纳少量保险费，就可以获得较大的保障。

意外伤害保险的保险期间较短，一般为 1 年，最多 3 年或 5 年，有些极短期意外伤害保险的保险期间往往只有几天、几个小时，甚至更短时间，如旅游保险，索道游客意外伤害保险，火车、飞机、轮船旅客意外伤害保险等。

意外伤害保险的承保条件一般较宽，对被保险对象一般没有资格上的限制。

当保险责任构成时，保险人按保险合同中约定的保险金额给付死亡保险金、残疾保险金或补偿医疗费用支出。意外伤害保险中的死亡给付是按照保险合同中的规定进行的，不得有所增减。我国现行的意外伤害保险条款均规定死亡保险金为保险金额的 100%。残疾给付则根据残疾保险金额和残疾程度两个因素确定。当发生一次伤害、多次致残或多次伤害的情况，保险人可同时或连续支付残疾保险金，但累计数额以不超过保险金额为限。

四、医疗保险

医疗保险是指为被保险人治疗疾病时发生的医疗费用提供保险保障的保险。这时，医疗费用不仅包括医生的医疗费和手术费用，还包括住院、护理、使用医院设备的费用以及各种检查费用和医院杂费。医疗保险是健康保险的主要内容之一。

在医疗保险中，由于疾病的发生导致被保险人遭受实际的医疗费用损失，这种损失可以用货币来衡量。因此，医疗保险可以具有补偿性，即保险人在保险金额的限度内补偿被保险人实际支出的医疗费用。医疗保险也可以采用定额给付方式，但只在某些特定保障项目中适用，如住院医疗费、手术费、护理费等。当医疗保险采用补偿方式时，保险人通常是按照实际医疗费用进行补偿。

医疗保险的费率厘定不仅取决于被保险人的年龄，还取决于被保险人的性别、健康状况、职业与嗜好等因素。例如，性别与某些疾病的发病率相关，某些职业的工作环境及特点与某些疾病的高发率相关。因此，医疗保险的纯保费是依据损失率来计算的。

医疗给付保险的承保条件一般比较严格，对疾病产生的原因需要严格的审查。为防止已患病的被保险人投保，长期医疗保单中常规定一年观察期（多为半年），被保险人在观察期内因疾病支出的医疗费，保险人不负责。观察期结束后，保险人才开始承担保险责任。

医疗给付保险一般规定一个最高保险金额，保险人在保险金额限度内支付被保险人所发生的费用，超过此限额时，保险人停止支付。医疗费用分摊条款是医疗给付保险的又一主要特征。该条款通常要求被保险人承担部分医疗费用，用以鼓励被保险人将医疗费用控制至最低，从而有助于保险人将医疗给付保险的成本控制在较低的水平上。医疗费用分摊条款通常采取免赔额和比例分担两种形式。免赔额通常是一个固定额度，如 100 元或 200 元。只有当被保险人支付的医疗费用超过固定额度，保险人才开始支付该保险单下发生的医疗费用。大部分医疗给付保险单中都包括一个年度免赔额。在每一日历年度内，被保险人必须先行支付规定的数额，保险人负责承担超过部分的医疗费用支出。医疗费用分摊的另一种形式为比例分担，即超过免赔额以上的医疗费用，采用保险人与被保险人共同分摊的比例给付方法。如许多医疗给付保险中都包含了 20%的比例分担条款。在该条款下，被保险人在支付了免赔额之后仍需支付其余部分医疗费用的 20%。这样，既保障了被保险人的经济利益，又促进了被保险人对医疗费用的节约。大多数医疗保险还规定了停止损失条款。停止损失条款规定在被保险人支付的医疗费用超过一定限额后，保险人将全额支付超过部分的医疗费用。

大多数医疗给付保险都明确载明了保险人的除外责任。由于下列原因引起的医疗费用，保险人不负责赔偿：战争、军事行动或武装叛乱中发生的医疗费用、被保险人因意外伤害或其他医疗原因、进行整容手术而发生的费用，被保险人故意自伤，因不法行为或严重违反安全规则所致疾病等。

医疗给付保险通常包括普通医疗保险、住院医疗保险、手术保险、住院津贴保险、综合医疗保险和特种医疗保险。

普通医疗保险为被保险人提供治疗疾病时相关的一般性治疗费用，包括门诊费用、医药费用和检查费用。这种保险的成本较低，比较适用于一般公众。由于医药费用和检查费用的支出控制难度较大，这种保单一般规定免赔额和费用分担比例。

由于住院所发生的费用比较多，住院医疗保险通常作为一项单独的保险承担。住院医疗保险一般采用按住院天数定额给付的方式，在保险合同中约定每天给付金额、免赔天数和最多给付天数。保险公司只对超过免赔天数、未超过最多给付天数的住院期间给付保险金。

手术保险负担被保险人因必要手术发生的费用，一般负担部分手术费用。这种保险既可作为单独险种，也可列为附加险种。

综合医疗保险为被保险人提供了全面的医疗费用保险，其保障范围包括医疗、住院、手术等一切费用。其保险费较高，一般都确定一人较低的免赔额和适当的分担比例（如 15%）。

特种疾病保险负担由于某些特殊疾病，如癌症、心脏疾病等，给病人带来的灾难性的费用支出。这种保险的保险金额通常比较高，以足够支付其产生的各种费用。特种疾病的给付方式一般采取一经确诊立即一次性支付保险金额。

五、财产保险

财产保险是指投保人根据合同约定，向保险人交付保险费，保险人按保险合同的约定对所承保的财产及其有关利益因自然灾害或意外事故造成的损失承担赔偿责任的保险。

财产保险业务包括财产损失保险、责任保险、信用保险等保险业务。可保财产，包括物质形态和非物质形态的财产及其有关利益。以物质形态的财产及其相关利益作为保险标的的，通常称为财产损失保险。例如，飞机、卫星、电厂、大型工程、汽车、船舶、厂房、设备以及家庭财产保险等。以非物质形态的财产及其相关利益作为保险标的的，通常是指各种责任保险、信用保险等。例如，公众责任、产品责任、雇主责任、职业责任、出口信用保险、投资风险保险等。但是，并非所有的财产及其相关利益都可以作为财产保险的保险标的。只有根据法律规定，符合财产保险合同要求的财产及其相关利益，才能成为财产保险的保险标的。

损失补偿原则是财产保险的核心原则。它是指在财产保险中，当保险事故发生导致被保险人经济损失时，保险公司给予被保险人经济损失赔偿，使其恢复到遭受保险事故前的经济状况。损失补偿原则包括两层含义：一是"有损失，有补偿"，二是"损失多少，补偿多少"。坚持损失补偿原则，一方面可以保障被保险人的利益，另一方面可以防止被保险人通过赔偿而得到额外利益，从而避免道德风险的发生。当实施损失补偿原则时应该注意，保险公司的赔偿金额以实际损失为限、以保险金额为限、以保险利益为限，三者中又以低者为限。

重复保险分摊原则也是由损失补偿原则派生出来的。重复保险是指投保人就同一保险标的、同一保险利益、同一保险事故分别向两个以上保险人订立保险合同的保险。重复保险的投保人应当将重复保险的有关情况通知各保险人。在重复保险的情况下，当重复保险的保险金额总和超过保险价值被保险人因发生保险事故向数家保险公司提出索赔时，其损失赔偿必须在保险人之间进行分摊，被保险人所得赔偿总额不得超过其保险价值。实行重复保险分摊原则，一方面，可以防止被保险人恶意利用重复保险，在保险公司之间进行多次索赔，以获得额外利益；另一方面，可以保持保险公司应有的权利与义务的对等。常用的分摊方式有保险金额比例责任制、赔款限额比例责任制和顺序责任制。除合同另有约定外，各保险公司之间一般按照其保险金额与保险金额总和的比例承担赔偿责任。

六、企业财产保险

企业财产保险是指以投保人存放在固定地点的财产和物资作为保险标的的一种保险，保险标的的存放地点相对固定处于相对静止状态。企业财产保险是我国财产保险业务中的主要险种之一，其适用范围很广，一切工商、建筑、交通、服务企业、国家机关、社会团体等均可投保企业财产保险，即对一切独立核算的法人单位均适用。

企业财产按是否可保的标准可以分为三类，即可保财产、特约可保财产和不保财产。可保财产按企业财产项目类别包括房屋、建筑物及附属装修设备，机器及设备，工具、仪器及生产用具，交通运输工具及设备，管理用具及低值易耗品，原材料、半成品、在产品、产成品或库存商品、特种储备商品，建造中的房屋、建筑物和建筑材料，账外或已摊销的财产，代保管财产等。特约可保财产（简称特保财产）是指经保险双方特别约定后，在保险单中载明的保险财产。特保财产又分为不提高费率的特保财产和需要提高费率的特保财产。不提高费率的特保财产是指市场价格变化较大或无固定价格的财产，如金银、珠宝、玉器、首饰、古玩、字画、邮票、艺术品、稀有金属和其他珍贵财物，堤堰、水闸、铁路、涵洞、桥梁、码头等。需提高费率或需附贴保险特约条款的财产一般包括矿井、矿坑的地下建筑物、设备和矿下物资等。不保财产包括土地、矿藏、矿井、矿坑、森林、水产资源以及未经收割或收割后尚未入库的农作物，货币、票证、有价证券、文件、账册、图表、技术资料以及无法鉴定价值的财产，违章建筑、危险建筑、非法占用的财产，在运输过程中的物资等。

财产保险的保险责任分为基本责任、责任免除和特约责任。基本责任是指投保人要求保险人承担的赔偿责任。包括自然灾害或意外事故，如火灾、爆炸、雷电、暴风、龙卷风、洪水、地陷、崖崩、突发性滑坡、雪灾、雹灾、冰凌、泥石流以及空中运行物体坠落等；被保险人的供电、供水、供气设备在遭受保险条款中列明的自然灾害或意外事故而造成的损失，以及由于这些设备损坏引起停电、停水、停气，以致直接造成的保险财产的损失，包括机器设备、在产品和储藏物品的损坏或报废；当发生上述灾害和事故时，为了抢救财产或防止灾害蔓延，采取合理的、必要的措施而造成的保险财产的损失，以及为了减少被保险财产损失，采取施救、保护措施而支出的合理费用。

企业财产保险中的责任免除包括战争、军事行动，核辐射或污染，被保险人的故意行为。被保险财产遭受保险条款所列明的自然灾害或意外事故引起的停工、停业的损失以及各种间接损失；被保险财产本身缺陷、保管不善导致的损失，被保险财产的变质、霉烂、受潮、虫咬、自然磨损以及损耗；堆放在露天或罩棚下的被保险财产以及罩棚，由于暴风、暴雨造成的损失及其他不属于保险责任范围内的损失和费用。

特约责任又称附加责任，是指责任免除中不保的责任或另经双方协商同意后特别注明由保险人负责保险的危险。特约责任一般采用附贴特约条款承保。有的特约责任也以附加险形式承保，主要有矿下财产保险、露堆财产保险、特约盗窃保险、堤堰、水闸、涵洞特约保险等。

企业财产保险金额是根据被保险财产的性质确定的。固定资产保险金额的确定方法主要有三种：按账面原值确定保险金额，按账面原值加成数确定保险金额，按重置重建价值确定保险金额。流动资产保险金额的确定方法有两种：按最近账面余额确定保险金额和按最近 1 年账面平均余额确定保险金额。专项资产可以按照最近账面余额确定保险金额，也可以按计划数确定保险金额。代保管财产由于保管人对其负有经济安全责任的，可以投保。如有代保管账登记的财产，可以根据账面反映的价值确定保险金额；如账上不反映的财产，可由投保人估价投保。

在企业财产保险经营中，保险人必须对同类财产在总的平均费率基础上，按照被保险财产的种类，分别制定级差费率。一般而言，影响企业财产保险级差费率的主要因素有房屋的建筑结构、占用性质、危险种类、安全设施、防火设备等。企业财产保险的现行费率就是在考虑上述因素的条件下制定的，并分为基本保险费率和附加险费率两部分。基本保险费率又分为工业险、仓储险和普通险三类，每类均按占用性质确定不同的级差费率。附加险费率指企业财产保险的附加险（特约保险）的费率，一般由各地根据调查资料统计的损失率为基础进行厘定。此外，还有企业财产保险的短期费率，适用于保险期不满1年的业务。对统保单位或防灾设施良好的投保人，保险人还可以采用优惠费率。

企业财产保险的保险期限通常为1年。在保险单到期前，保险人应通知被保险人办理续保手续。一般根据保险登记簿填制“到期通知单”送交被保险人，以便到期办理续保手续，避免保险中断。

七、家庭财产保险

家庭财产保险是以城乡居民室内的有形财产为保险标的的保险。家庭财产保险为居民或家庭遭受的财产损失提供及时的经济补偿，有利于安定居民生活，保障社会稳定。我国目前开办的家庭财产保险主要有普通家庭财产险和家庭财产两全险。

根据保险责任的不同，普通家庭财产险又分为灾害损失险和盗窃险两种。

灾害损失险的保险标的包括被保险人的自有财产、由被保险人代管的财产或被保险人与他人共有的财产。通常包括以下内容：①日用品、床上用品；②家具、用具、室内装修物；③家用电器，文化、娱乐用品；④农村家庭的农具、工具、已收获入库的农副产品等。有些家庭财产的实际价值很难确定，如金银、珠宝、玉器、首饰、古玩、古书、字画等，这些财产必须由专业鉴定人员进行价值鉴定，经投保人与保险人特别约定后，才作为保险标的。

保险人通常对以下家庭财产不予承保：①损失发生后无法确定具体价值的财产，如货币、票证、有价证券、邮票、文件、账册、图表、技术资料等；②日常生活所需的日用消费品，如食品、粮食、烟酒、药品、化妆品等；③法律规定不容许个人收藏、保管或拥有的财产，如枪支、弹药、爆炸物品、毒品等；④处于危险状态下的财产；⑤保险人从风险管理的需要出发，声明不予承保的财产。

家庭财产灾害损失险规定的保险责任包括火灾、爆炸、雷击、冰雹、洪水、海啸、地震、泥石流、暴风雨、空中运行物体坠落等一系列自然灾害和意外事故。对于被保险人为预防灾害事故而事先支出的预防费用，保险人原则上不予赔偿；但对于在灾害事故发生后，为防止灾害损失扩大，积极抢救、施救、保护保险标的而支出的费用，保险人将按约定负责提供补偿。

保险人对于家庭财产保险单项下所承保的财产由于下列原因造成的损失不承担赔偿责任：①战争、军事行动或暴力行为；②核辐射和污染；③电机、电器、电器设备因使用过度、超电压、碰线、弧花、漏电、自身发热等原因造成的本身损毁；④被保险人及其家庭成员、服务人员、寄居人员的故意行为，或勾结纵容他人盗窃或被外来人员顺手偷摸，或窗外钩物所致的损失等；⑤其他不属于家庭财产保险单列明的保险责任内的损失和费用。

家庭财产保险的保险金额由投保人依据投保财产的实际价值自行估计而定。若估价过低，会使保障不足；若估价过高，一方面，保费将随之增加，另一方面，实际灾害发生时，保险人将根据补偿原则，以投保财产的实际价值作为赔偿上限，因而被保险人也不可能靠此获利。投保人明智的做法是，对投保财产做出客观合理的估价，使保险金额尽可能接近所投保财产的实际价值。

普通家庭财产险的保险期限为1年，即从保单签发日零时算起，到保险期满日24时为止。

盗窃险的保险责任指在正常安全状态下，留有明显现场痕迹的盗窃行为，致使保险财产产生损失。除自行车、助动车以外，盗窃险规定的保险标的的范围与家庭财产、灾害损失险完全一样。对于由被保险人及其家庭成员、家庭服务人员、寄居人员的盗窃或纵容行为造成的损失以及如房门未锁、门窗未关等非正常安全状态下的失窃损失，保险人均不承担赔偿责任。盗窃险保险金额的确定以及保险期限的规定，均与灾害损失险相同。

家庭财产两全险是一种具有经济补偿和到期还本性质的险种。它与普通家庭财产保险不同之处仅在于保险金额的确定方式上。家庭财产两全险采用按份数确定保险金额的方式：城镇居民每份1 000元，农村居民每份2 000元，至少投保1份，具体份数多少根据投保财产的实际价值而定。投保人根据保险金额一次性交纳保险储金，保险人将保险储金的利息作为保费。保险期满后，无论保险期内是否发生赔付，保险人都将如数退还全部保险储金。

八、机动车辆保险

机动车辆保险是以机动车辆本身及其相关经济利益为保险标的的一种不定值财产保险。随着经济的发展，机动车辆的数量不断增加，机动车辆保险已成为我国财产保险业务中最大的险种之一。

机动车辆是指汽车、电车、电瓶车、摩托车、拖拉机、各种专用机械车、特种车。机动车辆保险一般包括基本险和附加险两部分。基本险分为车辆损失险和第三者责任险。

车辆损失险指下列原因造成保险车辆的损失时，保险人负责赔偿：碰撞；火灾、倾覆；外界物体倒塌、空中运行物体坠落、行驶中平行坠落；雷击、暴风、龙卷风、暴雨、洪水、海啸、地陷、冰陷、崖崩、雪崩、雹灾、泥石流、滑坡；载运保险车辆的渡船遭受自然灾害（只限于驾驶员随车照料者）；发生保险事故时，被保险人对保险车辆采取施救、保护措施所支出的合理费用，但此项费用的最高赔偿金额以保险金额为限。

机动车辆第三者责任险是指被保险人允许的合格驾驶员在使用保险车辆过程中发生意外事故，致使第三者遭受人身伤亡或财产的直接损毁，依法应当由被保险人支付的赔偿金额，保险人依照保险合同的约定给予赔偿。但因事故产生的善后工作，由被保险人负责处理。

机动车辆损失险与第三者责任险的责任免除为自然磨损、朽蚀、故障、轮胎爆裂、地震、人工直接供油、自燃、高温烘烤、战争、军事冲突、扣押、罚没、竞赛、测试、进厂修理，以及直接或间接由于计算机“2000年问题”引起的损失等。

另外，机动车辆保险还有一系列附加险，如车上人员座位责任险等。

第三节 保险理财

别人都说我富有，拥有很多财富，其实真正属于我个人的财富是我给自己和家人买了充足的人寿保险。

——李嘉诚

保险理财就是根据个人面临的风险状况和经济情况，通过选择合适的保险组合，降低个人在危机来临时的财务风险。保险理财是整个金融理财的基础，合适的保险可以确保个人资产不会缩水。通过保险来理财，是防范和规避疾病或灾难等风险的有效办法。同时，保险也可以使资产获得理想的保值和增值。保险公司的理财业务从概念上与商业银行或证券公司有所不同，保险公司首先强调的是所提供服务的"保险"作用，保险理财产品与其他金融理财产品最大的不同在于保险产品不仅具有投资功能，而且具有强大的保障功能，可谓一举两得。通过保险进行理财，是指购买保险来对资金进行合理安排和规划，防范和避免因疾病或灾难而带来的财务困难，同时使资产获得理想的保值和增值。

一、保险理财产品介绍

保险理财是个人理财的一部分，它主要在个人保险领域，通过定量分析客户保险需求的额度，帮助客户选择合适的保险品种、期限及保险金额，以避免风险发生时给个人及家庭生活带来冲击，从而提高客户的生活质量。我国保险公司从 2001 年开始也陆续推出各类个人理财产品，而且市场发展很快，下面简单介绍几类主要保险理财产品。

(一)投资连结保险

投资连结保险，是指包含保险保障功能并至少在一个投资账户拥有一定资产价值的人身保险。此类产品可设置一个或多个投资账户供投保人选择，按合同约定，保险公司在扣除一定费用后，将保险费转入投资账户，并转换为投资单位，投资账户价值随投资单位价格变化而变化。保险公司按照合同约定定期从投资账户价值中扣除风险保险费等费用。投资连结保险设有保证收益账户、发展账户和基金账户等多个账户，每个账户的投资组合不同，收益率就不同，投资风险也不同。由于投资账户不承诺投资回报，公司在收取资产管理费后，将所有的投资收益和投资损失由客户承担。客户在获得高收益的同时也承担投资损失的风险，因此，投资连结保险适合于具有理性的投资理念、追求资产高收益同时又具有较高风险承受能力的投保人。

除有特殊规定外，保险公司投资连结保险的投资账户与其管理的其他资产或其他投资账户之间不得存在债务、债权关系，投资者可以根据自己投资需要转换账户。从长期看，投资连结保险既能享受保障，又能参与投资，适合长期持有。

(二)分红保险

分红保险是指保险公司将其实际经营成果优于定价假设的盈余，按照一定比例向保险持有人进行分配的人寿保险新产品。分红保险的主要特点在于，投保人除了可以得到传统保单规定的保险责任外，还可以享受保险公司的经营成果，即参加保险公司投资和经营管理活动所得盈余的分配。

分红保险提供给客户的保障与非分红保险没有差别，如身故保险、生存保险金给付等，其保障内容、保险金额、保单的价值、保险费都是投保时在合同中明确约定的，这部分是我们常说的“保底”。不论经营状况如何，出现保险责任事故或保险期满时，保险公司都要兑现给客户。红利，也就是客户的投资收益部分，与保险公司的经营情况挂钩，保险公司盈利高，客户收益随之水涨船高，上不封顶；保险公司盈利低，客户收益也低，客户承担的唯一风险是可能没有红利分配。在红利领取方式方面，保险公司可以为投保人提供多种选择，如现金、抵交保费、累积生息以及增加保额等。

分红是指投保人在获得保险保障的前提下享受保险公司一部分的经营成果。根据保监会的规定，红利一般不得少于可分配利润的70%。若公司经营不善，分红可能非常有限，或者可能没有分红。但是，分红没有最低保证利率，客户的基本保障是有保证的，因此适合于风险承受能力低、对投资需求不高、希望以保障为主的投保人。

(三)万能寿险

万能寿险，是指可以任意支付保险费以及任意调整死亡保险金给付金额的人寿保险。也就是说，除了支付某一个最低金额的第一期保险费以后，投保人可以在任何时间支付任何金额的保险费，并且任意提高或者降低死亡给付金额，只要保单积存的现金价值足够支付以后各期的成本和费用就可以了。而且，万能保险现金价值的计算有一个最低的保证利率，保证了最低的收益率。万能寿险除了同传统寿险一样给予保户生命保障外，还可以让客户直接参与由保险公司为投保人建立的投资账户内资金的投资活动，将保单的价值与保险公司独立运作的投保人投资账户资金的业绩联系起来。万能寿险大部分保费，用来购买由保险公司设立的投资账户单位，由投资专家负责账户内资金的调动和投资决策，将保户的资金投入到各种投资工具上。对投资账户中的资产价值进行核算，并确保投保人在享有账户余额的本金和一定利息保障前提下，借助专家理财进行投资运作的一种理财方式。万能寿险具有较低的保证利率，这点与分红保险大致相同；保险合同规定交纳保费及变更保险金额均比较灵活，有较大的弹性，可充分满足客户不同时期的保障需求；既有保证的最低利率，又享有高利率带来高回报的可能性，从而对客户产生较大的吸引力。因此，万能寿险适合于需求弹性较大、风险承受能力较低、希望有更多选择权的投保人。

二、保险理财在个人理财中的作用

(一)保险理财在个人理财中的保障作用

由于保险的基本职能是分摊损失和补偿损失，因而保险理财的基本功能就是保障功能，这也是保险理财与其他理财最大的区别。俗话说“天有不测风云，人有旦夕祸福”，每个人的一生都有可能面临自然灾害风险、意外事故风险、死亡风险等各种风险，再加上我国的社会保障制度还不是很完善，个人对各种风险的承受能力弱。此时人们要借助保险理财的保障功能渡过难关，化险为夷，稳定生活。同时，保险理财具有储蓄功能，人们可以通过按期交纳保费来保障将来的生活，这样也有助于均衡个人财务支出。

(二)保险理财在个人理财中的投资作用

保险理财具有保障功能的同时有着储蓄功能，随着金融工具的多样化和经济发展的市场化，在保险市场出现了主要针对人寿保险的创新型保险——投资型保险。投资型保险产品在资金运用方面是以有价证券为中心，追求综合的高回报率，并且投资回报与保险公司的投资收益或经营业绩有关，因为经济增长和资金运用得当可使收益较高。目前我国保险市场上常见的投资型保险有万能寿险、投资连结保险、分红保险和投资型家庭财产保险。并且传统的一些保险险种也有较强的储蓄功能，人们可以通过购买年金保险来筹集孩子的教育金或自己的退休资金，储蓄性较强。因此，保险理财在个人理财中不仅有保障功能，而且还有较强的投资功能。

(三)个人保险理财在个人理财中的免税作用

个人可以利用保险理财来合理避税，由于事故发生时保险公司的赔款是属于损失补偿，不属于个人收入，不用计算在个人所得税的纳税范畴里，可以免交这部分税款。另外，个人可以通过保险来做遗产规划，根据我国《保险法》规定，被保险人在保险有效期内身故，寿险公司将按合同约定赔付身故保险金，如投保单上有指定受益人，寿险公司将保险金付给受益人，这种保险金的给付不作为遗产处理，可免征遗产税，有利于财产转移和节税，换句话说，可以通过购买人寿保险实现财产转移和合理避税的功能。

三、保险理财的风险分析

保险是理财的一种方式，但它不是唯一的方式。保险理财重点还是以保障为主，在此基础上兼有投资理财功能。第一，它应是长期投资，只有在长期持有的前提下才可能获取高收益，不能直接与股票、证券等高风险、高收益的产品相比。第二，保险理财产品虽有理财功能，但是它最主要的还是保险保障，不能和其他金融产品盲目比较，更不能只把它当作银行储蓄来理解。因为保险是规避风险的工具，是不管将来你个人发生什么事情，都能帮你实现既定财务目标的产品，而保险的投资功能，只能作为选择保险产品时考虑的次要问题。保险理财产品是一种长期投资行为，是一种强制性储蓄，如果中途解约会造成很大的损失。因此投保前应仔细阅读保险责任，了解准备购买的产品的保障范围是否能满足需要。对于期限较长、要分期交纳保费的产品，需确认有足够、稳定的财力支付保费，尽量避免中途退保。如果在这期间，由于种种原因一时交不起保费，建议选择万能寿险或投资连结保险。第三，分红保险的变现能力较差，对于投保人来说，如果短期内有大量的资金需求，对于分红保险的购买就应慎重。一旦中途因需求而退保，投保人只能按照保单的现金价值来退钱，届时损失会很大，可能本金都难以保证。

而分红保险的投资价值，也只有在长期持有的前提下才显现。因此，对于创业阶段或家庭起步阶段、收入不稳定的消费者应充分考虑自身的理财规划，再决定是否选择。第四，投资连结保险与股票、基金一样，会随着资本市场探底后迅速升温反弹。在投资市场剧烈震荡时期，投资者可以根据自身投资需要，在进取型账户、平衡型账户、稳健型账户间配置、转换，规避投资风险，实现财富的保值。尤其是不急需资金的投资者，不要只看股市的一时波动。另外，从长期看，投资连结保险是既能享受保障，又能参与投资的产品，更适合长期持有。第五，万能寿险作为一款投资类保险理财产品，其初始费用和退保费用是投资者必须了解的。比如初始费用，期交型产品最初几年的费用可能高达30%，即使是趸交型产品费用也有3%～5%。而保户的投入是在剔除这块费用后才能进入账户享受结算利率的。因此，投资者在购买本产品之前，一定要了解清楚，不要盲目下结论。第六，很多人在购买保险理财产品后反映保险理财产品宣传和销售中的信息不对称的问题。保险公司宣传和销售保险理财产品时，容易夸大预期收益，掩饰投资风险，或违反产品说明书等有关法律文件中的约定而擅自对客户进行口头宣传或承诺给投资者带来不正确的判断。保险公司应建立完善的客服体系、高端的信息系统和严格的诚信制度。

我们必须明确，保险的本质是风险保障而不是收益。如果为了投资收益，我们要选择证券和基金或其他渠道。另外，险种的选择上要考虑每个险种的利弊、交费期的长短、保障的侧重点。分红保险产品具有保障功能兼有投资分红的功能，也是一种强制储蓄的方法，购买时应根据保险公司的经营状况决定选择哪家保险公司。总之，选择哪种理财产品决定于投资者的需求和对风险的承受能力以及投资期限的要求。

四、保险业理财规划

保险业理财规划服务主要包括保险、投资、税务、退休、教育、遗产等六大方面。提供上述这六方面的全部规划也称为全方位的理财规划。事实上，提供理财规划服务并不一定要求对所有人都具有全面的规划，可以就某一个财务问题提供单一的解决方案，也可以主要提供保险、投资和税务方面的规划。

列举个简单的例子，例如一个三口之家，孩子4岁，父母30岁左右。对比当前的主要财务目标是为孩子的未来考虑，上大学的储备教育金和保证资金的增值。首先考虑购买保障型的保险，保障人身安全，这部分保费支出占小部分。为了资金增值可以购买投资连结保险，因为投资连结保险设有保证收益账户、发展账户和基金账户等多个账户，可以根据自己的需要选择不同收益的账户。为了孩子的教育金可以购买万能寿险。一方面具有半强制性储蓄的功能，另一方面又能通过保险公司专业人员的运作获得较好的收益率，具有最低保证收益，另有每月浮动利率和持续奖金，同时可以根据投保人资金状况灵活追加，建议在适当时候大额追加，这样一来可以弥补教育金相对于高额留学费用的不足，相对于单笔小额投入又可产生更高的回报。这就是典型的保险理财规划。

第七章　投资理财工具——股票

理财不能冲动，要克制自己这样的心情，管理好自己的情绪。投资的过程其实是管理好你的情绪的过程，赔钱往往都是因为两个字——冲动。

——刘彦斌

案例导入

巴菲特一生成功投资秘诀：反向思考反向投资一反再反

当金融危机最严重时，在美国股市持续暴跌期间，2008 年 10 月 17 日巴菲特在《纽约时报》发表文章罕见地公开宣称“我正在买入美国股票”。

股市暴跌，别人都恐惧得要死，纷纷抛售。巴菲特的伯克希尔公司股票投资超过 600 亿美元，市值也是大幅下跌。他不但不抛反而大量买入加上收购累计投资超过 500 亿美元。为什么呢？

这就是巴菲特近 50 年来长期业绩远远战胜市场的秘诀：反向思考，反向投资，而且长期坚持如此。这正和《道德经》第 40 章大道相通。

《道德经》第 40 章说：反者道之动。弱者道之用。天下万物生于有，有生于无。

这是《道德经》最短的一章，只有三句话，却概括了辩证法三大基本规律：

反者道之动：事物运动的基本规律是对立统一，内部矛盾双方既对立又统一，并向相反的对立面转化，正如同第 2 章所说：有无相生，难易相成，长短相形，高下相倾，音声相和，前后相随。

弱者道之用：事物变化的规律是内部矛盾强大的一方逐渐量变，不断变弱，最终形成质变，转变成弱小的一方，事物因此出现本质性的变化，这就是量变质变规律，最终体现为“柔弱胜刚强”（第 36 章）。

天下万物生于有，有生于无：事物内部矛盾中肯定因素压倒否定因素，但经过量变到质变，否定因素由弱变强居于支配地位，事物本身被否定，但新一轮量变质变后否定因素又被否定，即否定之否定。

无中生有是肯定，从有到无是否定，再次无中生有是否定之否定。老子感叹福祸变化无常："祸兮福之所倚，福兮祸之所伏。孰知其极？其无正。正复为奇，善复为妖。"从福到祸，再从祸到福，正是否定之否定规律的典型体现。

巴菲特说："很久以前，芒格立下了自己最远大的雄心壮志：'我唯一想知道的是我将会死在什么地方，一旦知道后我就会永远不去那个地方。'芒格这番话是受到了伟大的德国数学家雅各比的智慧启发，雅各比将'反向、反向总是反向'作为解决难题的方法。在伯克希尔公司，我们运用了芒格的这个思想。"

第一，巴菲特反向思考。

反过来想，就是运用矛盾的对立统一规律来从两个方面来看问题。股市本质上是由矛盾的买方和卖方构成。买卖双方绝对是相互对立的，但又是相互统一的，没有卖方那么买方就无法存在，没有买方那么卖方也无法存在，而且买方和卖方还相互转化，买方有时会变成卖方，卖方有时也会变成买方。

很多投资者因为手里有股票，因而一看股市上涨就欢呼，一看股市下跌就悲叹。巴菲特告诉我们要反过来想，其实你更大程度上是股票的净买入方："如果将来你准备成为股票的净买入者，不管是用你自己的钱直接买入，还是通过持股一家正在回购股票的公司间接买入，股价上涨都会损害你的利益。股价低迷不振反而会增加你的利益。可是，感情因素往往会让事情复杂化：大多数人，包括那些将来会是股票净买入者的投资者，看到股价上涨才会感到内心非常舒服。这样持有股票的投资者，类似于一个经常开车上下班的人，只是因为他的油箱今天加满了油，就为油价上涨而欢呼。"

第二，巴菲特反向投资。

很多人买卖股票喜欢顺势而为，追随市场上强大的一方。这些人其实不是投资者，而是投机者，总是见风使舵。大牛市买方强大完全压倒卖方时，投机者纷纷顺势追涨买入，越涨越买。大熊市卖方强大完全压倒买方，投机者纷纷顺势杀跌卖出，越跌越卖。而巴菲特却正好相反，总是逆向投资，在牛市特别疯狂的时候，不但不买甚至还会卖出，在熊市特别低迷的时候，不但不卖反而大量买入。他始终坚持一个简单的投资信条："在别人贪婪时恐惧，在别人恐惧时贪婪。"巴菲特利用的正是股市长期波动符合量变质变规律，物极必反。熊市大众过于恐惧争相卖出积累量变到一定程度，就会发生质变，从下跌转为上涨，从熊市变成牛市。牛市过于贪婪的情况则正好相反。能够在大众过于贪婪买入时恐惧卖出，在大众过于恐惧卖出时贪婪买入，无疑将会赚到巨大的盈利。这正符合《道德经》所说："去甚，去奢，去泰。"巴菲特提醒在股市疲弱时趁早买入才能抓住良机："如果你要等到知更鸟报春，那时春天已经结束了。"

第三，巴菲特长期坚持反向思考反向投资。

股市涨跌如潮，从牛市到熊市又到牛市反复波动。投资大众情绪起伏如浪从过于贪婪到过于恐惧又到过于贪婪反复波动。但是和很有规律的海浪不同，股市波动更加变化无常，有时极大有时极小，有时极快有时极慢，根本无法预测。但是股市长期波动符合否定之否定规律，从大涨到大跌又到大涨,必定如此。因此巴菲特告诉我们要始终坚持反向投资才能长期战胜市场:"我们深知,恐惧和贪婪这两种传染性极强的流行病偶尔会突然爆发,这种现象在投资世界永远会一再出现。这些流行病的发生时间却难以预料。由此引发的市场价格与价值的严重偏离,无论是持续时间还是偏离程度都同样根本无法预测。因此我们永远不会试图去预测恐惧和贪婪任何一种情形的降临或离去。我们的目标更加适中:我们只是想做到,在别人贪婪时恐惧,而在别人恐惧时贪婪。"

能够与众不同反向思考已经很难,敢于与众不同反向投资更是难上加难,而长期坚持一反再反总是反向思考反向投资只有极少数智勇双全的人才能做到,难怪长期战胜市场的只有像巴菲特那样的少数人。

(作者:刘建位,资料来源:上海证券报.2012-12-31)

第一节　股票的基础知识

决定命运的,不是股票市场,也不是上市公司本身,而是投资者本人。

——约翰·奈夫

一、股票

(一)股票的含义

股票是一种有价证券,是股份有限公司依照一定的法律程序发行的、证明股东对公司财产拥有所有权及其份额的凭证。

股票一经发行,持有者即为发行股票公司的股东,有权参与公司的决策,分享公司的利益,同时也要分担公司的责任和经营风险。股票一经认购,持有者不能以任何理由要求退还股本,只能通过股票市场将其转让和出售。

股份公司是一种典型的、普遍的现代企业组织形式。股份有限公司通过向社会大众发行股票而招募资本,实现所有权与经营权相分离,股东按投资入股份额参与企业管理和承担风险、共享股利分配,形成了有别于其他企业组织形态的约束机制。股东持有股票,不仅可以从股份公司获取股息好处,还可以在股票市场通过交易获取投资回报,股票市场已经成为现代市场经济中最重要的投资市场,股票也成了重要的投资理财工具。

(二)股票的相关概念

1.股票的价值

购入股票可在预期的未来获得现金流入。股票的未来现金流入包括两部分:每期预期股利和出售时得到的价格收入。

股票的价值是指其预期未来现金流入的现值。有时为了和股票的市价(market value)相区别,把股票的预期未来现金流入的现值称为“内在价值”(intrinsic value)。它是由许多因素决定的股票的真实价值,也叫理论价值。

2.股票价格

股票本身是没有价值的,它仅是一种凭证。它之所以有价格,可以买卖,是因为它能给持有人带来收益。一般说来,公司第一次发行股票时,要规定发行总额和每股金额,一旦股票发行后上市买卖,股票价格就与原来的面值分离。这时的价格主要由预期股利和当时的市场利率决定,即股利的资本化价值决定了股票价格。此外,股票价格还受整个经济环境变化和投资者心理等复杂因素的影响。股票的价格有几种形式。

(1)票面价格。票面价格是公司发行的股票上所标明的金额。股票的票面价格主要有三个作用:第一,作为股票发行价格的参考。公司可以按照等于票面价格的价格发行股票。第二,作为每个股份所有权的标志。例如,某家公司的总股份是 100 万元,每一个股份的票面价格是 100 元,那么每一个股份占公司总股份的万分之一,也就是每个股份拥有公司所有权的万分之一。第三,作为股东分享盈余的计算依据。股东根据他所持有的股票的票面价格分享公司的盈余。例如,如果股票的票面价格是 100 元,股息率是 10%,那么持有每一张股票可以得到 10 元的股息。

(2)账面价格。账面价格是指股票所含有的公司资产的价值。股票的账面价格等于扣除了全部负债后的公司的资产净值,再除以股份数量所得到的商。例如,假定公司总资产有 1 亿元,总负债有 5 000 万元,股份总数是 5 万股,那么公司的净资产是 5 000 万元,每一股股票的账面价格是 1 000 元。

股票的账面价格与票面价格不同。首先,当公司按高于票面价格的价格发行股票时,每一股股票实际所含有的公司资产价值超过票面价格,也就是股票的账面价格高于票面价格。其次,当公司把公积金用于扩大经营规模,而又不向股东增发股份时,每一股股票实际含有的公司的资产价值提高了,股票的账面价格高于股票价值。再次,当公司的某种资产价值增加时,股票的账面价格高于票面价格。

(3)清算价格。清算价格是指当公司清算时每股股票所表示的金额。它等于公司资产的清算额减去公司债务之差,再除以股份数量所得到的商。例如,假定变卖公司的资产得到 6 000 万元,偿还 5 000 万元的公司债务后剩下 1 000 万元。如果公司发行的股份有 50 万股,那么每股股票的清算价值格等于 20 元。

股票的清算价格与账面价格不同。只有在公司资产能够按照财务报表上的价值出售,而且不考虑清算所花费的成本的情况下,股票的清算价格才等于账面价格。如果考虑到清算成本,或者公司资产只能按低于财务报表上的价值出售,股票清算价格将低于账面价格。

(4)市场价格。股票的市场价格是指在股票市场上买卖股票的价格。它是由股票的供给和需求决定的。股票的供给量是人们按照现行的股票价格愿意出售的股票数量，股票的需求量是人们按照现行的股票价格准备购买的数量。如果股票的供给量大于需求量，股票的价格将趋于下降；相反，如果股票的供给量小于需求量，股票的价格将趋于上升。

股市上的价格分为开盘价、收盘价、最高价和最低价等，投资人进行股票评价时主要使用收盘价。股票的价格会随着经济形势和公司的经营状况而升降。

3.股利

股利(dividend)是股息和红利的总称。股利是公司从其税后利润中分配给股东的投资报酬，是股东所有权在分配上的体现。

二、股票价格的影响因素

股票价格主要受股票供求关系的影响，影响股票供求关系的因素很多，这些因素也成为影响股票价格变化的因素。不同的国家、不同的时期，影响股票供求变化的因素不同，归纳起来，有以下几个因素。

1.宏观经济因素

宏观经济因素对各种股票价格具有普遍的、不可忽视的影响，它直接或间接地影响股票的供求关系，进而影响股票的价格变化。宏观经济因素主要包括经济增长、经济周期、利率、货币供应量、财政收入、投资与消费、物价、国际收入及汇率等。

2.行业因素

行业因素将影响某一行业的股票价格变化。行业因素主要包括行业寿命周期、行业景气循环等因素。所谓行业寿命周期，主要是指从开创到衰落的全过程，一般包括三个阶段，即开创期、扩张期和停滞期。在开创期，整个行业的成长比较迅速，利润也比较丰厚，但竞争也相当激烈；到扩张期，通过联合或合并等方式，使整个行业只剩下少数几家实力雄厚、经营效率较高的企业，利润也趋于稳定；到停滞期，行业成长出现了停顿、衰落，有的行业甚至被淘汰。行业景气变动也同整个经济景气变动一样，会影响一个行业内的股票价格变动。当一个行业处于景气上升时，该行业的股票价格也会出现上涨，反之，则会下跌。

3.心理因素

心理因素是指投资人心理状况对股票价格的影响。影响人们心理状况的因素很多，其中有些是客观的，有些是主观的，特别是当投资人不甚了解事实真相或缺乏预期判断能力时，心理上波动很大，往往容易跟在一些大投资人后面，出现急于跑出或买进的状况，形成抢购风潮或抛售股票，引起股价的猛涨或暴跌。

4.公司自身因素

股份公司的经营状况是股票价格的基石。从理论上分析，公司经营状况与股票市场价格呈正相关关系。公司经营状况好坏，可以从以下各项来分析：公司自身的因素主要包括公司利润、股息及红利的分配、股票是否为首次上市、股票分割、公司投资方向、产品销路及董事会和主要负责人调整等。

5. 国际收支状况

一般来说，国际收支出现持续顺差、外汇储备增加、本币投放增加，会刺激投资和经济增长，有利于形成促使汇率和股价上升的心理预期，推动股价的上涨；反之，则促使股价下跌。

6. 政治因素

政治因素对股票市场价格影响很大，往往因具有较大的不确定性而很难预料。它是指足以影响股票市场价格变动的国内外重大事件，如战争、政权更迭、领袖更换等以及政府的政策、措施、法令等重大事件的发生；政府的社会经济发展计划、经济政策的调整、新颁布法令和管理条例等均会影响到股价的变动。

7. 其他因素

影响股票价格变动的其他因素，主要包括自然因素、技术性因素及其他影响股票供求的因素。

第二节　股票投资分析方法

炒股赚钱的重点是不要被股票吓怕。

——彼得·林奇

基本分析与技术分析是进行股票分析的两种方法。所谓基本分析是通过对国内外经济环境、待业状况以及公司本身的分析寻找偏离公平价格的股票，并通过对这类股票的买卖以获得超过市场平均收益之上的收益。而技术分析则是指借助股票交易数据所形成的图表以及一系列分析指标来预测股票价格的未来走势。当市场尚未达到弱式有效时技术分析有效，当市场尚未达到半强式有效时基本分析有效。

一、基本分析

在证券投资过程中，公司证券内在价值的确定是一个十分重要的环节。证券投资的基本分析就是通过对发行证券的公司的财务状况、经营绩效以及影响公司经营的外部环境等因素进行分析，寻找证券的内在价值，并将其内在价值与证券市场价格进行比较，从而找出被市场错误定价的证券，以此作为证券选择的依据。

基本分析的假设前提是市场尚未达到半强式有效，股票的价格没有完全反映与公司生产有关的基本数据、管理的质量、资产负债表、专利情况、收益预测、会计处理等经营信息和宏观方面的信息。

基本分析偏重长期分析，其分析步骤要遵循由上到下，从宏观到中观再到微观的顺序。一般来说，基本分析包括三个方面：一是对宏观经济因素的分析，决定将来的经济情况是否适合投资;二是对企业所处行业的分析,分析产业的盈利前景,选定前景良好的行业;三是对上市公司的财务分析,以便在行业内选择优良的企业。下面将分别介绍如何从这三个方面进行具体分析。

(一)宏观经济分析

基本分析中的宏观经济分析就是投资者以影响证券价格的各种经济因素为研究对象,并对一个国家或地区的经济发展状况和发展趋势进行判断,进而从大方向上把握证券市场的变化。宏观经济因素分析包括全球经济环境分析、国内宏观经济环境分析、政府政策分析和经济周期分析等。

1. 全球经济环境分析

对全球经济环境的分析主要涉及对主要工业化国家进行经济分析,推断经济前景,以区分在不同国家投资的差异。分析内容包括各国的先行经济指标、国内生产总值以及汇率等。

2. 国内宏观经济分析

国内宏观经济因素分析主要考虑:①人均国内生产总值的增长率;②失业率,失业率衡量了经济运行中生产能力的运用程度;③通货膨胀率,实际的国内生产总值增长率是在调整了失业率和通货膨胀率之后得到的;④利率,高利率会减少未来现金流的现值,因而会减少投资机会的吸引力,例如房地产投资。

在以上因素中,通货膨胀对证券投资的影响尤为复杂,既要考虑通货膨胀的不同时期对证券市场的影响,也要考虑不同程度的通货膨胀对证券市场的影响。

首先分析通货膨胀的不同时期对证券投资的影响。通货膨胀的早期,处于经济较为繁荣时期,物价虽有上涨,但仍处于市场可以接受的范围,这种涨幅还不至于影响市场的各种交易。企业订单不断,购销两旺,就业状况也令人满意,收入呈上涨趋势,因而证券市场的交易势头十分旺盛,各种证券的价格能够上扬。通货膨胀的中期,供需比例严重失调,企业效益减少和居民收入降低,证券价格立即呈下跌态势。投资者没有信心去涉足证券市场,而逐步将资金撤离,证券市场交易清淡,其价格也一蹶不振。通货膨胀的晚期,市场恢复仍需要通过一个较长时期的休整,投资者对前景不持乐观态度,证券价格因此也十分低迷。

其次分析不同程度的通货膨胀对证券投资的影响。温和、稳定的通货膨胀刺激就业和企业的生产,对证券价格上扬有推动作用。而急剧的通货膨胀将导致证券市场衰退,价格被严重扭曲,货币大幅贬值,人们为保值而囤积商品,资金流出资本市场,证券价格随之下跌。

3. 政府政策分析

政府的宏观经济政策主要是供给政策和需求管理政策。

供给政策主要是要提高经济的生产能力,而不是刺激对产品和劳务的需求。供给政策的出发点在于认为经济增长缓慢是由于生产能力低,供给不足。供给政策的目标则是要创造一个良好的投资环境,采取税收优惠等措施来推动投资。

第二次世界大战后,需求管理政策普遍为各国政府所采用。需求管理政策主要是利用财政政策和货币政策来调控宏观经济。财政政策是影响经济最直接的方式，它通过调节政府支出和税收来刺激经济，衡量财政政策的重要指标就是政府的赤字规模。而货币政策则强调控制货币供应量以影响利率，对经济具有间接但深远的影响。实施货币政策的工具包括公开市场业务、再贴现率和准备金要求等。

4.经济周期

从经济发展的历史来看，经济的增长从来都不是一成不变的，经济的繁荣和衰退总是交替存在着，呈现出周期性的变动。因此经济学家将国民总产出、总收入和总就业的波动称为经济周期。虽然政府的宏观经济政策可以在一定程度上推迟或缓和经济周期，但其无法消灭经济周期。衡量经济周期的有关指标包括先行指标、同步指标和滞后指标。在经济周期上升期，投资活动高涨，消费、就业、收入上升，证券市场繁荣；在经济周期底部，投资者信心丧失，市场低迷，投资前景不被看好。因此，对经济周期所处阶段的判断对于投资者的决策至关重要。

(二)行业(产业)分析

宏观经济分析主要分析了社会经济的总体状况，但没有对社会经济的各组成部分进行具体分析。社会经济的发展水平和增长速度反映了各组成部分的平均水平和速度，但各部门的发展并非都和总体水平保持一致。因此，经济分析为证券投资提供了条件，但没有为投资者解决如何投资的问题，要对具体投资对象加以选择，还需要进行行业分析和公司分析。因为当整个宏观经济呈现上升趋势的时候不排除某些行业正在走下坡路的可能，所以通过宏观经济分析找出理想的投资时期后，投资者还得通过行业分析找出满意的投资行业。行业分析属于中观分析，主要目的是要辨认哪些行业在该宏观经济形势下有良好的前景。

一般情况下，某一企业的增长率与其行业的增长率是基本一致的，本杰明·金通过研究认为49%的股价变动是来自与产业有关的因素。因此，投资者在投资过程当中，对股票的正确选择必定建立在对其所属行业正确分析的基础上。

1.行业的分类

所谓行业，是指这样的一个企业群体，这个企业群体的成员由于其产品(包括有形与无形)对于消费者而言在很大程度上的可相互替代性而处于一种彼此紧密联系的状态，并且由于产品可替代性的差异而与其他企业群体相区别。这个定义是从消费者的需求出发，或者说是从消费者的货币投票权出发，将行业进行了划分。

根据联合国颁布的《全部经济活动的国际标准产业分类索引》，全部经济活动可以分为如下十个行业：①农业、畜牧、狩猎业、林业和渔业，②采矿业及土、石采掘业，③制造业，④电、煤气和水，⑤建筑业，⑥批发和零售业、饮食和旅馆业，⑦运输、仓储和邮电通信业，⑧金融、保险、房地产和工商服务业，⑨政府、社会和个人服务业，⑩其他。

2.经济周期和行业分析

根据行业和经济周期之间的关系，可以把不同的行业分为以下几类：

(1)增长型行业。增长型行业的运动状态与经济活动总水平的周期关系较小。这些行业收入增长的速率相对于经济周期的变动来说，并未出现同步影响，因为它们主要依靠技术的进步、新产品推出及更优质的服务，从而使其呈现出增长形态。

在过去的几十年内，计算机和复印机行业呈现出了这种形态。投资者对高增长的行业十分感兴趣，主要是因为这些行业对经济周期性波动不敏感，提供了一种财富"套期保值"的手段。但是，并非所有新行业都能成为增长型行业，因此对增长型行业投资的最大困难是如何对行业的前景做出正确的预测。

(2)周期型行业。周期型行业的运动状态直接与经济周期相关。当经济处于上升时期，这些行业会紧随其扩张；当经济衰退时，这些行业也相应衰落。产生这种现象的原因是，当经济上升时，对这些行业相关产品的购买相应增加。例如消费品业、耐用品制造业及其他需求的收入弹性较高的行业，就属于典型的周期性行业。

(3)防御型行业。还有一些行业被称为防御型行业。这些行业运动形态的存在是因为其产业的产品需求相对稳定，并不受经济周期处于衰退阶段的影响。正是因为这个原因，对其投资便属于收入投资，而非资本利得投资。有时候，当经济衰退时，防御型行业或许会有实际增长。例如，食品业和公用事业属于防御型行业，因为需求的收入弹性较小，所以这些公司的收入相对稳定。

3. 行业分析的步骤

(1)判断行业正处于生命周期的哪个阶段。任何一个行业都要经历开创、扩张、成熟和衰退的行业生命周期。同行业不同公司的业绩状况虽有不同，但与该行业所处的整体发展阶段有着很大关联。行业生命周期如图 7－1 所示。

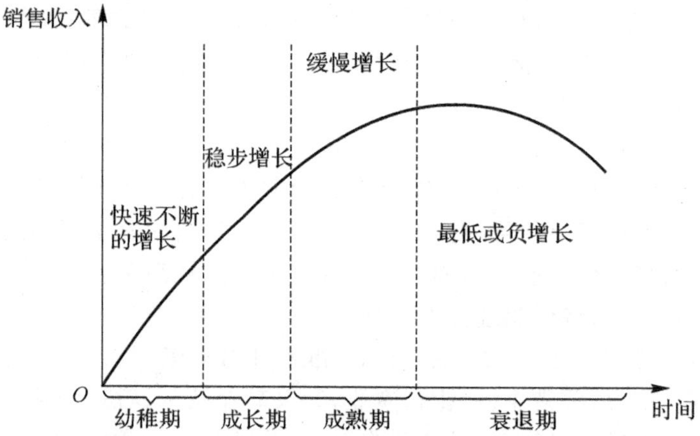

图 7－1　行业生命周期

在图 7－1 中，行业幼稚期，大量新技术被采用，市场处于垄断时期，公司有着较高边际利润，整个行业高速增长。行业成长期，公司规模稳步增长，竞争较激烈并且有着较高的利润，高于整体经济的发展速度。行业成熟期，行业发展与整体经济发展速度同步，公司有着稳定的现金流收入。行业衰退期，发展速度已经慢于经济中的其他行业，或者已经慢慢萎缩。

(2)行业对经济周期的敏感性。投资分析家一旦预测了宏观经济状况，下一步就要看这种预测对于不同行业的影响，因为并非所有行业对经济周期的敏感程度都是一样的。具体来说，可以通过以下几个因素衡量行业对经济周期的敏感性。

一是销售额对经济周期的敏感度。这需要判断人们的收入是否是影响该行业最主要的因素，如食品行业受收入影响较小。

二是经营杠杆率。经营杠杆率即企业固定成本与可变成本之间的比例，经营杠杆率越高的行业，经济周期对其影响越大。

三是财务杠杆率。若经济处在发展中，公司的投资回报率超过利息，则提高财务杠杆对公司有利。不同行业的财务杠杆率是不同的，比如银行业就是高负债行业。

根据不同行业与经济周期之间存在的关系，可以把行业分为以下两类：一是周期敏感型行业，这类行业的运动状态与经济周期存在显著的联系，如汽车、洗衣机等耐用消费品行业，具有较高的相关性。二是防守型行业，这类行业的运动特点相对稳定，如大米、面粉和医疗器械厂商，面值较低。面对不同类型的行业，一般投资策略是当经济复苏时选择周期敏感型行业，而当经济萧条时投资防守型行业。

(3)行业定性分析。行业的定性分析主要考虑以下几个因素：

一是行业的竞争程度。主要利用波特(Porter)的五力模型来分析：①进入(退出)壁垒：自然垄断容易形成规模经济壁垒，专利权则形成技术壁垒，政府监管构成行政壁垒。②替代品：替代品的存在对厂商向消费者索取高价进行了限制，例如毛纺厂面临着合成纤维厂的竞争。③购买者的谈判能力：在产业链中，如果购买者买了某一个行业的大部分产品，则他就会掌握很大的谈判能力，如发电厂与电网的关系。④供应商的谈判能力：供应商位于厂商的上游，如果它控制下游厂商的关键原料，则下游厂商不具有谈判能力。⑤行业现有的竞争者：若行业本身增长缓慢则易引起激烈的竞争。

二是政府的产业政策。主要考虑政府是否对某些行业具有鼓励或者限制政策。受政府管制的行业是与大众的利益紧密相连的行业，关系国计民生，利润受到限制。政府的反垄断政策也是重点考虑的内容，虽然垄断行业可以获得高额利润，但是要注意政府的反垄断和强行开放市场对其未来的盈利能力的影响，这些政策对股票价格的影响是显著的，如中国的电力和航空行业。政府还会实行一些行业扶植政策，例如保护幼稚工业，淘汰落后的和污染的行业。

三是技术变革。技术变革对产业的影响是致命的。落后产业一定会被先进产业所替代，例如数码产品取代录音机，植物油取代动物油。然而，技术不是越先进越好，关键考察技术进步对现有产品的替代能力以及潜在需求。

(4)行业定量分析。行业定量分析主要考虑某个时期行业的市盈率，即行业价格指数/行业利润率。行业指数高表明人们对该行业的良好预期。当选择行业时，通常应该选择行业利润率高，并且行业价格指数高，但是市盈率低的行业进行投资，这样的行业具有较高的回报率，以及相对回报率而言较低的价格。

此外，可以用回归分析来估计行业的风险与预期的回报率。回归分析的基本原理是资本资产定价模型。分析第一步是通过历史数据回归得到 β 值，然后通过这个 β 值来预测行业回报率。

（三）上市公司财务分析

在股票市场中，股票发行企业的经营状况是决定其股价长期的、最重要的因素。而上市公司的经营状况，可通过财务报表反映出来，因此，分析和研究上市公司的财务统计报表，就显得尤为重要。

从传统投资学的定义看，股价即上市公司实质的反映，而上市公司的实质，就是它的营运情况、财务情况及盈利情况。最直接最方便地了解上市公司经营状况办法，便是从上市公司的财务分析着手。而了解上市公司的财务状况和经营成效及其股票价格涨落的影响，是投资者进行决策的重要依据。进行股票投资的投资者在研究如何衡量股价以前，应先阅读上市公司财务报表。至少应理解资产负债表及损益表中各项数字所代表的含义，如果能进一步进行简单的财务比率分析，那就更能深入了解上市公司的营运情况、财务情况及盈利情况。

1. 财务报表的作用

财务报表主要包括资产负债表、损益表和现金流量表。从这三种报表中应着重分析以下四项主要内容：

（1）公司的获利能力。公司利润的高低、利润额的增长速度是其有无活力、管理效能优劣的标志。作为投资者，购买股票时，当然首先是考虑选择利润丰厚的公司进行投资。因此，分析财务报表，先要着重分析公司当期投入资本的收益性。

（2）公司的偿还能力。对公司偿还能力进行分析的目的在于确保投资的安全。具体从两个方面进行分析：一是分析其短期偿债能力，看其有无能力偿还到期债务，这一点须从分析、检查公司资金流动状况来判断，判断依据主要来自现金流量表；二是分析其长期偿债能力的强弱。这一点是通过分析财务报表中不同权益项目之间的关系、权益与收益之间的关系，以及权益与负债之间的关系来进行检测的。

（3）公司扩展经营的能力，即进行成长性分析。这是投资者选购股票进行长期投资最为关注的重要问题。

（4）公司的经营效率。其主要是分析财务报表中各项资金周转速度的快慢，以检测股票发行公司各项资金的利用效果和经营效率。

总之，分析财务报表主要的目的是分析公司的收益性、安全性、成长性和周转性四个方面的内容，并以此为基础对股票投资价值进行判断。

上市公司必须按照《中华人民共和国证券法》所要求的财务公开原则，定期公布财务报表。新上市公司最初的财务报表刊登于《招股说明书》和《上市公告书》中，其他上市公司的财务报表刊登在《中期报告》和《年度报告》中。上市公司的财务报表主要包括资产负债表、利润及利润分配表(或损益表)和现金流量表。

2. 财务报表分析

(1)资产负债表。资产负债表是反映公司资产、负债和所有者权益状况的报表，是公司最主要的综合财务报表之一。它是一张平衡表，分为“资产”与“负债和股东权益”两部分，其中，资产＝负债＋股东权益。资产负债表是一个存量表，反应的是一个时点上的情况。资产负债表是反映企业一定日期财务状况的报表，其特点如下：

1)反映的内容为各类、各项资产、负债和所有者权益的增减变动情况。

2)反映的时间为期末(包括月末、年末)特定日期的财务状况，属于时点或静态报表。

3)以“资产＝负债＋所有者权益”的会计等式为平衡依据(见表 7－1)。

表 7－1　资产负债表

编制单位：某公司　　　　2007 年 12 月 31 日　　　　单位：万元

资产	年初数	年末数	负债及所有者权益	年初数	年末数
流动资产			流动负债		
货币资金	2 850	5 020	短期借款	650	485
交易性金融资产	425	175	应付账款	1 945	1 295
应收账款	3 500	3 885	应付职工薪酬	585	975
预付账款	650	810	应交税费	1 620	2 590
存货	2 610	2 820	一年内到期的非流动	385	485
待摊费用	75	80	流动负债合计	5 185	5 830
流动资产合计	10 110	12 790	非流动负债		
非流动资产			长期借款	650	975
持有至到期投资	975	1 650	应付债券	400	640
固定资产	5 650	6 280	非流动负债合计	1 050	1 615
无形资产	90	75	负债合计	6 235	7 445
长期待摊费用	75	55	所有者权益		
其他长期资产			实收资本(或股本)	4 860	5 850
非流动资产合计	6 790	8 060	资本公积	1 560	2 370
资产总计	16 900	20 850	盈余公积	2 595	3 240
			未分配利润	1 650	1 945
			所有者权益合计	10 665	13 405
			负债及所有者权益合计	16 900	20 850

资产负债表主要包括了以下项目：

1)资产。资产主要包括流动资产、固定资产、长期股权投资和无形资产4种。流动资产主要包括现金、交易性金融资产、商业票据、应收账款、存货和预付款项，期限通常在一年以内。资产是企业主要利润的产生来源，不同的企业资产形式不同。制造业主要资产是厂房设备，房地产业主要资产是存货，银行的主要资产是贷款。无形资产包括专利技术、商誉和土地使用权等。

2)负债。负债分为流动负债和长期负债。流动负债是指一年以内到期的债务，主要包括应付账款、应付票据、应付费用和应付税款。应付账款表示公司由于赊购而欠其他公司的款项。应付票据表示公司欠银行或其他贷款者的债务，它通常由公司的短期或季节性资金短缺引起。应付费用包括员工的工资和薪水、到期的利息和其他类似的费用，它表示公司编制资产负债表时所应付费用的情况。应付税款表示公司应交纳税款的金额，它与公司的所得税计提方式有密切的联系。长期债务指一年以上到期的债务，它包括应付债务、抵押借款等项目。

3)股东权益。股东权益等于除去所有债务后公司的净值，主要分为股本和留存收益两部分。股本是股票面值与股份数的乘积。留存收益表示公司利润中没有作为股息支付而重新投资于公司的那部分收益，它反映了股东对公司权益的增加。留存收益通常并非以现金的形式存在，其大部分都被投资于存货、厂房、机器设备之中，或用于偿还债务。留存收益增加了公司的收益性资产，但其本身却不能再作为股息来分配。表7-1是某公司资产负债表，这是银行资产负债表的基本形式。从这个资产负债表可以看出该企业资产、负债和所有者权益的情况。

(2)损益表。损益表又称为利润表，是对企业在一段时期内的盈利能力的总结。它显示了在运营期间企业获得的收入，以及与此同时产生的费用和交纳的所得税，是分析公司经营业绩、经济效益的基本依据。损益表是一个流量表，在损益表中，主营业务收入减去主营业务成本，再加上投资收益为营业利润。营业利润加上营业外收入，减去营业外支出得到税前利润。税前利润减去所得税得到净利润。虽然净利润是分析损益表的最终目标，但其他数据仍然向投资者传递着企业经营管理状况、盈利能力、税赋控制能力等重要信息，为判断公司盈利的持续性、稳定性提供重要参考。因此投资者有必要对损益表的各部分有所了解。损益表是反映企业在一定期间生产经营成果的财务报表，其特点如下：①反映的内容为收入、成本费用及利润(或亏损)的发生情况。②反映的时间为一定期间(包括一个月、一年)的状况，属时期或动态报表。③以“收入－费用＝利润”的会计等式为平衡依据(见表7-2)。

1)营业收入。营业收入是指企业通过销售产品或对外提供劳务而获得的新的资产，其形式通常为现金或应收账款等项目。对一般企业来说，营业收入是企业最重要的收入来源。企业的营业收入通常与它的营业活动有关，不同的企业营业收入来源不同。生产销售型企业的营业收入主要是销售收入，服务行业的营业收入主要是服务收入，银行的主营业务收入主要是利息收入。

2)营业支出。营业支出是指企业为获得营业收入而使用各种财物或服务所发生的耗费，主要包括业务成本、管理费用和财务费用等。业务成本是最大的一笔费用，其根据企业所处的行业不同又有很大差异。管理费用包括广告费、行政管理费、职员薪水、销售费和一般办公费用。财务费用包括利息支出、汇兑损失、相关手续费、现金折扣、非资本化融资租赁费用等。

值得一提的是企业折旧费用、预提费用、待摊费用的提取。折旧费的增加表示公司固定资产价值的下降。计算折旧费的方法通常有4种：直线折旧法、折旧年限积数法、余额递减法、成本加速补偿法。预提费用是指企业预先提取但尚未支付的各项费用。待摊费用是指已经支出但应由本期和以后各期分别负担的费用。企业折旧费用、预提费用和待摊费用的提取会对当期利润产生影响，这三项有时会成为上市公司操纵利润的途径。

3)利润。利润反映了股东的收益。利润分为税前利润和净利润。净利润等于税前利润减去所得税。净利润又分为支付给股东的股息和公司的留存收益两项。如果企业亏损，留存收益就将减少。如果公司盈利，将优先支付优先股股东的股息，如有剩余再由普通股分红。每股收益的水平和增长情况是反映公司经营状况的最重要指标之一。表7-2是某公司的损益表，这也是银行损益表的一般模式。

表7-2 损益表

编制单位：某公司　　　　2007年12月31日　　　　单位：万元

项目	上年实际	本年累计
一、营业收入	37 580	49 100
减：营业成本	22 500	27 500
营业税金及附加	1 875	2 450
销售费用	1 575	1 750
管理费用	2 450	2 750
财务费用	165	195
加：投资收益	245	350
二、营业利润	9 260	14 805
加：营业外收入	195	165
减：营业外支出	165	95
三、利润总额	9 290	14 875
减：所得税费用	2 322.50	3 718.75
四、净利润	6 967.50	11 156.25

注：所得税税率为25%。

(3)现金流量表。现金流量表提供了一家公司经营是否健康的判断依据，它详细描述了由公司的经营、投资与财务活动所产生的现金流变化情况，又称财务状况变动表。损益表与资产负债表均建立在应收应付会计方法之上，即使没发生现金交易，收入与费用也在其发生时就进行确认，但现金流量表只反映产生了现金变化的交易。例如销售一批货物没有收到现金就不能计入现金流量表。

现金流量表是反映两张资产负债表编制日之间公司现金变动情况的表格，是公司每年向其股东或证券管理委员会呈交的三种主要财务报表之一，反映了公司资源（或资金）的所有流入和流出活动，它不仅包括公司内部的经营活动，而且还包括公司外部的融资与投资活动所引起的公司资源的出入情况。其目的是报告在本会计年度内所有流进公司的资金来源以及这些资金被运用的具体情况。

现金流量表向企业的股东、管理部门、投资者或贷款者，以及其他的报表使用者提供报告期内公司现金变动的全貌，反映了企业资金的各种来源和运用情况、资产负债表初期与末期各项目的增减情况及原因，体现了公司的经营和投资方针。同时，它还解答了一系列重大的财务问题。如购入新资产的资金来源是依靠企业积累，还是靠负债；营业所需的资金与负债资金的比例是否适当等。

通过对现金流量表的分析，可以帮助投资者了解创造未来现金净流量的能力，以及评估公司偿还债务的能力。另外，通过分析净收益和相关现金收支差异的原因，可以了解公司的投资情况，以及对应收账款的管理能力等。

二、技术分析

技术分析是基本面分析之外的又一大证券投资分析体系。经由历史上无数证券投资者总结出来的诸多证券投资技术分析方法被实践证明是有效的，因而在证券交易市场上得以广泛运用。从某种程度上说，涉足证券市场的投资者都应该具备一定的技术分析功底，以便增强自身对未来证券市场走势的预测能力，降低损失的可能性。目前我国证券市场上使用的主要技术分析方法都是从国外引入的，下面主要以股票市场为例，将各种技术分析理论方法予以简单介绍，具体的技术分析方法将在第十四章中进行详细阐述。

（一）技术分析的含义及其理论基础

1. 技术分析的含义

技术分析是指借用统计和图形方法对过去和当前股票市场上的价格、时间、成交量等市场行为的不同方面进行记录和加工，并在此基础上总结和运用规律，进而对未来股票价格走势加以预测的研究活动。由不同的角度分析市场行为会产生出不同的技术分析方法，而记录和加工各种市场行为数据所得的各种图形和指标又构成了技术分析的基本工具。技术分析的精髓就是总结经验、寻找规律，然后进一步运用这些规律。

大多数证券投资者不仅希望通过分红的形式获取利益，而且希望通过低买高卖、获取差价的形式得益。对后面这种形式来讲，对当前股价所处位置和未来变动方向的判断就显得极为重要，而要做到这一点，我们可以在一定程度上比较有效地求助于技术分析。技术分析方法可以帮助我们从市场行为的微妙状态中获取有价值的信息，从而有效判断股价的变动趋势。

这里要指出一点，即技术分析方法不强调对因果关系的探寻，不保证运用者一定获利。技术分析只是实践总结出的规律，是一种经验判断，在丰富实践基础上对它的熟练运用有助于我们做出正确的判断。总之，技术分析既具有科学性，又具有艺术性。

2.技术分析的三大假设

技术分析有一定的理论基础，即三大假设：市场行为涵盖一切信息，价格沿趋势移动并保持趋势，历史会重演。这三大假设并未在理论上得到完全的证明。但它们在历史和经验的基础上却有一定的合理性。

(1)市场行为涵盖一切信息。市场行为涵盖一切信息的假设是进行技术分析的基础，如果否定它，技术分析就是无本之木。这一假设认为，影响股票价格的每个因素都已经反映在市场行为当中，因而不必对影响股票价格的具体因素做过多追究。事实上，由于影响股票价格的因素很多，而且各种因素之间的关系又错综复杂，因此试图对影响股票价格的每一因素做出判断实际上是无效的。在这里我们可以打个比方：股票价格是一个我们不能全部掌握的方程的因变量，而这个方程有极多的自变量(例如即将出台的新政策、货币市场的变动、庄家的操作，乃至单个散户的买卖行为，等等)，所有自变量的变动都会最终影响因变量——股票价格。我们在这里知道因变量——股票价格，也能猜测到一些重要的自变量(如即将出台的新政策、货币市场的变动、庄家的操作)，但要想分析方程中的每一个细小的自变量(如单个散户的买卖行为)却是极其困难的。

依据这一假设，任何一个因素对股票市场的影响最终都必然体现在股票价格的变动上。如果股价跳空高开，一定是有利多因素在起作用；反之，如果股价向下跳空，则一定是有什么因素促使投资者出货。也就是说，只要是影响市场行为的因素，不管它是外在的还是内在的，也不管它是显著的还是微小的，都会在股票的价格中得到反映。运用技术分析时，只需关心这些因素综合作用的结果，而不必深究这些因素究竟是什么。

(2)价格沿趋势移动，并保持趋势。价格沿趋势移动的假设是进行技术分析最根本、最核心的因素。该假设认为股票价格的变动具有惯性，即要保持原来运动的方向。正因为这样，我们才能运用技术分析中的各种图形和指标来预测股票价格的走势。

如果当前的股票价格正在不断攀升，股票市场中的单个投资者就会看好该只股票，而由于大众心理的趋同或相似，整个市场中会形成强大的多方力量，从而导致股价的进一步攀升，直至达到天价；反之则相反。这就是说，在天价和谷底之间，也就是在大部分时段内，股票价格是沿趋势移动的。“顺势而为”因此而成为股市中的一句名言，如果没有股价逆转的明显迹象，逆势而为是不合理的。

如果否认这项假设，即认为股票价格是随机运动、毫无规律可循的，技术分析就会变得如赌博押宝，毫无意义。然而在实践中，技术分析的运用是很有帮助的。

(3)历史会重演。在股票市场上说“历史是未来的一面镜子”并不夸张，“黑色星期五”的多次重演在此可以作为一个例证。心理学和统计学的研究成果表明，股票市场作为无数股票投资者的加总，当面对特定的情况时，市场的整体反应往往会趋于特定的模式，从而股价的变动也容易有特定的模式。这样，以史为鉴在股票市场上是有意义的。当进行技术分析时，每当遇到与历史上相同或相似的情况，都应参考历史记录，在此基础上再做出股票买卖的决策。这条假设是从人的心理因素方面考虑的。市场中进行具体买卖的是人，是由人决定最终的操作行为。这一行为必然要受到人类心理学中某些规律的制约。在证券市场上，一个人在某种情况下按一种方法进行操作这条假设是从人的心理因素方面考虑的。市场中进行具体买卖的是人，是由人决定最终的操作行为。这一行为必然要受到人类心理学中某些规律的制约。在证券市场上，一个人在某种情况下按一种方法进行操作取得成功，那么以后遇到相同或相似的情况，其就会按同一方法进行操作；如果前一次失败了，后面这一次就不会按前一次的方法操作。证券市场的某个市场行为给投资者留下的阴影或快乐是会长期存在的。因此，技术分析法认为，根据历史资料概括出来的规律已经包含了未来证券市场的一切变动趋势，因而可以根据历史预测未来。

在三大假设之下，技术分析有了自己的理论基础，第一个假设肯定了研究市场行为已经全面考虑了股票市场，第二个假设和第三个假设使得我们能够找到规律并在实践中加以运用。

(二)技术分析的要素：价、量、时、空

1.价、量是市场行为最基本的表现

成交价和成交量是市场行为最基本的表现，因为它们涵盖了影响市场行为的一切因素。技术分析各种指标及图形的编制都以过去及当前成交价及成交量的资料为基础的，成交价及成交量的记录是技术分析的信息来源，同时也是技术分析所要预测的目标。在某一时点上的价和量反映的是多空双方的市场行为在这一时点上所达到的价、量均衡点。随着时间的推移，多空双方的任何市场行为都会使得成交价和成交量发生变化。通常情况下，多空双方对股票价格的认同通过成交量的大小得以确认：认同程度高，成交量大；认同程度低，成交量小。双方市场行为的相互作用和制约使价、量之间的变动呈现这样的规律：价升量增，价跌量减。根据这一规律，当价格上升时，成交量不再增加，意味着买方已不认同价格继续上升，价格的上升趋势将发生变化，出现调整或逆转；反之，当价格下跌时，成交量不再继续萎缩，意味着卖方不再认同价格继续下跌，下跌趋势将随之发生变化，开始盘整或上扬。成交价和成交量的这种关系是技术分析的合理性所在和一个逻辑手段。因此，价、量是技术分析的基本要素，一切技术分析方法都是以价、量为主要研究对象，目的就是分析、预测未来股票价格的变动趋势，为投资决策提供依据。在技术分析中，研究价与量之间的关系是非常重要的，技术分析者画线路图时，在图纸下端还要补上成交量，这样可以增加图的完整性与可信性。

2.成交量和价格趋势的关系

下面列出股票市场中经常出现的几种价、量组合情况，以对价、量组合作一个实证考察(成交价和成交量可以有非常多的组合，这里不能一一列举)。

(1)股价随着成交量的增大而上涨，是市场行情的常态，表明了投资者的一片乐观情绪，这种价增量涨关系，表明股价将继续上涨。

(2)在一轮的涨势中,股价随着增大的成交量而上涨,突破前一段的高峰,创下新高价,然后继续上涨,然而伴随新高之后又一轮股价上涨的整个成交量水平却低于前一轮上涨的成交量水平,价突破创新,量却趋于萎缩,则最新一轮股价涨势令人怀疑,这种现象同时也是股价趋势潜在的反转信号。

(3)股价随着成交量的递减而回升,股价上涨,成交量萎缩。成交量是股价上涨的动力,动力不足显示股价趋势存在潜在的反转的信号。

(4)有时股价随着缓慢递增的成交量而逐渐上涨,渐渐地走势突然成为垂直上升的喷出阶段,成交量急剧增加,股价跃升暴涨。继此轮走势之后是成交量的大幅度萎缩,同时股价急速下跌。这种现象表示涨势已是强弩之末,显示出趋势反转的迹象,反转所具有的意义将视前一轮股价上涨幅度的大小及成交量增大的程度而定。

(5)在一轮长期下跌形成谷底后股价回升,但成交量并没有因股价上涨而递增,股价是欲振乏力,然后再度跌落至先前谷底附近,或略高于谷底。当第二谷底的成交量低于第一谷底时,是股价上涨的信号。

(6)股价下跌,向下跌破股价形态趋势线或移动平均线,同时出现大成交量,是股价下跌的信号,这种情况强调的是趋势反转形成空头。

(7)股价下跌相当一段时间后,出现恐慌卖出,随着日益扩大的成交量,股价大幅度下跌,继恐慌卖出之后,预期股价可能会出现反弹,同时恐慌卖出所创的低价,将不可能在极短时间内突破。随着恐慌大量卖出之后,往往是空头结束,行情反转。

(8)当市场行情持续上涨很久,出现急剧增加的成交量,而股价的上涨却渐显乏力,在高档大幅震荡,这说明多空双方交手频繁,空方开始占据优势,从而股价下跌的因素开始形成。股价最终连续下跌之后,在低档出现大成交量,股价却没有进一步下跌,价格仅小幅变动,这表示多方开始显示力量。

从以上几种情况可以看到,成交量是价格形态的确认。如果没有成交量对股价的确认,价格上的形态将是虚的,其中很可能会有庄家的策略,股价大幅波动的风险将会比较大。成交量是测量股市行情变化的风向标,也是股价的先行指标。凭借成交量增加或减少的速度可以推断多空规模大小与股价涨跌的幅度。也就是说,成交量持续扩大,表明新资金不断涌入股市,这是推动股价上涨的原动力。关于价和量的趋势,一般说来,量是价的先行者。当量增时,价迟早会跟上来;当价增而量不增时,价迟早会掉下来。从这个意义上可以说,价是虚的,而只有量才是真实的。特别是在一个投机市场中,机构大户打压、拉抬股价,投资者不能仅从价上来看,而要从量上去探寻庄家操纵的可能性,并采取相应对策。

3.时间和空间表现市场的潜能

在技术分析中,“时间”是指完成某个过程所经过的时间长短,通常是指一个波段或一个升降周期所经过的时间。“空间”是指价格的升降所能够达到的程度。时间将指出“价格有可能在何时出现上升或下降”,空间指出“价格有可能上升或下降到什么地方”。投资者对这两个因素都很关心，而最关心的还是后者。

时间更多地与循环理论相联系，反映市场起伏的内在规律和事物发展的周而复始的特征，体现了市场潜在的能量由小变大再变小的过程。空间反映的是每次市场发生变动的程度的大小，也体现市场潜在的上升或者下降的能量的大小。升或降的幅度越大，潜在的能量也就越大；相反，升或降的幅度越小，潜在的能量也就越小。

4. 时间与价格的关系

除去价和量，时间也是对股价变动分析应加以考虑的一个重要方面。无论是上涨还是下跌，每一轮趋势都要经历一段时间才结束，这是因为股票价格有沿趋势移动的惯性。股票价格从一个趋势开始到该趋势结束之间的时间长短，与股票价格下一步变动的幅度有着密切的关系。

一般地说，时间长、波动空间大的过程，对今后价格趋势的影响和预测作用也大；时间短、波动空间小的过程，对今后价格趋势的影响和预测作用也小。价、量、时、空同时加以考虑，股票价格才得以被置于四维空间内做立体观察。

实践中，由于股价每一轮变动的时间都长短不定，而且有的股价当前变动的方向正处于比该方向更大的相反的方向当中，因此要正确判断股价每一轮变动的时间跨度并非易事。但我们还是可以借助于某些技术分析方法来研究股价变动的时间跨度，如循环周期理论和波浪理论中的费波纳奇数列就是这样的两种方法。

(三)技术分析方法的分类

在历史价、量资料基础上进行统计、数学计算、图形绘制，是技术分析的主要方法。不同的统计、计算和图形绘制方法会引出不同的技术分析方法。这里介绍 5 类比较常用的技术分析方法：K 线法、切线法、形态法、波浪法和指标法。

1. K 线法

一条 K 线包含了一日内某种股票开盘价、最高价、最低价和收盘价四种价格的信息，若干条 K 线组合在一起的 K 线图可反映一段时间内某种股票的股价变动情形，投资者可依据 K 线图包含的多种信息来判断股价未来的变动趋势。K 线法侧重若干天 K 线的组合情况，推测股票市场多空双方力量的增减与转变，进而推断股票市场当前多空双方谁占优势，这种优势是暂时的，还是决定性的。K 线图是各种技术分析方法当中最重要的方法，后面将有专门的章节加以介绍。单独一天 K 线的形态有十几种，若干天 K 线的组合种类更是数目繁多，其中一部分典型组合对股票买卖决策具有重要的参考意义。K 线起源于日本并流行于东亚地区，同 K 线法几乎一样的棒线流行于欧美地区。除画法不同外，棒线与 K 线的分析方法是一样的。

2. 切线法

切线法是按一定的方法和原则在股票价格图形中画出特定直线——切线，然后依据股票价格曲线与所画直线的状况推测股票价格的未来趋势。切线主要起支撑和压力的作用。通常情况下，股票价格在上升过程中一触及压力线，甚至尚未触及它，就会向下逆转。同样，股票价格在下跌过程中一触及支撑线，甚至尚未触及它，就会转头向上。另外，如果股票价格触及压力线或支撑线后没有发生逆转而是大幅度长时间地穿越了压力线或支撑线，便实现了突破。在突破之后，压力线和支撑线的角色会相互转换，原来的压力线变成了支撑线，原来的支撑线变成了压力线。依据不同的画法，切线又分为趋势线、通道线、黄金分割线、甘氏线、角度线等。

3. 形态法

形态法是根据过去一段时间内股票价格走过的轨迹的形态来预测股票价格未来趋势的方法。股票价格走过的形态受市场行为的作用，是股票市场对各种信息感受并做出反应之后的最终表现。股票价格轨迹的形态有不少相对固定的模式，因此用形态来推测股票价格的走势是有依据的。价格轨迹的形态可以告诉投资者当前股价所处的阶段，从而对买卖行为给以一定指导。著名的形态有 M 头、W 底、头肩顶或底等十几种。

4. 波浪法

波浪理论的初创者是艾略特(Ralph Nelson Elliott)，他在 20 世纪 30 年代提出了波浪理论的最初想法，他认为行情就是波浪。其后，查尔斯·J. 柯林斯(Charles J. Collins)在他 1978 年的专著《波浪理论》中完善了波浪法。

波浪理论把股价在不同时期的上下波动看作是波浪的上下起伏。波浪的起伏遵循自然界的规律，股票价格的波动也遵循类似于波浪起伏的规律。行情波浪本身的构造为五浪上涨，三浪下跌，并永远重复下去。数清了各浪就能准确判断行情。波浪理论与其他技术分析方法的最大区别是它能提前很长时间预计到底和顶，而其他方法往往要等到新波趋势确立以后才能看到。波浪理论的一个弱点是运用起来主观性太强，事前想用它去指导买卖操作比较困难，这是由于股价波动所形成的波浪大浪套小浪，浪中有浪，正确数浪极为困难。但历史上股价波动所形成的波浪均符合波浪理论所作的描述，这就是它的奇妙之处。

5. 指标法

指标法是将市场行为的各个方面经过数学处理生成能够反映股票市场某个方面的新变量，即指标。指标的具体数值及其相互间关系，直接反映股市所处的状态，为操作行为提供指导。指标属于股票市场一手变量(如股票价格、成交量等)的衍生变量，无法在股价移动轨迹中直接看出。

技术分析指标名目繁多，数不胜数，比较常用的有相对强弱指标(RSI)、随机指标(KDJ)、趋向指标(MA)、平滑异同平均线(MACD)、能量潮(OBV)、心理线、乖离率等。这些指标都经过了股市实践的长期考验而保留了下来，可见它们确实把握住了股票市场的某种特性，因此很值得投资者去学习和研究。

(四)技术分析方法运用时应注意的问题

技术分析并不是一门纯粹的科学，因此不能对其过分迷信。只有注意以下问题并经过丰富的实践，才能较好地运用技术分析。

(1)技术分析必须与基本面分析结合使用，才能提高其准确程度。单纯的技术分析是不全面的。新兴证券市场投机性较强，人为操纵因素较多，技术分析的指导作用相对于成熟证券市场要弱一些。在这种情况下，仅靠过去和现在的数据、图形去预测未来是不稳妥的，但也不能仅因此就否定技术分析的效果。事实上，在中国的证券市场上，技术分析方法还是较为有效的。正确的做法是熟悉技术分析较为有效的场合而避免在所有的时候都听信于它，成功的关键在于不机械地使用技术分析，除了要在实践中不断修正技术分析外，还必须结合基本面分析来进行技术分析。

(2)注意多种技术分析方法的结合使用，切忌片面地使用某一种技术分析方法。每种技术分析方法都是从不同的角度去分析和预测股价的走势，它们都具有一定的合理性和有效性，但也都有不足。面对同样的市场行为，运用不同的方法可能会得到大相径庭的预测结果。因此投资者在做出决策前，应将多种技术分析方法结合起来加以考虑，这样才比较稳妥。如果每种方法都得到同一结论，出错的可能性就很小，否则偏信某一种方法就容易出错。为了少犯错误，投资者应尽可能地熟悉多种技术分析方法，并在此基础上力求结合运用。

(3)每个结论要不断地进行修正。已经有的结论要经过实践验证后才能放心使用。研究股票的分析方法各异，已经有的结论是在特殊条件下得到的。随着环境的改变，这些曾经成功的结论用到自己身上就可能失败，因此必须验证后才能使用。结论和经验是不断变化的，自己研究和吸取别人的经验，都是为了不断地使技术分析方法更准确、更适用和更有效。

(4)对技术分析不要寄予过高的希望，不要超过技术分析力所能及的范围。技术分析能够帮助我们认清形势，但是技术分析有自己的不足，有自己的盲点。在使用的时候，如果不了解各种技术分析方法的缺点，一味依靠技术分析，那是十分可怕的事情。技术分析能够避免明显的错误，但是并不能避免全部的错误。在使用技术分析方法的时候，要充分认清它的不足，不要超出了技术分析的能力范围，否则很可能给自己带来不必要的损失。

(5)技术分析是一种工具，决定它的因素是人。在运用技术分析的时候，在很大程度上依赖于使用者个人的选择。个人的偏好和习惯影响这些选择，当然也就影响技术分析的结果。这就是为什么不同的人使用技术分析时会产生不同的结果的主要原因。

总之，技术分析并不是万能的，切忌一切都依靠单纯的技术分析。

第八章 投资理财工具——债券

在投资上，重要的不在于你对或错，而在于当你正确时，你赚了多少钱，当你错误时，你赔了多少钱。如果当你正确时赚的钱却不多，这种正确也就没什么可得意的；如果你是错误的，但赔的钱却很少，这种错误也就没什么可指责的。

——索罗斯

案例导入

投资结果往往由目的决定

股市实在不适合短期投资，而长期投资的话，如银行、保险等金融板块，目前的估值已低于两年多以前金融危机时的水平了，值得考虑持有，来等待其价格回归应有价值。

常与投资者交流投资心得和长期投资策略，但投资者所关心的却多是近日走势，想知道这几天是涨是跌，甚至很想知道具体涨到哪、跌到哪。查了网上财经专家文章的点击数，同样一位专家，与股市相关的(特别是预测股市走势)文章，要比谈投资理论、介绍投资方法的文章的点击数多得多，这一现象说明了投资者关心股市，远多于关心其他投资品种。而股市投资者关心的又以短期的涨跌为多，至于是否有长期的持有价值，似乎就是次要的了。

然而，以短炒为目的的股市投资结果往往不理想。尽管都知道在操作上实现“低买高卖”，但在无法克服人性“贪婪”和“恐惧”之际，实际上往往是“高买低卖”。另外，如频繁操作，投资股市就注定是参加比“零和”游戏还差的“负和”游戏，因为每次都会被扣手续费和税金，多个回合下来，手续费和税金会把本金“吃”得所剩无几。短炒，最终投资节奏被打乱，“忙忙碌碌，一无所获”。

那么，如果以长期投资为目的又如何呢？似乎也相当困惑。

曾几何时，股市的确令人眼热。2001 年 6 月份的时候，沪指冲到过 2 200 点，当时舆论对我国资本市场取得的成就一片赞誉，股民也认为是最好的时代；2005 年年中到 2007 年 10 月的两年间，沪指从 998 点直上 6 124 点，年化回报超 200%，股市看上去真是太好的投资啦！如今又如何？2001 年到现在，沪指还在 2 600 点水平徘徊，这 10 年才涨了 400 点，年化回报不到

2%，连银行定期存款都不如。股市似乎真是一点都不值得投资。

其实，感觉最好的时候，往往是长期投资的"不佳"进场点，2001 年 6 月和 2007 年 10 月就是很好的样本。而感觉最不好的时候，正是长期投资的进场时刻。2005 年年中和 2008 年年底，在对股市几近绝望之际，果断出手的都大获全胜这一事实便是明证。如此判断，以长期投资为目的投资股市似乎反而更简单。

不是总有"XX 投资黄金十年"的说法吗？那投资计划上为什么不作十年的打算？有人说，我不能做长期投资，我等不了。那就得再想想是否要投资股市的决定了，因为股市实在不适合短期投资。

目前，市场似乎"内忧外患"：国际方面，美债被降级，引发全球市场大幅下挫；回到国内，消费物价指数创新高度导致国内市场持续不振，似乎又到了感觉上的"最差时代"了。

不少人轻而易举地找出了股市低迷的原因：新股高价滥发之外，上市公司假造的业绩"大变脸"、ST 垃圾股乌鸦变凤凰、机构研报忽悠投资者、老鼠仓屡见不鲜、B 股问题尚未解决、国际板呼声又起、处罚违规和退市等基本制度尚不健全等，这些问题如不解决，A 股根本不能长期投资。

然而，这些问题在 2006—2007 年间早已存在，甚至比今天更凶猛，为何当时投资却有胜算呢？究其原因，低价已充分体现了上述风险了。

尽管最近市场可能还有一定的下调压力，然而须知道，低于应有价值的投资品种，即使会继续一段时间低迷，但始终会向上回到其应有的价值水平。

（作者：黄凡，资料来源：投资与理财. 2011 - 14 - 31）

第一节　债券的基础知识

> 投资者成功与否，是与他是否真正了解这项投资的程度成正比的。
>
> ——巴菲特

一、债券及相关概念

债券(bond)是指由企业或政府为筹集资金而发行的负债凭据。企业债券是由企业发行的，在约定期内支付投资者一定利息，并当到期时偿还本金的一种有价证券。为理解债券的含义，还需要把握以下几个与债券相关的概念(或者债券的要素)：

(1)面值(face value)。债券面值指发行时设定的票面金额，它代表债券发行人借入并承诺在未来指定日期必须偿还债券持有人的金额。

(2)到期日(maturity)。债券到期日指债券标明的,由发行人偿还债券持有人面值金额的具体日期。

(3)票面利率(coupon rate)。票面利率也称票息率,指票面载明的年利息偿付率。

(4)债券的付息方式。债券利息的计息方法一般采用复利法。利息支付一般以年为周期,但也有半年或一个季度支付一次的情况,甚至债券到期时一次还本付息。我国国内发行的一次还本付息债券多以单利方式计算利息。

二、债券的种类

对债券可以从各种不同的角度进行分类,而且随着人们对资金融通需要的多元化,各种新的债券形式层出不穷。因此,对债券进行分类也就变得越来越复杂。

(一)按发行主体可分为政府债券、金融债券、公司债券和国际债券

(1)政府债券。政府债券是中央政府和地方政府发行公债时发给债券购买人的一种格式化的债权债务凭证。其发行目的一般是为了弥补财政赤字、建设大型工程、归还旧债本息等。政府债券又可以分为国家债券、地方债券和政府保证债券。国家债券是由中央政府发行的债券,主要有国库券和公债券。国家债券的发行量和交易量在证券市场上占有相当的比重,对货币市场和资本市场的资金融通发挥着重要的作用。特别是短期国库券,作为货币市场的一种金融工具,流动性强,风险小,是最受投资者欢迎的金融工具之一。地方债券是由各级地方政府机构发行的债券。发行地方债券的目的是筹措地方建设资金,因此债券的期限较长。政府保证债券是由一些与政府有直接关系的企业或金融机构发行的债券。这类债券虽由政府提供担保,但不享受中央和地方债券的利息免税待遇。

(2)金融债券。金融债券是由银行或非银行金融机构发行的债券。发行金融债券的金融机构,一般资金实力雄厚,资信度高,债券的利率要高于同期存款的利率水平。其期限一般为1年到5年,发行目的是为了顺应市场融资结构的变化趋势,拓宽融资渠道,构建长期稳定的市场化融资机制。在我国,目前发行金融债券的主要是政策性银行和一些规模庞大的商业银行。

(3)公司债券。公司债券是由公司企业发行并承诺在一定期限内还本付息的债权债务凭证。发行公司债券多是为了筹集长期资金,期限多为10～30年。公司债券也称为企业债券,债券持有人同企业之间只存在普通的债权债务关系,可按期取得事先规定的利息和到期收回本金,但无权参与公司的经营管理。公司债券的信誉要低于政府债券和金融债券,风险较大,因而利率一般也比较高。

(4)国际债券。国际债券是一国政府、金融机构、工商企业或国际组织为筹措和融通资金,在国外金融市场上发行的,以外国货币为计价单位的债券。国际债券的重要特征,是发行者和投资者属于不同的国家、筹集的资金来源于国外金融市场。国际债券的发行和交易，既可用来平衡发行国的国际收支，也可用来为发行国政府或企业引入资金从事开发和生产。依发行债券所用货币与发行地点的不同，国际债券又可分为外国债券和欧洲债券。

(二)按偿还期限可分为短期债券、中期债券、长期债券和永久债券

各国对短、中、长期债券的期限划分不完全相同。一般的标准是期限在 1 年或 1 年以下的为短期债券，期限在 1 年以上 10 年以下的为中期债券，期限在 10 年以上的为长期债券。永久债券也叫无期债券，它并不规定到期期限、持有人也不能要求清偿本金，但可以按期取得利息。永久债券一般仅限于政府债券，而且是在不得已的情况下才采用。在历史上，只有英国、法国等少数西方国家在战争时期为筹集军费而采用过。现在，这种不规定偿还的永久公债，在西方国家已不再发行。我国从未发行过这种债券。

(三)按计息支付方式可分为附息债券、贴现债券、单利债券和累进利率债券

(1)附息债券指债券券面附有各种息票的债券。息票上标明利息额、支付利息的期限和债券号码等内容。息票一般以 6 个月为一期。债券到期时，持有人从债券上剪下息票并据此领取利息。由于息票到期时可获得利息收入，因此附息债券也被看作是一种可以流通、转让的金融工具，也叫复利债券。附息债券一般限于中长期债券。

(2)贴现债券，又称贴水债券，指债券券面上不附有息票，发行时按规定的折扣率，以低于债券面值的价格发行，到期按面值支付本息的债券。贴现债券的发行价格与其面值的差额即为债券的利息。计算公式是

$$利率=[(面值-发行价)/(发行价\times期限)]\times100\%$$

从利息支付方式来看，贴现国债以低于面额的价格发行，可以看作是利息预付。因而又可称为利息预付债券。

(3)单利债券指计息时，不论期限长短，仅按本金计息，所生利息不再加入本金计算下期利息的债券。

(4)累进利率债券指年利率以利率逐年累进方法计息的债券。累进利率债券的利率随着时间的推移，后期利率比前期利率更高，呈累进状态。

(四)按债券的利率浮动与否可分为固定利率债券和浮动利率债券

(1)固定利率债券指债券利率在偿还期内不发生变化的债券。由于利率水平不能变动，在偿还期限内，当通货膨胀较高的时候，会有市场利率上升的风险。

(2)浮动利率债券是与固定利率债券相对应的一种债券，它是指发行时规定债券利率随市场利率定期浮动的债券，其利率通常根据市场基准利率加上一定的利差来确定。浮动利率债券往往是中长期债券。由于利率可以随市场利率浮动，采取浮动利率债券形式可以有效地规避利率风险。

(五)按是否记名可分为记名债券和不记名债券

(1)记名债券，指在券面上注明债权人姓名，同时在发行公司的名册上进行同样的登记。转让记名债券时，要在债券上背书和在公司名册上更换债权人姓名。债券投资者必须凭印鉴领取本息。它的优点是比较安全，但是转让时手续复杂，流动性差。

(2)不记名债券，指在券面上不须注明债券姓名，也不在公司名册上登记。不记名债券转让时无须背书和在发行公司的名册上更换债权人姓名，因此流动性强；但缺点是债券遗失或被毁损时，不能挂失和补发，安全性较差。一般来说，不记名债券的持有者可以要求公司将债券改为记名债券。

(六)按有无抵押担保可分为信用债券和担保债券

(1)信用债券亦称无担保债券，指不提供任何形式的担保，仅凭筹资人信用发行的债券。政府债券属于此类债券。这种债券由于其发行人的绝对信用而具有坚实的可靠性。除此之外，一些公司也可发行这种债券，即信用公司债券。但为了保护投资人的利益，发行这种债券的公司往往受到种种限制、只有那些信誉卓著的大公司才有资格发行。此外，有的国家还规定，发行信用公司债券的公司还须签订信托契约，在该契约中约定一些对筹资人的限制措施，如公司不得随意增加其债务，在信用债券未清偿前，公司股东分红有限制。这些限制措施由作为委托人的信托投资公司监督执行。信用公司债券一般期限较短，利率较高。

(2)担保债券是指以抵押、质押或保证等形式作为担保而发行的债券。因担保形式不同，担保债券又可分为抵押债券、质押债券、保证债券等多种形式。抵押债券是指债券发行人发行一笔债券时，通过法律上的适当手续将债券发行人的部分财产作为抵押，一旦债券发行人出现偿债困难，则出卖这部分财产以清偿债务。抵押债券具体来说又可分为优先抵押债券和一般抵押债券。质押债券亦称抵押信托债券，指以公司的其他有价证券(如子公司股票或其他债券)作为担保所发行的公司债券。发行质押债券的公司通常要将作为担保品的有价证券委托其他机构(多为信托银行)保管，当公司到期不能偿债时，即由信托机构处理质押的证券并代为偿债，这样就能够更有利地保障投资人的利益。以各种动产或公司所持有的各项有价证券为担保品而发行的公司债券统称为“流动抵押公司债券”或“担保信托公司债券”。保证债券是指由第三者担保偿还本息的债券。保证人一般是政府、银行及资信高的大公司等。保证债券主要有政府保证债券和背书公司债券。政府保证债券，指由政府所属企业或与政府有关的部门发行，并由政府担保的债券。一旦债券发行人丧失偿还能力，则由政府代替发行人还本付息。这种债券由于有政府保证，因此其信用仅次于政府债券，其利率一般与地方债券大致相同，但不享受地方债券的利息免税待遇。日本的“特殊债担保债”就属于此类。它是指在公团(公共企业之一，是为适应经济建设和社会的某种需要，由政府全部出资设立的法人企业)、公库(以开发中小企业、农业、高新产业为目的进行融资的政府金融机构)等政府有关机构或国策公司发行的债券中，由日本政府保证偿还本金和利息的那部分债券。其利率略高于日本的长期附息国债，利息收入享受小额储蓄免税优待，原则上不在交易所上市，只能通过金融中介机构进行柜台交易。背书公司债券，是一种由母公司为子公司发行的债券提供担保的形式，即由母公司在子公司发行的债券上背书来保证子公司债券的本息偿还。

(七)按债券的形态可分为实物债券、凭证式债券和记账式债券

(1)实物债券是一种具有标准格式实物券面的债券。在其标准格式的债券券面上，一般印制了债券面额、债券利率、债券期限、债券发行人全称、还本付息方式等各种债券票面要素。

(2)凭证式债券主要通过银行承销，各金融机构向企事业和个人推销债券，同时向买方开出收款凭证。这种凭证式债券可以记名，可挂失，但不可以上市流通，持有人可以到原购买网点办理提前兑付手续。

(3)记账式债券指没有实物形态的票券，以记账方式记录债权，通过证券交易所的交易系统发行和交易。由于记账式国债发行和交易均无纸化，因此交易效率高，成本低，是未来债券发展的趋势。

(八)按是否可以转换为发债公司普通股可分为可转换公司债券和不可转换债券

(1)可转换公司债券是指发行人依据法定程序和约定条件，在一定时期内可以转换成公司股份的公司债券。作为一种典型的混合金融产品，可转债兼具了债券、股票和期权的某些特征。可转债首先是一种公司债券，具有普通公司债券的一般特性，具有确定的债券期限和定期息率。其次，它又具有股票属性，通常被视为“准股票”，因为可转债的持有人到期有权利按事先约定的条件将它转换成股票，从而成为公司股东。再次，可转债具有期权性质，为投资者或发行人提供了形式多样的选择权，一些条款的设计可以使可转债的发行或投资极具灵活性、弹性和复杂性。

(2)不可转换债券就是在任何情况下都不能转换成公司股份的债券。

(九)按照发行方式不同可分为公募债券和私募债券

(1)公募债券，指按法定手续，经证券主管机构批准在市场上公开发行的债券。这种债券的认购者可以是社会上的任何人。发行者一般有较高的信誉。除政府机构、地方公共团体外，一般企业必须符合规定的条件才能发行公募债券，并且要求发行者必须遵守信息公开制度，向证券主管部门提交有价证券申报书，以保护投资者的利益。

(2)私募债券，指以特定的少数投资者为对象发行的债券。因为投资者大多与发行者关系密切，了解发行者资信，且发行额较小，故不必事先提供企业的财务资料，也不必向主管部门申报批准，发行手续简单，但不能公开上市，利率一般也比公募债券高。

(十)按照债券的偿还时间和方式来进行的分类

债券的偿还时间和方式是根据发行人的需要和市场情况具体决定的，灵活性很强。

(1)按归还时间不同可分为到期偿还、期中偿还和展期偿还。到期偿还也叫满期偿还，是指按发行债券时规定的还本时间，债券到期时一次全部偿还本金。期中偿还也叫中途偿还，是指在债券最终到期日之前，偿还部分或全部本金。展期偿还是指在债券期满后又延长原规定的还本付息日期。

(2)按偿还是否完全划分为分期偿还和一次性偿还。分期偿还是指从债券发行日起，经过一定宽限期后，按发行额的一定比例，陆续偿还，到债券期满时全部还清。全额偿还是指在债券到期之前，偿还全部本金。

(3)按偿还期限是否固定划分定时偿还和随时偿还。定时偿还亦称定期偿还，它指债券发行后待宽限期过后，分次在规定的日期，按一定的偿还率偿还本金。随时偿还也称任意偿还，是指债券发行后待宽限期过后，发行人可以自由决定偿还时间，任意偿还债券的一部分或全部。

(4)按收回方式划分为抽签偿还、买入注销和替代偿还。抽签偿还是指在期满前偿还一部分债券时，通过抽签方式决定应偿还债券的号码。买入注销是指债券发行人在债券未到期前按照市场价格从二级市场中购回自己发行的债券而注销债务。替代偿还是指在期满后，发行人采用发行新债券替代偿还到期的旧债券。这种类型实质上以短期债券来替代长期债券，属于变相的长期集资方式。其好处在于既满足了投资者短期灵活的投资需要，又使筹资者降低了债券利息，以较低的成本长期占用资金。

三、债券的评级

对投资者而言，购买债券需要承担一定的风险，因此需要在事先进行调查。但个人的能力和时间都不能保证其对发债公司的信用判断，因此一些有权威的中介评级机构应运而生。目前，国际上最为著名的债券等级评估机构有穆迪投资者服务公司和标准普尔公司。从另一方面看，发行人也需要债券评级，这是因为高等级的信用意味着低的筹资成本，因此公司总是愿意在其自身信用较好、盈利能力较强的时候借助于评级公司的信用等级，来提升自身的融资能力和市场财务形象。

评级公司一般按财务状况和经营成果将被评级公司划为不同的等级，其划分的依据主要如下：①公司的财务比率。这些指标主要是考虑公司的偿债能力或付现能力。②债券有无担保。③债券求偿权的次序。求偿权越优先，则级别越高。④有无偿债基金。⑤公司经营的稳定性等。

不同评级公司有不同的等级序列，但基本含义是一致的。表 8－1 列示的是穆迪公司和标准普尔两公司的等级划分。

表 8－1　两大评级公司之等级比较

机构名称	较高等级	高级	投机级	低级
标准普尔	AAA/AA	A/BBB	BB/B	CCC/CC/CD
穆迪	Aaa/Aa	A/Baa	Ba/B	Caa/Ca/C/D

第二节 债券的收益和策略

顺应趋势，花全部的时间研究市场的正确趋势，如果保持一致，利润就会滚滚而来！

——江恩

一、债券的收益率

债券投资收益率与债券的票面利率不同，是投资者收益与投资额的比率。评价债券投资收益时，一般涉及以下几个收益率。

(1)本期收益率。本期收益率是指债券每年支付的利息与本期债券市价的比率，它是以债券的目前市价为基础来衡量投资者购买债券以后每年可获得的现金收入。

(2)持有期收益率。持有期收益率是指投资者在一个特定的持有期内获得的收益率。

投资者投资于债券有两种获得收益的方式，一种是利息所得，即在持有债券期间收到的利息；另一种是资本利得，即债券的卖出价与买入价的差额。

$$持有期收益率=(卖出价-买入价+持有期所得利息)\div 买入价\times 100\%$$

(3)到期收益率。到期收益率是指债券到期收回的面值与每期所得利息的现值之和等于该债券目前市价时的贴现率，是债券的内在收益率。

二、债券的发行价格

债券的发行价格(bond issuing price)，是指债券原始投资者购入债券时应支付的市场价格，它与债券的面值可能一致也可能不一致。理论上，债券发行价格是债券的面值和要支付的年利息按发行当时的市场利率折现所得到的现值。

由此可见，票面利率和市场利率的关系影响到债券的发行价格。当债券票面利率等于市场利率时，债券发行价格等于面值；当债券票面利率低于市场利率时，企业仍以面值发行就不能吸引投资者，故一般要折价发行；反之，当债券票面利率高于市场利率时，企业仍以面值发行就会增加发行成本，故一般要溢价发行。

在实务中，根据债券发行价格公式计算的发行价格一般是确定实际发行价格的基础，还要结合发行公司自身的信誉情况。发行价格包括溢价、等价和折价发售。

溢价：按高于债券面额的价格发行债券。

等价：以债券的片面金额作为发行价格。

折价：按低于债券面额的价格发行债券。

具体债券发行价格计算公式为

$$债券发行价格=面值的现值+利息的现值$$

影响债券发行价格的因素如下：

(1)债券面额。债券面值即债券市面上标出的金额，企业可根据不同认购者的需要，使债券面值多样化，既有大额面值，也有小额面值。

(2)票面利率。票面利率可分为固定利率和浮动利率两种。一般地，企业应根据自身资信情况、公司承受能力、利率变化趋势、债券期限的长短等决定选择何种利率形式与利率的高低。

(3)市场利率。市场利率是衡量债券票面利率高低的参照系，也是决定债券价格按面值发行还是溢价或折价发行的决定因素。

(4)债券期限。期限越长，债权人的风险越大，其所要求的利息报酬就越高，其发行价格就可能较低。

三、债券投资策略

债券投资决策是指作为投资人的企业根据现有的可支配资金，在风险与收益均衡原则的指导下，通过对债券市场状况的分析研究，对投资时机、投资期限、拟购入的债券等做出选择的过程。

债券组合是规避利率风险和再投资风险，甚至违约风险和变现力风险的强有力的手段。常见的债券组合主要有以下几种模式：①浮动利率债券与固定利率债券的组合；②短期债券与长期债券的组合；③政府债券、金融债券、企业债券的组合；④信用债券与担保债券的组合。

另外，在单纯的企业债券投资中，还可以进行可转换债券与不可转换债券的组合、附认股权债券与不附认股权债券的组合。

第九章 投资理财工具——基金

对于大多数投资者而言，重要的不是他知道什么，而是清醒地知道自己不知道什么。

——巴菲特

案例导入

投资基金七诀窍

窍门一：数量控制在3只以下

俗话说，多则不精，基金定投也是同样道理。既然是投资，那肯定要定期管理，如果投资超过3只，一般很难有精力每月都一一分析，那就变成了瞎投乱投，管理上不仅混乱，而且很有可能一些基金投资方向相同，属于重复投资，无法降低风险。

窍门二：定投至少5年以上

真正的基金定投，应该是要跨越至少一个牛熊轮回周期。熊市多买份额多做积累，牛市少买份额，最后高点减仓全部出货，这才是基金定投盈利的方式。结合中国股市，一轮牛熊转换差不多要4年，因此建议投资者至少做好5年左右的投资期准备。如果你只打算投资1～3年，那么基金定投并不适合你。

窍门三：选择合适的基金

货币型和债券型基金——本质上不适合基金定投，因为净值比较稳定，波动很小。但是某些情况下可以作为临时性的投资用途。例如，当股市上涨到某一阶段高点，面临明显的下跌风险时，可能就有必要把基金定投的资金转到货币型或债券型基金上，做必要的风险规避，这也是趋势定投、智能定投的主要投资策略。

股票和指数型基金——基金定投的主力品种，波动大。这两类基金具体选哪个，投资者一般各有说法。股票型基金这里特指的是主动管理型股票基金，而指数型基金是被动管理型股票基金。一般来说，从发达国家长期投资经验来看，指数基金长期业绩确实是可以战胜95%以上的主动管理型基金，但是由于中国股市非有效市场，因此实际统计数据表明主动管理型股票基金反而业绩更为突出。但是否就应该投资股票型基金呢？这里又存在一些问题：500多只基金选哪一只？它的业绩能保持稳定吗？它的基金经理可以保持5年、10年甚至20年吗？因此，如果你定投一只股票型基金，意味着你必须要多花时间关注它，包括它的投资策略、投资业绩、投资风格，特别是基金经理有无更换等。在目前中国市场，很难说一个基金经理会连续任职超过5年以上。而如果定投一只指数型基金，由于是被动跟踪指数，哪怕中途更换基金经理一般也无太大影响，因此反而没有这方面的问题。

假如只做一只基金的定投，要么选择代表全面又被动跟踪的指数型基金，例如沪深300指数、MSCI中国A股指数等，要么选择盈利能力较强的股票型基金包括配置型基金。如果做2～3只基金定投的组合，那么可以选择不同风格的主动管理型股票基金做定投组合，例如蓝筹＋中小盘这类不同风格的组合。特别提醒，如果是以后考虑做基金转换的，请千万确认你定投的这只基金能否做基金转换，例如一些LOF类基金是无法进行基金转换的，其中有很多的指数型基金包含在内。

窍门四：注意降低费用

不同的基金定投销售渠道，成本费用各不相同。一般建议投资者可以尽量采取最低的申购费用（目前最低是4折），同时采取后端收取费用的方式来降低定投成本。

窍门五：保持投资纪律

保持投资纪律是基金定投成功的关键所在。基金定投本身对于很多投资者来说具有强制储蓄的意义，因此建议对于自控能力差的投资者，直接用工资卡作为扣款账户，选择发工资后的1～2天作为扣款日期，一发到钱即自动扣款，来保证强制投资。

窍门六：注意调整与控制

这要求比较专业，但可以大幅提高投资收益或者降低投资风险。基金定投并非如别人所说的两眼一抹黑，随便买个按期扣款，之后就有钱赚那么简单，作为长期投资是很讲究定投期间的调整与控制的。

归纳来看，至少有两个重要方面需要我们去调整和控制。

投资基金的变动与好坏。这点特别是投资主动管理型股票基金的投资者要注意的。我们经常发现，去年业绩排行榜第一的基金，第二年就名落孙山甚至远远落后于别的基金；也经常发现，每年往往有大量基金经理跳槽，如果你是因为对于某位基金经理的信任而去追随他，则会发现第二年他已经弃你而去。而对于主动管理型股票基金来说，基金投资管理团队特别是基金经理具有决定性的作用。因此，作为投资者一定要关心自己所持基金的动向，对于明星基金经理管理的基金要特别注意。一般建议两种情况下，投资者需要考虑更换自己所持有的定投基金。一是基金经理更换，特别是该基金经理是该基金乃至该公司的核心人物。二是基金投资业绩很差，但是和其类似投资风格的基金却普遍业绩很好。有时候，基金业绩好坏和整个股市板块轮动有关系，单纯的业绩坏并不应该抛弃它。但是如果长期来看，它的业绩一直明显低于同类型同风格基金的平均业绩，那就只能说明它达不到平均业绩。

股票周期的波动。基金定投盈利的核心在于通过不断买入，降低自己的成本来获取收益。

因此本质是越贵越少买，越便宜越多买，从而不断降低成本。因此适合的模式是熊市播种，牛市收获，而不是到牛市股票到了顶峰后，依然不断买入并持有股票型基金，最后再度下跌，吐回全部盈利。因此说，在熊市情况，可以放心多买，不用顾及账面浮亏；但是在牛市情况下，需要预测下顶部，或者采取逐步减持的方式，可以通过基金转换把股票型基金逐步转换为稳定的债券型或者货币型基金里去，这样可以最大程度保持盈利。如果遇到下跌，再逐步买回股票型基金。事实上，很多基金公司提供的例如智能定投、趋势定投，正是这个原理，无非是给你科学的参考数据作为采取转换行动的标志。因此说，作为专业的投资者，可以自己判断自己操作。作为普通投资者，可以通过例如趋势定投、智能定投这类"傻瓜投资"来实现。

窍门七：克服短期心态

基金定投是长期投资，必须端正投资心态，这也是目前中国社会很多投资者所欠缺的地方。特别是严禁亏损就止投，盈利就赎回的短期心态。首先要声明一点，做基金定投必然会面临亏损，事实上从你投入的当时，由于要扣除申购费用，你就已经是亏损了。而且基金定投期限那么长，中间必然会面临着浮动亏损的情况。因此，如果没有抱着这一点觉悟，可以去做银行保本理财，别去碰基金定投了。

（作者：王润芳，资料来源：和讯论坛，2012－09－30）

第一节　投资基金概述

要想做一个成功的投资者或者企业主，你必须在情感上对赚钱和赔钱漠不关心，赚钱和赔钱只是游戏的一个部分。

——罗伯特·T. 清崎

一、投资基金概念

证券投资基金简称投资基金，是指一种利益共享、风险共担的集合证券投资方式，即通过发行投资基金单位，集中投资者的资金，由投资基金托管，由投资基金管理人管理和运用资金，从事股票、债券等金融工具投资，并将投资收益按基金投资者的投资比例进行分配的一种间接投资方式。

向社会公开发行的凭证叫投资基金券，也称投资基金份额或投资基金单位。谁持有这种凭证，谁就对投资基金享有资产所有权、收益分配权、剩余财产处置权和其他相关权利，并承担相应义务。

投资基金的称谓在不同的国家有所不同。美国称之为"共同基金"，英国称之为"单位信托基金”，日本称之为“证券投资信托基金”，其他国家和地区有称之为“互助基金”“互惠基金”“投资基金”的，也有称之为“基金”的。

证券投资基金的构成要素因其种类不同而有所不同，但一般来说，无论何种基金都有管理公司、投资顾问、托管者和投资人等基本要素。这些要素都有自己独立的职能，但彼此之间又相互影响、相互依赖，它们的有机组合构成了投资基金的运作。

(一)管理公司

管理公司是证券投资基金的主体，负责基金的管理运作。管理公司大多是从银行信托部或保险公司基金管理部门发展成为的独立经营机构。管理公司的投资经理是基金运作的核心，由具有丰富经验和专业知识的人士担任，负责投资决策和基金的正常运作。

(二)投资顾问

投资顾问是从金融机构中派生出来的机构，现已成为金融市场的独立机构。投资顾问由具有一定学历、资历和资产的专家组成，通常能对国内外经济、金融形势、产业发展、市场动态、上市公司业绩等方面有深入的调研，并在证券投资、基金管理、财务咨询及融资服务等方面有丰富的经验和声誉，因此能为投资者提供有关投资基金的各项咨询服务。此外还可为客户安排私人信托、基金储蓄计划、机构公积金计划、拟定税务计划、管理投资账产等。总之，客户一切个人财务和投资安排，均可由投资顾问代为处理。正因为投资顾问具有上述作用，投资顾问在当今的基金市场上扮演着重要的角色，投资人利用它的服务来进行基金投资。

(三)托管人或受托人

托管人(或受托人)即负责保管基金，并对其进行财务核算的银行或信托公司、保险公司。托管人和受托人的法律及行政责任是一样的，区别是托管人适用于证券投资基金，而受托人适用于单位信托基金。托管人(或受托人)必须独立于基金管理公司，并且具有一定的资产和信用。其职能除了负重要的法律责任外，更重要的是要负担基金运作中一些具体的行政工作。如以自己的名义为基金资产申请登记注册；处理投资者认购基金的申请；处理单位持有人或股东赎回基金的申请；负责分派基金利息；在基金年报中，负责向基金持有人或股东提供书面报告；负责基金资产净值、基金股份的卖出价和买入价的计算；创造条件，确保基金当天交易的迅速交收；对基金管理公司遵守有关信托契约、基金说明书规定、投资和信贷规定及收费情况进行监督。

(四)投资人

投资人即利用金融市场进行基金投资活动以求其资产保值和增值的基金持有者或股东。投资者可以是自然人，也可以是法人。这里所说的自然人是指进行基金投资的个人，即个人投资者。个人投资者投资基金的方式有两种：一种是资金少的投资人认购基金单位，另一种是资金多的投资人利用基金管理公司提供的投资组合服务或单位信托储蓄计划进行基金投资。而上述的法人则是指进行基金投资的机构，即机构投资者。机构投资者主要以自有资金或信托资金进行投资活动，其形式有投资公司、投资信托公司、保险公司、储蓄银行、各种基金组织和慈善机构等。

二、投资基金的种类

根据不同的标准,证券投资基金可划分为许多类型。基金主要有以下分类方法。

(一)根据组织形态的不同,可分为契约型基金和公司型基金

契约型基金又称为单位信托基金,是指把受益人(投资者)、管理人、托管人三者作为基金的当事人,由管理人与托管人通过签订信托契约的形式发行受益凭证而设立的一种基金。契约型基金由基金管理人负责基金的管理操作;由基金托管人作为基金资产的名义持有人,负责基金资产的保管和处置,对基金管理人的运作实行监督。

公司型基金,是指按照公司法以公司形态组成的,它以发行股份的方式募集资金,一般投资者购买该公司的股份即为认购基金,也就成为该公司的股东,凭其持有的基金份额依法享有投资收益。

契约型基金与公司型基金相比:①资金的性质不同。契约型基金的资金是信托财产,公司型基金的资金为公司法人的资本。②投资者的地位不同。契约型基金的投资者购买受益凭证后成为基金契约的当事人之一,即受益人;公司型基金的投资者购买基金公司的股票后成为该公司的股东,以股息或红利形式取得收益。因此,契约型基金的投资者没有管理基金资产的权利,而公司型基金的股东通过股东大会和董事会享有管理基金公司的权利。③基金的运营依据不同。契约型基金依据基金契约运营基金,公司型基金依据基金公司章程运营基金。

(二)根据变现方式的不同,可分为封闭式基金和开放式基金

封闭式基金,是指基金的发起人设立基金时,限定了基金单位的发行总额,筹集到这个总额后,基金即宣告成立,并进行封闭,在一定时期内不再接受新的投资。基金单位的流通采取在交易所上市的办法,通过二级市场进行竞价交易。

开放式基金,是指基金发起人设立基金时,基金单位的总数是不固定的,可视经营策略和发展需要追加发行。投资者也可根据市场状况和各自的投资决策,或者要求发行机构按现期净资产值扣除手续费后赎回股份或受益凭证,或者再买入股份或受益凭证,增加基金单位份额的持有比例。

封闭式基金与开放式基金相比:①期限不同。封闭式基金通常有固定的封闭期,而开放式基金没有固定期限,投资者可随时向基金管理人赎回。②基金单位的发行规模要求不同。封闭式基金在招募说明书中需列明其基金规模,而开放式基金没有发行规模限制。③基金单位转让方式不同。封闭式基金的基金单位在封闭期限内不能要求基金公司赎回。开放式基金的投资者则可以在首次发行结束一段时间(多为 3 个月)后,随时向基金管理人或中介机构提出购买或赎回申请。④基金单位的交易价格计算标准不同。封闭式基金的买卖价格受市场供求关系的影响,并不必然反映公司的净资产值。开放式基金的交易价格则取决于基金的每单位资产净值的大小,基本不受市场供求影响。⑤投资策略不同。封闭式基金的基金单位数不变,资本不会减少,因此基金可进行长期投资。开放式基金因基金单位可随时赎回,为应付投资者随时赎回兑现,基金资产不能全部用来投资,更不能把全部资本用来进行长线投资,必须保持基金资产的流动性。

(三)根据投资标的不同,可分为股票基金、债券基金、货币基金、期货基金、期权基金、认股权证基金、专门基金等

股票基金,是所有基金品种中最为流行的一种类型,它是指投资于股票的投资基金,其投资对象通常包括普通股和优先股,其风险程度较个人投资股票市场要低得多,且具有较强的变现性和流动性,因此它也是一种比较受欢迎的基金类型。

债券基金,是指投资管理公司为稳健型投资者设计的,投资于政府债券、市政公债、企业债券等各类债券品种的投资基金。债券基金一般情况下定期派息,其风险和收益水平通常较股票基金低。

货币基金,是指由货币存款构成投资组合,协助投资者参与外汇市场投资,赚取较高利息的投资基金。其投资工具包括银行短期存款、国库券、政府公债、公司债券、银行承兑票据及商业票据等。这类基金的投资风险小,投资成本低,安全性和流动性较高,在整个基金市场上属于低风险的安全基金。

期货基金,是指投资于期货市场以获取较高投资回报的投资基金。由于期货市场具有高风险和高回报的特点,因此投资期货基金既可能获得较高的投资收益,同时也面临着较大的投资风险。

期权基金,是指以期权作为主要投资对象的基金。期权交易,是指期权购买者向期权出售者支付一定费用后,取得在规定时期内的任何时候,以事先确定好的协定价格,向期权出售者购买或出售一定数量的某种商品合约的权利的一种买卖。

认股权证基金,是指以认股权证为主要投资对象的基金。认股权证,是指由股份有限公司发行的、能够按照特定的价格,在特定的时间内购买一定数量该公司股票的选择权凭证。由于认股权证的价格是由公司的股份决定的,一般来说,认股权证的投资风险较通常的股票要大得多。因此,认股权证基金也属于高风险基金。

专门基金由股票基金发展演化而成,属于分类行业股票基金或次级股票基金,主要包括黄金基金、资源基金、科技基金、地产基金等,这类基金的投资风险较大,收益水平较易受到市场行情的影响。

三、投资基金收益率

(一)基金的价值

1. 基金单位净值

基金单位净值,是指在某一时点每一基金单位(或基金股份)所具有的市场价值。

$$基金单位净值=\frac{基金净资产价值总额}{基金单位总份额}$$

$$基金净资产价值总额=基金资产总额-基金负债总额$$

2.基金的报价

开放式基金的柜台交易价格完全以基金单位净值为基础，通常采用认购价（卖出价）和赎回价（买入价）两种报价形式。

$$基金认购价=基金单位净值+首次认购费$$

$$基金赎回价=基金单位净值-基金赎回费$$

（二）基金收益率

基金收益率用以反映基金增值的情况，它通过基金净资产的价值变化来衡量。

$$基金收益率=\frac{年末持有份数\times基金单位净值年末数-年初持有份数\times基金单位净值年初数}{年初持有份数\times基金单位净值年初数}$$

四、投资基金的优缺点

（一）投资基金的优点

投资者投资于投资基金可以避免信息不灵通、资金薄弱、专业技术缺乏等不足。具体来说，其优越性体现在以下几个方面。

1.小额投资，风险分散

投资基金把大量大小不一的资金汇集起来后，就可以形成相当规模的资金，可分散投资于数十种甚至数百种有价证券。投资者可以将风险更大程度地分散，这比大部分限于个人的资金所能做到的安全得多。

2.专业性投资管理

投资者付出合理的价钱便可享有专业性的投资管理服务。哪一家公司或行业值得考虑、何时购入或售出股票较为有利、应不应该接纳一项新发行的股票等决定皆由投资管理人负责，他们与大批股票经纪人及本身的研究部门保持联系，掌握着详细、周密的研究资料，非个人投资者盲目投资所能比。

3.成本较低，进退方便

个人投资者进入证券市场往往需要交纳一定的交易手续费，而投资基金将资金集中起来进行交易，可以大大降低手续费用的费率。因为投资成本小，便于投资者投资于投资基金，投资者可以随时购买或卖出受益凭证，所以当基金投资状况看好时，投资者便可进入投资基金；当投资基金投资状况不佳时，投资者便可退出投资基金。国外的一些投资基金机构还为投资者提供转换服务，而不收手续费，这就使投资者花费不大，进退方便。

4.收益可观

1991年，香港股票投资基金回报率为40.5%，远东认股证投资基金回报率为37.8%，美国股票投资基金回报率为30%，欧洲股票投资基金回报率为27.7%，东盟国家股票投资基金收益回报率为19%。

5.有利于机构投资者的内部管理

许多企业在其经营过程中，并不是把所有资金全部运用，通常是把一部分资金用于合适的证券投资。投资于投资基金后，企业不仅可以稳定地取得高于银行存款的收益，同时，企业财务主管可以把更多的精力用于企业财务的管理、分析和决策。因为投资基金证券可随时出售，所以企业财务能更有效地管理现金流动。作为自身拥有投资管理机构的金融性公司来说，投资基金也有很大的吸引力，这些公司可把投资基金作为另一种选择，把一部分资金投资于投资基金，使他们有更多的时间和精力运筹其他投资工具，以使股东的财富最大化。

(二)投资基金的缺点

(1)投资者面对不同的投资基金也有选择的问题，因每种投资基金的盈利率是有差别的，所以投资于不同的投资基金其收益亦不相同。

(2)投资基金只是进入证券市场的众多方式之一，通常对中小投资者具有吸引力。

(3)投资基金的投资者与经营者之间既有一荣俱荣、一损俱损的一致性，又有利益上此长彼消的对立性。因此，在一些投资基金发展较快的国家，都制定有一整套法案来保护投资者以及缓和其与投资基金经营者之间的利益冲突。在我国目前各项法规尚不健全的情况下，怎样协调投资基金投资者与经营者之间的利益冲突也是一个有待解决的问题。

第二节　投资基金的步骤及策略

一、投资基金的选择步骤

(一)选择基金管理公司

基金管理公司是基金产品的募集者、基金的经营者和基金的管理者。基金管理公司按照基金合同的约定，负责基金资产的投资动作，在控制风险的基础上为基金投资者争取最大的投资收益。选择基金管理公司的基本原则是看它是否具有良好的治理结构、严格的外部监管和信息披露制度、完善的内部风险控制制度、成熟的投资理念、专业化的研究方法，而非盲目或片面地看前期收益率排名和基金规模大小。

一个优秀的基金管理公司应具备两个特征：一是基金管理人的投资管理能力要强，二是基金管理人要努力为投资者创造财富。选择基金管理公司应从以下三方面入手。

(1)基金公司服务。与其他服务机构一样，作为代客理财的服务机构，提供优质的理财服务是基金公司的重要职责之一，客户的满意度决定着基金公司的前途。好的基金管理公司除了不错的投资业绩，还会把基金服务放在首位，努力提高服务质量、增加服务项目，真正成为投资者的好帮手。

(2)基金公司业绩。市场上表现优秀的基金公司,有着在各种市场环境下都能保持长期而稳定的盈利能力,好的业绩也是判断一家基金公司优劣的重要标准。一方面,要看公司是否具有成熟的投资理念,是否符合自己的投资理念,是否有科学和完善的投资流程,是否有专业化的研究方法、风险管理及控制,公司产品线构筑情况是否合理等。另一方面,要看公司的历史业绩,虽然历史投资业绩并不表明其未来也能简单复制,但至少能反映出公司的整体投资能力,体现公司的研究水准。基金的历史业绩表现是展示基金公司管理能力的一面镜子。通过各基金产品在不同期限内的绩效表现、不同市场环境下的投资业绩,可以看出基金公司对市场趋势的判断能力,在不同市场环境下的投资风格。一个长期业绩表现稳定、应对市场波动能力强、能够敏锐发现优秀投资品种的基金管理人,才是真正好的投资管理者。

(3)基金公司和团队素质。一方面要看基金公司的股东背景、公司实力、公司文化及市场形象,同时还要了解公司治理结构、内部风险控制、信息披露制度、是否注重投资者教育等。另一方面要考察公司管理团队,主要看团队中专业人员的素质、投资团队整体实力及以往投资绩效。基金公司股东实力与管理层的稳定性是基金取得优异成绩的基础条件。从国内多家基金公司的发展成长经历研究判断,实力强、有深厚的证券投资背景的股东往往能够组织起较强的投资研究力量。背景好、规模大的公司,也有利于吸引更多的人才,人才才是基金公司的"第一生产力"。选对了基金管理人,就意味着持有人的投资有了一个好的开始。

(二)选择基金经理

基金经理是基金公司经营的主要决策者。著名的基金经理不但是一个优秀经纪人,一个优秀操盘手,更是基金经营管理的掌门人,他的经营理念将决定基金的经营业绩。一位好的基金经理,将给基金带来良好的经营业绩,谋取为投资者带来更多的分红回报品种。投资者购买基金,选择基金经理是必要的。投资者选择基金经理应从多方面入手。

1.选择专业知识丰富的基金经理

基金经理人应具备丰富的专业知识、扎实的基本面研究能力。基金公司应该以投资品种的基本面为主要的投资操作依据,因此基金经理的基本面研究能力是否扎实是非常重要的。通常基金经理都必须至少担任过 3 年的研究员,期间若能负责过 1 至 3 种主要的投资品种就更好了,这样视野会比较宽广。基金经理对投资品种的行业背景有很深的研究,定时拜访各上市公司,深入调查公司的运营状况,又拥有研究机构负责帮助基金经理搜集各方面资料,当然会比一般人所作的投资绩效来得好,投资品种的选择才不会有大的偏颇。另外,勤于拜访上市公司也是很重要的,基金经理不能只靠研究员的书面报告买投资品种或股票,对被投资者的直观感觉还是很重要的,著名的基金经理人彼得·林奇就是勤于拜访上市公司的最佳范例。

2.选择业绩好的基金经理

业绩是最有说服力的,以往有好业绩的经理可能会为投资者带来更好的收益,优秀的业绩说明他具备这样的能力,即能够保证基金净值的持续增长,保持基金份额的稳定,收益能够得到保障。从业绩好的基金公司中选择优秀基金经理是前提,但是投资者在分析选择基金经理业绩的时候要注意时效性，要按一个周期或相对的眼光来衡量基金经理的业绩，不要以一定时期的绝对盈亏论高低，基金经理过去的业绩并不完全代表未来的业绩。因此，基金经理业绩是一项很重要的参考指标。

3. 选择多面手的基金经理

基金经理就是基金的灵魂，投资者选择基金经理时要研究他的综合素质，研究他的投资策略，优秀的多面手基金经理自身应当具备市场研究、投资分析和营销管理在内的多方面的能力。其阅历较为丰富，同时亲自经历过由盛而衰、再由衰而盛的过程。实践证明，只有这样的基金经理才会在基金投资中有更大的胜算。很多基金经理都是属于研究型的，对某些方面研究得很透彻，但是基金投资更是一门实践的投资学问，只有在投资市场上得到了检验，取得了好的收益才算是有能力。

4. 选择道德品质好的基金经理

基金经理所掌管的投资资金数额巨大，其道德品质是否端正是相当重要的，但是外人较不容易观察到此项标准，大部分的基金公司在年度考核时会对这项条件做出评判。投资人考虑基金经理道德品质时，不妨从评估基金公司信誉这方面着手。一个已建立起商誉、颇有名气的基金公司，为了守住好不容易才得来的金字招牌，其行事必定更为谨慎、公开，且严格要求旗下经理人的人格品行。经常关心基金经理最近的运作是否发生了变化，有无一贯性，观察基金经理为客户提供的市场观点与自己的投资目标是否一致。由此可见，选择道德品质好的基金经理是投资基金重要的一环。

5. 选择相对稳定的基金经理

证券市场发展有一定的阶段性，股价变化也有一定的周期性，国民经济更有一定的运行规律。不考虑这些周期性因素和阶段性变化对基金资产配置的影响，基金的运作业绩很难通过周期性的变化体现出来。因此，基金经理的更替也应当在遵循资产配置规律的前提下进行，从而打破原有的资产配置组合。长此以往，基金的运作业绩可想而知。因此，基金经理更换不应以年份的长短来衡量，而应当以资产配置的周期性长短来衡量。

(三)选择基金业绩

投资者选择基金，在很大程度上就是选择投资业绩稳健增长的基金品种。对于普通的投资者而言，最直观的反映就是业绩，基金业绩是投资者选择和评估基金的主要依据。基金公司对投资者最重要的服务就是投资业绩和投资回报率，没有经营业绩，就谈不上投资回报率，其他次要服务做得再好也没有用。

选择基金业绩时应从以下几方面入手。

(1)基金业绩指标评价的相对性。投资者选择基金业绩时应该着重于基金与其投资对象的相对业绩，而不能简单地看基金的绝对业绩。虽然基金的绝对业绩就是投资者的实际收益，但是真正反映基金投资管理水平的是相对业绩，即与基金的投资基准比较的相对损益。投资者选择基金的时候，不但看基金业绩，还要注重基金业绩基准的选择。

(2)基金业绩指标评价的周期性。一般反映基金业绩需要一个周期性的阶段,投资者不能只看一时的表现,而要看一个足够长的时期,最好是经历股市有涨有跌一个运行周期的基金或其他投资品种,超涨阶段和超跌阶段的业绩都不能完整地反映基金的业绩,要全面了解基金在不同的市场状况、不同的经济发展阶段下的运作业绩,一般需要几年甚至更长的时间。

(3)基金业绩评价的相关性。基金投资业绩往往与基金投资对象的价格波动相联系,而基金投资对象是在基金合同中约定的。一般情况下,基金合同都会规定基金投资在什么样的证券上(如某某行业、某类股票、固定收益产品等),以及不同证券的各自比例。例如,有一个中小企业板基金,其基金合同约定大部分资产投资于在深圳证券交易所申小企业板上市的中小企业,那么,对于这只基金业绩指标进行评价,就应该将基金的业绩与中小企业板的指数进行比较,而不能简单地与深圳证券交易所的主板指数进行比较。基金业绩指标的评价,往往是按不同类型的基金分别进行评价,单纯的指标评价是片面的。

(4)基金业绩指标的评价还要考虑到基金的风险。进行基金投资时,也会有风险存在,而不同投资品种,风险也不相同。股票型基金与货币市场基金相比,股票型基金的风险远远高于货币市场基金。因此,股票型基金的收益应该远远高于货币市场基金。分析基金业绩指标时,要特别注意业绩的长期可持续性和相对性。相对性即相对于基金的投资范围、基金的业绩基准和基金的风险而言,选择基金业绩时应考虑到基金的风险。

(四)选择基金资产规模

基金资产规模是指基金公司募集到的基金份额。开放式基金的资产规模会随着申购和赎回其份额经常变化。基金公司的资产规模直接决定着基金公司的持续发展和抵御市场风险的能力。同时,资产规模的大小也表明公司的实力和投资人的信任程度。不同基金资产规模适合不同需求的投资者。因此,投资者选择基金资产规模时要量体裁衣,寻找最适合自己规模的基金,一般选择规模适中的基金最为稳妥。

1. 大规模基金

由于基金资产规模较为庞大,在整个基金资产配置上的分散程度相对较高,很多大型基金都采用多个基金经理运作的模式。大规模基金在资产配置上需要花费较多的时间,短则几个星期,长则几个月,才能将资金逐步投入市场。大规模基金往往投资行业的集中度和股票集中度也会高于规模较小的基金。规模大的基金受基金契约和投资比例的限制,分散程度提高后,将使其业绩提升受到影响,造成基金经理运作难度较大,也很难超越市场的平均水平。大规模基金对股票流动性要求也比较高,大盘股往往成为其配置的主要方向。当市场热点切换时,这类大基金及时把握热点的能力往往相对较弱,投资方向也受到一定限制,对很多小盘股参与程度不高,可能会错过很多投资机会。因此,大多数大盘基金的业绩往往要落后于规模适中的基金品种。

2. 小规模基金

小规模基金因其规模小,易于管理和操作,基金管理人在进行品种选择上更加灵活,也便于集中资金投资绩优股票。对于股票型基金，小规模基金的持仓量有限，对投资绩优股品种的选择上也会有一些限制，但只需要较低成本的投资就能够很容易地实现投资目标，避免了因过分分散投资带来的风险，小规模基金业绩波动相对较大。

从基金规模的角度看，尽管基金存在大小差异，但最终决定基金好坏的还是基金的运作业绩，特别是在特定时间段内的业绩。单纯追求基金规模，短期内的确能迅速实现基金公司的规模扩张，并且给基金公司带来大额管理费用。但是从中长期看，由于规模庞大，容易遭遇持续净赎回，基金运作难度增加，而基金业绩低下又导致基金赎回进一步加大，可产生不良的循环模式，无论是对基金本身的发展，还是对基金公司的声誉甚至对基金公司以后新基金的发行都会形成消极影响。基金的规模与基金品种的特殊性有关，基金公司对于市场的判断也会影响其规模。如果对市场估计不对，基金发行规模大，与市场不匹配，则没有好的投资品种，资金出现闲置；而如果规模过小，则容易错过一些好的投资机会。

因此，一个稳定适中的规模对基金的运行是十分重要的，是保障基金业绩持续稳定增长的重要条件。无论什么规模的基金都存在赎回风险，造成了大盘基金赎回，而规模的缩减又将对基金运作的稳定性产生不利影响，从而影响基金的业绩水平。因此，投资者选择基金时应该了解基金公司的资产规模，选择资产规模适中的基金进行投资是正确的，选择申购老基金时也应注意基金资产规模和累计份额等情况。

(五)选择基金管理费用

基金管理费用是指支付给实际运用基金资产、为基金提供专业化服务的基金管理人的费用。也就是管理人为管理和操作基金而收取的报酬，其数额一般按照基金资产净值的一定比例从基金资产中提取，有时基金管理费还采取业绩报酬的形式。管理费用是基金公司的服务所得，是基金经理的劳动所得，不同的基金、不同的基金公司管理费用采取的方式不同，提取也不尽相同。

一般基金管理费年费率按基金资产净值的一定百分比计提，不同风险收益特征的基金其管理费相差较大。目前，我国一般货币市场基金为0.33%，债券型基金通常为0.65%左右，股票型基金则通常为1%～1.6%。基金管理费用逐日计提，月底由托管人从基金资产中一次性支付给基金管理人。

基金管理费率通常与基金资产规模成反比，与风险成正比。基金规模越大，基金管理费率越低；基金风险程度越高，基金管理费率越高。因此，投资者选择管理费用时，要区分不同种类的基金。尽量选择大规模基金公司，以降低管理费用。同时也要注意规避风险，管理费用低固然好，但一分钱一分货，如果管理费用低是以降低服务质量为代价的，就得不偿失了，因此投资者要综合考虑。

(六)选择基金投资时机

基金作为一种专家理财产品，投资时机的选择是非常重要的，它是决定投资者投资成本和收益的关键。投资者如果每次买卖的节奏正好能与基金投资市场的波动相吻合，自然可以最大化投资收益。但如果投资者在不恰当的时点选择了基金，不但会增大投资的成本，甚至还会导致亏损。因此，投资者应该结合基金运作市场预测基金未来走势，择机投资基金。

1. 买入时机的选择

(1)买入投资基金尽量“买跌不买涨”。一只基金到底是不是具有投资价值，除了基金管理人的管理和运作能力之外，与金融市场和证券市场的变化也有着密不可分的关系。例如，当证券市场震荡幅度增大，股市连续阴跌或某天股市大跌，基金净值跌幅较大，这时是购买基金的良好时机。但关键问题是投资者能较为准确研判市场行情。为此，投资者应广泛收集信息，综合运用基本分析和技术分析方法，力图得出尽量可靠的结论。当然，投资者也不能绝对化，即非要等到底部才进场买入，只要自己感觉基金价格上升的可能性大于下降的可能性，就应该果断做出购买的决策。

(2)买入投资基金尽量下午操作。买基金时一般不要上午操作，应尽量在下午收盘前那段时间再作出操作决定，因为如果证券市场当天的波动很大，开盘时大跌，而收盘前十几分钟可能会迅速拉升，早买基金可能会变成错误操作。当然投资者最好使用网上银行或基金公司的网上直销系统进行操作，网上操作可以一边看股市走势，一边进行基金买卖，可以更方便、更灵活、更快捷地捕捉基金投资时机。

(3)低成本购买时机也不容错过。为了应对投资者的基金净值“恐高症”，部分基金经理均对历史运作时间较长而净值增长潜力较大的老基金实施大比例分红，从而使其净值回到面值附近，这为以较低成本购买绩优老基金的投资者带来了极佳的投资机会。尽管进行持续营销的基金，会面临一定的市场冲击成本和交易成本，但对于管理和运作能力较强的基金管理人来讲，其强大的投资研究团队和运作模式，仍有望使其在今后的基金管理中呈现出独特的投资优势。另外，基金市盈率较低时，特别是当基金交易处于折价状态时也是购买基金的良机。

2. 卖出时机的选择

市场时机的选择是投资的一个重要影响因素，尤其是选择何时卖出基金更是一门大学问。因此，只有卖出基金实现收益，才是衡量投资者业绩的硬道理。要想准确选择卖出的最佳时机，实现较好收益，应从以下几方面考虑。

(1)基金业绩明显不佳时。基金投资操作不同于一般的股票投资，它更加倾向于长期性投资，投资者可以容忍短期的绩效不佳，如连续3个月或半年，但如果等到一年以后基金业绩仍然没有起色，就要毫不犹豫地卖掉，转换为历史业绩优秀、表现比较稳定的其他基金。但基金的历史业绩并不代表未来，一般来说，基金业绩稳定还是值得期待的。另外，有时候基金表现好得出乎意料，也要考虑将其卖掉、落袋为安，因为过高的业绩背后往往也隐藏较高的风险。

(2)基金经理变动时。尽管基金均有其自身的投资特点和组合配置规律，但不同的基金经理，在其管理和运作基金的过程中，也将会有一定的个性化操作策略。基金经理变动必然会引起基金投资风格的改变。投资者为了保险起见，最好还是卖出基金，待对新基金经理进行评估后再选择是否重新买入。

(3)发现基金管理人的操作有问题时。众所周知，基金管理人和基金持有人追求不同的利益，将不可避免地导致基金管理人的“道德风险”问题。投资者如果发现自己投资的基金管理人为了给特定人谋取利益，牺牲投资者的权益，应该立即卖掉基金，不必再寄予任何期望。

(4)不再认同基金的投资风格和操作特点时。持有基金，说明投资者的兴趣偏好和风险承受能力能够与之相匹配。当投资者选择的基金产品放大了其投资风险，超出了投贤者的可承受范围，不做调整将会直接影响到投资者的投资情绪及控制风险的心态，这时投资者有必要做出相应的调整，从而选择与自己投资目标相一致的基金。

二、投资基金的投资策略

投资基金归根到底也是将资金投资于市场上各类货币性资产或者非货币性资产，因此，其价格一般是伴随着标的资产的行情的波动而波动。投资者购买投资基金时要根据资金的用途和基金的特点来选择所要投资的基金类型。对于一些安全性和流动性要求较高的资金，比如买房钱、养老金等，应该用于投资货币市场基金等保本型基金，在保证本金不受损失的前提下还可以抵抗通货膨胀风险引起的货币贬值；而增值性要求较高的资金则更多地投资于股票型基金，实现增值。由于这部分的资金是在满足了基本生活需求以及留够应付紧急情况钱之后的剩余，因此即使亏损较大，也不会对生活造成太大影响。除了根据资金用途选择不同的投资基金之外，投资者也可以根据标的资产的价格走势方向判断在不同基金品种之间进行套利操作。如股市行情预期下跌时，买入债券型基金；债市行情不好时，转向投入股票型基金。

第十章　金融衍生工具理财

投资成功的关键——耐力胜过头脑。不论你使用什么方法选股或挑选股票投资基金，最终的成功与否取决于一种能力，即不理睬环境的压力而坚持到投资成功的能力；决定选股人命运的不是头脑而是耐力。敏感的投资者，不管他多么聪明，往往经受不住命运不经意的打击，而被赶出市场。

——彼得·林奇

案例导入

天通金：黄金投资市场新宠

装在口袋里的钱放在哪里最合算？存银行，随着通货膨胀压力进一步加重，利息远远低于物价的上涨；买基金买股票，在跌无可跌的熊市，望眼欲穿却仍然看不到上涨的希望；买房子，国家调控的声音越来越坚定，房价的拐点已经显现……那在国际金融市场多变之秋，全球范围内还能挖掘出哪些投资机会？不少投资者开始将关注的目光投向黄金市场。天通金以其独特的投资魅力赢得了投资者的青睐，成为了黄金投资市场的新宠。

十大优势奠定投资首选基础

随着投资市场的不断发展与完善，黄金投资市场在继推出金条、纸黄金、黄金 T+D 之后于 2010 年 2 月正式推出了天通金产品。这是在天津贵金属交易所推出的一种介于现货与期货之间的一个黄金投资理财产品，它有效地弥补了黄金投资产品品种的不足，提供了更为便捷的黄金投资交易方式，也迈出了黄金价格国际化的重要一步。据华地贵金属湖南金伦营运中心负责人黄卓介绍，目前，投资天通金与投资其他黄金品种相比，具有如下十大明显优势：

其一，交易时间长。天通金的交易时间为周一上午 8 时至周六凌晨 4 时，每天 24 小时不间断交易，弥补了国际黄金报价波动最频繁的时间段中国黄金交易品种停止报价和交易的缺陷，提供了零时间风险的服务。

其二，以保证金形式进行交易，使投资者能提高资金利用率，达到以小搏大的盈利效果。据悉，天通金最少保证金为 8%，即只需用 8 元钱的资金投入，就能成功交易资金额为 100 元的交易。

其三，不限交易次数，双向获利。天通金采取的是T+D交易，可即买即卖，见利就收，每日可以交易数次。同时，它兼具有期货双向灵活多样的特点，可买涨买跌，进行双向交易。这样，无论市场行情是涨还是跌，投资者都可以根据自己正确的判断获取利润。这使投资者能增加获利机会，减少投资风险。

其四，无交割时间限制，大大减少了操作成本。在投资者的保证金允许的前提下，投资者可根据自己的判断把握持仓时间，不必像期货那样到期后无论价格多少必须交割，可以大大减少投资者的操作成本。

其五，全球市场，无庄家操控，信息公开透明。天通金的即时报价直接由美元换算而来，与国际金价时刻保持一致，公开透明，报价及交易软件均由天津交易所提供、管理、维护，不可能出现人为操作。这样，有效保证了市场的公开公平公正。

其六，交易简单明了、操作方便快捷、投资风险可控。天通金交易系统简单明了，各项指标数目直接清晰，并且设有止盈止损选项，可最大限度地防范风险，保障盈利。

其七，资金实行银行第三方托管，保证安全。交易资金由客户、天津交易所、银行签署三方协议，直接由交通银行、农业银行、光大银行等进行第三方托管，不经过交易所会员，可靠安全。

其八，可提取和回购黄金实物。黄金是天然的抵御通货膨胀、保值和增值的工具，投资者可根据自己的意愿申请提取交割实物黄金或白银，以减少投资风险，保障资产增值。

其九，做市商制，无涨跌停板限制，能最大限度保障投资利益。天通金的交易为做市商制，即投资者可任意建仓和平仓，填单确认后即可交易成功，无须像股票和上海黄金T+D交易那样必须有第三人接单才能交易成功。同时，天通金价格随着国际金价的变化而变化，涨跌都不设人为限制，能保障投资者获取更大的投资利益。

其十，全国唯一，交易合法、有保障。天津贵金属交易所是由国务院审批，天津市政府特批，全国唯一一家提供24小时交易的合法场外贵金属交易服务提供商。天通金的推出，为投资者提供了一个合法、有保障的交易机制。

并非“只赚不赔”

知名专业人士、金伦投资贵金属研究中心主任文杰提醒说，在看好天通金投资的同时，必须关注其中的风险，投资天通金并非“只赚不赔”，黄金市场价格波动频繁，操作不当本金就有损失的风险。进行天通金投资时，一定要考虑汇率、油价、国际形势、投资者的心理预期等，都将影响金价走向。进行天通金投资前，投资者必须学习和掌握相关的基础知识，比如黄金价格在一般情况下与石油价格、贵金属走势呈正向关系，而与美元的走势呈反向关系等常识。此外，黄金价格的走势与国际市场是联运的，投资者对于一些重大的国际动向要敏感，比如反恐、叙利亚局势、核问题等都会对金价造成影响。如果不能把握黄金行情的特点，进行了与黄金行情走势相悖的判断与操作，投资者的风险也是很大的。

文杰同时提醒，要想投资天通金产品时获取长期稳定的利润，一定要克服贪婪的心理，按照心理承受能力和经济实力设置止盈止损点，理性投资。因为天通金产品没有涨停和跌停的限制，这在加大收益可能的同时，也使风险更加凸显。如果不设置止盈止损点，当价格波动特别大时，一次的操作不当就有可能使之前的多次盈利都灰飞烟灭。

据悉，投资天通金产品前，投资公司都会要求客户进行模拟盘操作。因此，投资者最好先期根据投资公司的交易提示，再结合自己对国际形势的理解，在模拟盘上进行操作，检验一下自己的盘感。一般说来，长期稳定盈利的投资者的秘诀是“时机到时出手快，没有机会不乱来；保持冷静不冲动，投资交易莫频繁；方向不对走为上，坚决止损和止盈”。

市场发展迅速，新宠地位凸显

据业内资深人士、金伦投资的首席黄金分析师谭一顺介绍，对于普通投资者来说，黄金投资是保值避险首选，而面对市场上众多的黄金投资品种，投资者应该根据各自资金性质、投资习惯、对安全性和变现性的要求等投资特点进行综合考虑和选择。金条金块保值避险，但便利性和盈利性不大，投资门槛也非常高；纯金纪念币属于收藏性质，黄金饰品属于消费，保值意义不大；天通金可以快进快出，而且收益很高，对于有一定风险承受能力的投资者来讲，天通金无疑是一个难得的投资佳品。要在黄金投资市场上获利，除了要具有一定的投资技巧与扎实的理论功底之外，还要具备敢于尝试的投资胆识。而现在，投资天通金正当时。

虽然目前活跃在天通金市场上的投资者数量还无法与股市中的投资者数量相比，但有迅速增多迹象，且总体趋势十分看好，其新宠地位已经凸显。人类的进步是从尝试开始的，随着天通金产品被越来越多投资者所认识和了解，相信天通金将以其一系列无所比拟的特性优势，占据黄金投资市场的霸主地位。

（作者：蒋丹，资料来源：www.xiaogushi.com.2012－10－02）

第一节　期　　权

进行投资是种乐趣，以你的才智与广大投资群体抗争，并发现它们正以高于你工资的增长率递增是件令人兴奋的事，而学习在金融投资形式中出现的产品、服务和创新的新的概念也是件够刺激振奋人的事情。一个成功的投资者通常是个考虑周全的人，能用天生的好奇和有理智的兴趣进行工作以赚取更多钱财。

——伯顿·马尔基尔

一、期权的含义及相关概念

期权是指在某一限定的时期内按某一事先约定的价格买进或卖出某一特定产品或期货合

约(统称标的资产)的权利。这种权利对买方而言是一种权利,而对卖方而言则是一种义务。实质上,期权就是指一种"权利"的买卖。期权交易中买卖双方的权利义务是不对等的,期权买方被赋予买进或卖出标的资产的权利,但并不负有必须买进或卖出的义务;而期权卖方则只有履约的义务,没有不履约的权利。

期权交易要素包括以下四个方面。

1.期权的买方

期权买方是指买进期权合约的一方,是支付一定数额的权利金而持有期权合约者,故期权买方也称期权持有者。买进期权即为期权的多头。

2.期权的卖方

期权卖方是指卖出期权合约的一方,从期权买方那里收取权利金,在买方执行期权时承担履约的义务。期权卖方也称期权出售者。卖出期权即为期权的空头。

3.权利金

权利金即期权的价格,又称期权费,是期权买方为了获取期权权利而必须向期权卖方支付的费用,是期权卖方承担相应义务的报酬。

4.执行价格

执行价格是期权买方在执行日期买卖特定标的物所依据的价格,此价格通常由交易所事先决定。同一种标的物的期权合约,可有几个不同的执行价格;这些不同的执行价格常是依照现货价格再加减一定数额所确定的。

二、期权的分类

根据不同的标准,期权可以划分不同类型,具体分类如下。

1.根据期权的权利来划分

根据期权的权利来划分,期权可分为看涨期权和看跌期权以及双向期权三种。

(1)看涨期权是指期权的买方享有在规定的有效期限内按某一约定的执行价格买进某一特定数量的标的物的权利,但不负有必须买进的义务。

(2)看跌期权是指期权的买方享有在规定的有效期限内按某一约定的执行价格卖出某一特定数量的标的物的权利,但不负有必须卖出的义务。

(3)双向期权是指一种合约,在此合约中,授予期权的买方在规定的时间内(或规定的日期)按执行价格买进或卖出一定数量的某一特定商品或期货合约的权利。双向期权相当于期权的买方同时在同一成交价(即执行价格)上既买进看涨期权又买进看跌期权,它是同一价格水平上看涨期权和看跌期权的综合应用。如果期权的买方预测市场价格会出现大幅度波动,但又不能十分准确地判断市场价格是大幅上升还是大幅下跌,这时投资者购入双向期权,可以在剧烈的价格波动中获利。正是由于这个缘故,双向期权的权利金也要略高于看涨期权和看跌期权的权利金。对于双向期权的卖方来说,卖方相信市场价格不会大幅度波动,只会在狭窄区间波动，因而卖方才会卖出双向期权，以获取较高的权利金收入。

2. 根据对履约时间的不同规定

根据对履约时间的不同规定划分，期权可分为欧式期权和美式期权两种。

(1)欧式期权是指期权持有人在期权到期日才有权行使交易权利。

(2)美式期权是指在期权交易期限内的任何一个时点上，期权持有者都有权行使交易权利。

对期权的买方来说，美式期权比欧式期权具有更大的灵活性；相反，对期权的卖方来说，美式期权承担的风险要比欧式期权承担的风险更大，而且他必须随时作好履约准备。因此，当其他情况一定时，美式期权的权利金要比欧式期权的权利金高一些。

3. 根据期权交易场所是否集中和期权合约是否标准化

根据期权交易场所是否集中和期权合约是否标准化划分，期权可以分为场内期权和场外期权。

(1)场内期权又称为"交易所交易期权"或"交易所上市期权"。它是指在集中性的期货市场或期权市场进行交易的期权合约，它是一种标准化的期权合约，其交易数量、执行价格、到期日以及履约时间等均由期权交易所统一规定。

(2)场外期权又称为"店头市场期权"，或"柜台式期权"。它是指在非集中性的交易场所进行交易的期权合约，是一种非标准化的期权合约，其交易数量、执行价格、到期日以及履约时间等均可由交易双方自由议定。场外期权交易一般通过电话、电传等通信设备的联系就可以进行。

三、期权的投资方式及盈亏分析

期权交易的四种基本方式即买进看涨期权、卖出看涨期权、买进看跌期权及卖出看跌期权。

1. 买进看涨期权的盈亏分析

当投资者预计某种标的资产的市场价格 S 将上升时，他可以买进该标的资产的看涨期权。日后若市场价格真的上升，且价格上涨至期权合约的执行价格以上，则该投资者可以执行期权从而获利，获利的多少将视市场价格上涨的幅度而定。从理论上说，因市场价格上涨的幅度无限，故期权购买者的获利程度亦将无限。反之，如市场价格不是上升，而是下跌，且跌至执行价格或执行价格以下，也就是说，当投资者预期错误，他可以放弃期权。此时，投资者将受到一定的损失，但这种损失是有限的，且是已知的。这就是说，当期权购买者放弃执行期权时，他的最大损失就是购买期权时所

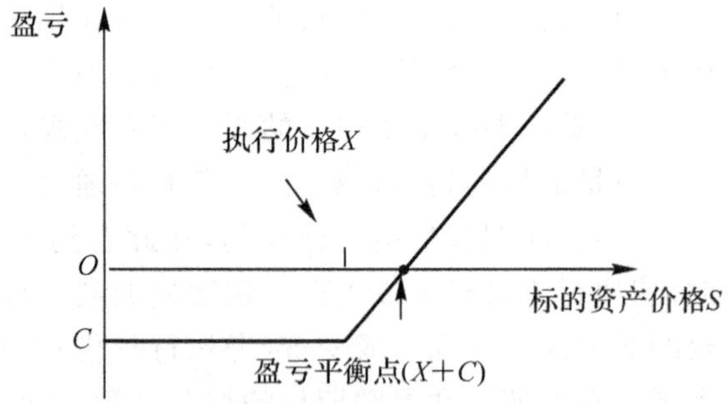

图 10－1　买进看涨期权盈亏状况图

支付的权利金 C。买入看涨期权的盈亏状况如图 10－1 所示。

2. 卖出看涨期权的盈亏分析

在期权交易中，既然有人买进，就一定有人卖出。买进者和卖出者都希望在交易中获利。就看涨期权来说，买进者之所以买进，是因为他预期的标的资产的价格将上涨，从而希望通过履约来获利。而卖出者之所以卖出，是因为他预期的市场价格将下跌，他卖出标的资产可以收取权利金，而当标的资产的市场价格下跌至执行价格或以下时，看涨期权的购买者将自动放弃执行期权。同时，若标的资产的市场价格高于执行价格，期权购买者将要求履约，但只要标的资产的市场价格低于执行价格和权利金之和，看涨期权的卖出者仍然有获利的机会，只是利润少于他所收取的权利金而已。

对看涨期权的出售者而言，其最大的利润是他出售期权所得到的权利金，而其最大的损失则随着标的资产的市场价格来确定。从理论上讲，这种损失将是无限的。然而当卖出看涨期权时，投资者获利的可能性大于他遭受损失的可能性。在一般情况下，看涨期权的出售者大幅度遭受损失的概率非常小，而获得小幅度利润的概率将非常大。因此，在现实中，投资者未必当大幅度看跌时才出售看涨期权，而只要当预期的市场价格不会大幅度上升时，他即可卖出看涨期权，并有较大的获利可能。同时，万一对价格的预期真的有较大的误差，投资者也可以按较高的价格"买回"同样的看涨期权以避免或限制进一步的损失。其盈亏状况如图 10－2 所示。

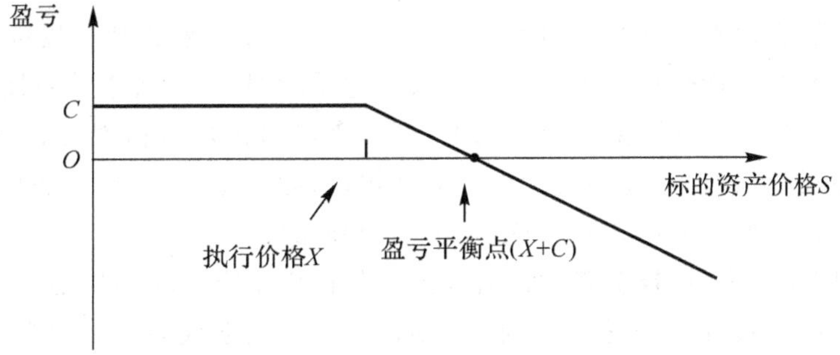

图 10－2　卖出看涨基权盈亏状况图

3. 买进看跌期权的盈亏分析

看跌期权是期权购买者所拥有的可在未来的某个特定时间以执行价格向期权出售者卖出一定数量的某种金融商品或金融期货合约的权利。投资者之所以买进这种期权，是因为他预期标的资产的市场价格将下跌。买进看跌期权后，如果标的资产的市场价格果然下降且跌至执行价格之下，则该投资者可以行使其权利，以较高的执行价格卖出他所持有的标的资产，从而可以避免市场价格下跌的损失。如果期权购买者并不持有标的资产，则当标的资产市场价格下跌时，他可以以较低的市场价格买进标的资产，而以较高的执行价格卖出标的资产来获利，获利的程度将视标的资产市场价格下降的幅度来决定。反之，在买进看跌期权后，若标的物的市场价格没有下跌，或者反而上涨，则投资者可以放弃期权而损失他所支付的权利金。

一般来说,对看跌期权的购买者而言,其潜在的损失是有限的(仅限于他所支付的权利金),而其潜在的利润将是无限的。但事实上,对看跌期权的购买者而言,即使从理论上来讲,其潜在的利润也并不是无限的。之所以如此是因为任何标的资产的市场价格都不能降低到零之下。换言之,即使在极端情况下,各种标的资产也都以零为其市场价格的下限。同时当购买这种看跌期权时,投资者总得支付一定的权利金,而权利金又不可能为负值,即使无内在价值的看跌期权也是如此。于是,对看跌期权的购买者而言,其潜在的最大利润也只能限于执行价格与权利金之差。其盈亏状况如图 10－3 所示。

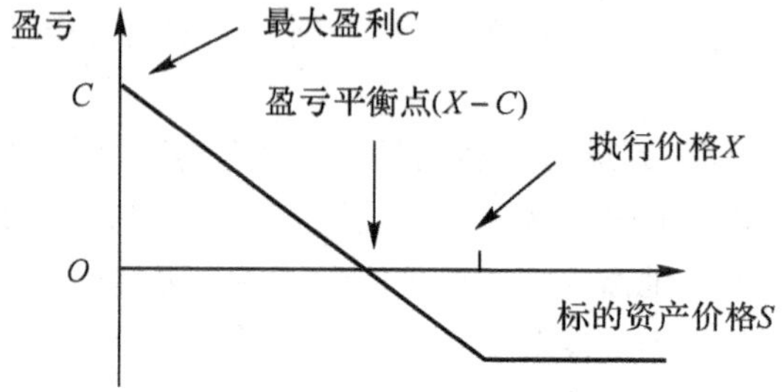

图 10－3　买进看跌期权盈亏

4. 卖出看跌期权的盈亏分析

对投资者来说,卖出看跌期权的目的是通过权利金的收取来获利。投资者能否获得这一收益,即他收取的权利金能否抵补他因出售期权而遭受的损失,取决于他对期权标的资产的市场价格的预期是否正确。因此在一般情况下,若投资者对市场价格看涨,他们就卖出看跌期权;若投资者对市场价格看跌,他们就卖出看涨期权;由此可见,期权的看涨与看跌都是对期权的购买者而言的,而对期权的出售者来说,则情形恰好相反。

从获取利润的角度来讲,投资者卖出看跌期权与他们卖出看涨期权是一样的,其最大利润是他们所收取的权利金。因此对投资者来说,他们卖出看跌期权的最大利润也是有限的,且是已知的。但是从产生亏损的角度来说,则因卖出看跌期权与买进看跌期权在盈亏方面的对称性,投资者的最大损失便是执行价格与权利金之差。其盈亏状况如图 10－4 所示。

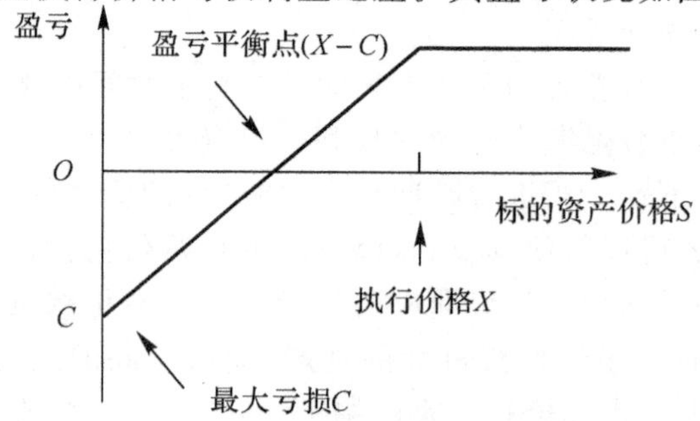

图 10－4　卖出看跌期权盈亏状况图

第二节 期　　货

有时成功的投资需要按兵不动。

——巴菲特

一、期货的含义及相关概念

期货(futures)与现货完全不同,现货是实实在在可以交易的货(商品),期货主要不是货,而是以某种大宗产品如棉花、大豆、石油等及金融资产如股票、债券等为标的标准化可交易合约。因此,这个标的物可以是某种商品(例如黄金、原油、农产品),也可以是金融工具。交收期货的日子可以是一星期之后,一个月之后,三个月之后,甚至一年之后。买卖期货的合同或协议叫作期货合约。买卖期货的场所叫作期货市场。投资者可以对期货进行投资或投机。对期货的不恰当投机行为,例如无货沽空,可以导致金融市场的动荡。

期货交易是指交易双方在期货市场买卖标准化期货合约的交易行为。在现货市场上,买卖双方一方交货,另一方付款,或通过谈判和签订合同达成交易,在合同中可规定商品的质量、数量、价格和交货的时间、地点等;而期货合约对商品的质量、规格,交货的时间、地点等都作了统一规定,唯一的变量是商品的价格。买卖双方交纳一定的保证金后,就可以通过商品期货交易所对期货合约公开进行竞价买卖。

期货合约是由交易所设计,经国家监管机构审批上市,用来作为期货交易对象的标准化合约。期货合约交易的履行由交易所或结算所担保,可通过对冲平仓或实物交割了结履行责任。期货合约的要素主要由以下几个方面构成。

(1)交易品种,是指交易的对象,可以是某种商品、也可以是股票、外汇、利率及股票指数等。

(2)交易单位,是指一份期货合约(通常是一手)所包含的标的物的数量。

(3)最小变动价位,报价必须是最小变动价位的整数倍。

(4)每日价格最大波动限制,即涨跌停板。

(5)合约月份,是指期货合约到期可以进行期货交割的月份。

(6)最后交易日,是指期货合约通过对冲方式平仓的最后截止日。

(7)交割时间,指到期合约的实物交割时间。

(8)交割标准和等级,指标的物交割的标准、品质和要求。

(9)交割地点,指期货标的物交割的地点。

(10)交易保证金,指交易该品种的期货合约应交纳保证金的比例。

二、期货交易特征

(1)期货交易的双向性:期货交易与股市的一个最大区别就是期货可以双向交易,期货可以买多也可卖空。价格上涨时可以低买高卖,价格下跌时可以高卖低补。做多可以赚钱,而做空也可以赚钱,因此说期货无熊市。(在熊市中,股市会萧条而期货市场却风光依旧,机会依然。)

(2)期货交易的费用低:对期货交易国家不征收印花税等税费,唯一费用就是交易手续费。国内三家交易所手续在万分之二三左右,加上经纪公司的附加费用,单边手续费亦不足交易额的千分之一。(低廉的费用是成功的一个保证)

(3)期货交易的杠杆作用:杠杆原理是期货投资魅力所在。期货市场里交易无需支付全部资金,国内期货交易只需要支付5%保证金即可获得未来交易的权利。由于保证金的运用,原本行情被以十余倍放大。假设某日铜价格封涨停(期货里涨停仅为上个交易日的3%),操作对了,资金利润率达60%(3%÷5%)之巨,是股市涨停板的6倍。(有机会才能赚钱)

(4)"T+0"交易机会翻番:期货是"T+0"的交易,资金应用达到极致,在把握趋势后,可以随时交易,随时平仓。(方便的进出可以增加投资的安全性)

(5)期货是零和市场但大于负市场:期货是零和市场,期货市场本身并不创造利润。在某一时段里,不考虑资金的进出和提取交易费用,期货市场总资金量是不变的,市场参与者的盈利来自另一个交易者的亏损。在股票市场步入熊市之际,市场价格大幅缩水,加之分红的微薄,国家、企业吸纳资金,也无做空机制。股票市场的资金总量在一段时间里会出现负增长,获利总额将小于亏损额。(零永远大于负数)

三、期货交易功能

(1)发现价格。期货交易参与者众多,他们在公开、公平的条件下,按照各自认为最合适的价格公开竞价成交,因此期货价格能够综合反映供求双方对未来某个时间供求关系和价格走势的预期。因此,期货价格信息的市场透明度较高,以此来制定相应的经营和投资决策,有助于提高资源配置的效率。

(2)规避市场风险。在实际经济生活中,为避免商品价格和各种金融资产价格的千变万化,导致成本上升或财产损失,可利用期货交易进行套期保值,即在期货市场上买进或卖出与现货市场上数量相等但交易方向相反的商品或金融资产,使两个市场交易的损益相互抵补。

(3)提供了一种风险投资工具。由于期货合约价格波动大、变化快,交易者可以利用价差赚取风险利润。又因为期货具有以小博大、买空卖空的特点,因此期货本身是一种高风险、高收益的风险投资工具。

四、期货分类

按照交易标的分类，期货分为商品期货和金融期货。商品期货又分工业品(可细分为金属商品(贵金属与非贵金属商品)、能源商品)、农产品、其他商品等。金融期货主要是传统的金融商品(工具)如股指、利率、汇率等，各类期货交易包括期权交易等。

股票期货是指以单只股票作为标的物的期货合约，而股价指数期货是指以股票价格指数为标的物的期货合约，二者都属于股票衍生品。

在股票衍生品中，股价指数期货诞生于20世纪80年代初；而股票期货则是20世纪80年代后期才开始出现的。相对于股票期货来说，股价指数期货发展更快，是目前金融期货市场最热门和最受欢迎的金融工具之一。股价指数期货不涉及股票本身的交割，其价格根据股票价格指数计算，合约以现金清算形式进行交割。

五、股指期货和股票期货的投资策略

(1)套期保值。利用股指期货进行套期保值的原理是根据股票指数和股票价格变动的同方向趋势，在股票的现货市场和股票指数的期货市场上，作相反的操作来抵消股票价格变动所带来的风险。

证券市场非系统风险可以通过投资组合多元化加以分散，而与证券市场整体运动有关的系统风险则不能通过组合多元化加以减少。为有效地规避市场的系统风险，使用股指期货进行套期保值就很有必要，投资者可以利用现货市场和期货市场进行相反部位的操作，达到资产保值和减少损失的目的。具体的操作包括卖出股指期货套期保值和买入股指期货套期保值。

卖出股指期货套期保值是指已经拥有股票的投资者或预期将要持有股票的投资者，在对未来的股市走势没有把握或预测股价将会下跌的时候，为避免股价下跌带来的损失，可卖出股指期货合约进行保值。这样一来。一旦股票市场价格真的下跌，投资者可以从期货市场卖出股指期货合约的交易中获利，弥补股票现货市场上的股价损失。

买入股指期货套期保值是在投资者将要收到一笔资金，但在资金未到手之前，该投资者预期股市短期内价格会上涨，为了控制购入股票的成本，可以在股指期货市场买入期指合约，等资金到手后再进行股票投资。

(2)套利交易。股指期货合约的套利交易是指利用股指期货价格和股指现货价格之间不合理关系进行赚取差价的行为。这里所说的不合理关系是指股指期货实际价格偏离其理论价格。股指期货与股指现货之间不合理，有可能是期货价格不合理，也有可能是现货价格不合理，这种不合理关系通过股指期货价格偏离其理论价格表现出来。股指期货套利分为正向套利和反向套利。所谓的正向套利是指期货价格高估的时候，买进现货，同时卖出期货；所谓的反向套利，是指期货价格低估时，卖出现货，买进期货。

(3)价差交易。利用期货合约价格之间不合理关系进行套利交易称为价差交易。价差交易与套利的主要区别在于，套利是针对期货市场与现货市场相同资产价格不合理的关系进行交易，获得无风险利润。而价差交易是针对期货市场上具有关联的不同期货和约之间的不合理价格关系进行交易，赚取差价利润。套利是在期货和现货两个市场进行交易，而价差交易在期货市场上进行。

跨期套利：利用股票期货不同月份合约之间的价格差异进行相反交易，从中获利。

跨市套利：套利者在两个交易所对两种类似的期货合约同时进行方向相反的交易。

跨品种套利：利用两种不同、具有相互替代性或受到同一供求因素影响的品种之间的价差进行套利交易。

(4)投机。投机者参与股指期货市场的交易动机与套期保值者完全相反。投机者入市的目的是追逐风险利润，利用股指期货价格波动赚取差价。

第三节 认股权证

承担风险，无可指责，但同时记住千万不能孤注一掷！

——索罗斯

一、认股权证简介

1. 认股权证的含义

认股权证是一种不分红的证券，其持有者有权按既定价格直接从发行公司购入一定数量的股票。认股权证常作为一种吸引投资者的优惠条件而附于其他有价证券（公司债券、优先股）上共同发行，其可以和证券分开，也可以附于证券上，以证券面额的一定比例作为认购数，投资者购买了其他有价证券的同时，也无偿取得了一定数量的认股权证。

2. 认股权证的特点

认股权证实际上是公司发行的长期看涨期权。其持有者有权直接从发行公司买入一定数量的股票。认股权证的持有者有权利而不是义务，在认股权证的有效期内按照既定价格买入股票，它和期权一样具有杠杆作用。

公司时常在发行新债券时同时发行认股权证，由于认股权证具有潜在收益性，公司可以以比同条件下稍高的价格或稍低的利率来发行债券。高出的价格即权证的期权费。虽然认股权证的持有人不参与分红，也没有投票权，但是由于杠杆作用，仍然受到投资者的欢迎。和看涨期权一样，认股权证是假设在股价会上涨的情况下进行的投资，投资量比直接购买股票要小。认股权证的持有者在牛市或合并浪潮中会获得巨大的收益，但他们承担的下降风险却是有限的。

二、认股权证定价

影响认股权证市场价格的最重要的因素是作为基础的普通股的价格和投资者可以买入的价格(即执行价格)之间的关系。同看涨期权一样,认股权证就处于实值状态是当股票价格高于执行价格时。图 10 - 5 列出了一种认股权证的实际的市场价值、最小价值和最大价值。图 10 - 5 的前提假设是一份认股权证可以买入一股股票。

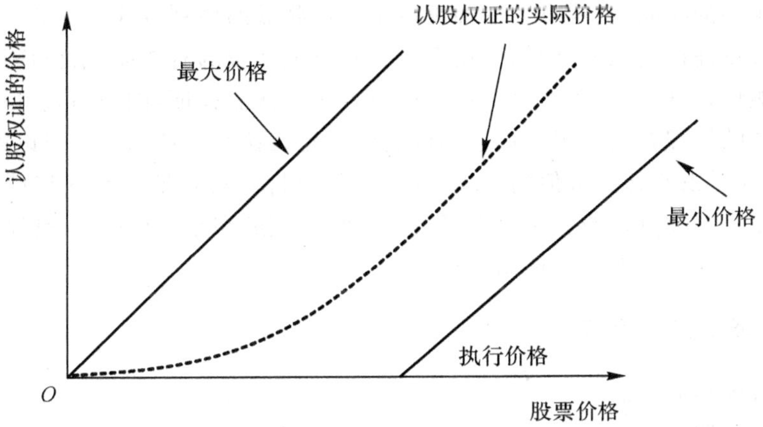

图 10 - 5　认股权证的定价

如果认股权证的售价高于基础股票资产的价值,认股权证是不会被执行的。例如,如果每股股票售价为 20 元,此时,即使认股权证的执行价格为 0,理性的投资者是不会以高于 20 元的价格去购买一股该股票的权利的。因此,理论上认股权证的最高价格等于股票的价值。

认股权证理论上的最小价值是它的内在价值,即股票价格与执行价格之差和 0 中较大的那个。若股票价格为 25 元,执行价格为 20 元,相应地,认股权证的价格将不少于 5 元,否则就会出现套利的机会。

认股权证的实际价格介于这二者之间。当股票价格与执行价格相等时,认股权证的市场价格与其最小价值之间的差额最大。将来无论股票的价格是上升还是下降,这个差额都将变小。表 10 - 1 列出了 2005 年 1 月一些具有代表性的认股权证。

表 10 - 1　认股权证　　单位:美元

发行商	代码	执行价格	到期日	认股权证价格	股票价格
A	AAA	21.18	2010/3/16	8.00	26.18
B	BBB	5.00	2006/5/26	5.15	10.05
C	CCC	12.00	2006/5/4	0.05	4.4
D	DDD	30.0	2007/8/21	16.18	36.22
E	EEE	6.25	2007/1/21	2.05	6.35

以 A 的认股权证为例。执行价格为 21.18 元，股票的现行价格为 26.18 元，该认股权证处于实值状态。它的售价一定高于其内在价值，即(26.18—21.18)＝5.00 元，事实也是如此。28.00 元为其市场价格，高于内在价值的部分体现的是时间价值。投资者之所以愿意支付这笔额外的费用，是因为如果股市的情况发生变化，认股权证可以使他们承担较少的风险，同时又享受到杠杆作用的益处。

C 的认股权证处于虚值状态。股价升高 170％以上才能与执行价格相等。该认股权证距到期日还有一年多的时间，它提供了一种投机于公司收益的便利方式。

当虚值认股权证接近到期日时，公司有时会延长该期权的有效期，借以增加认股权证最终转为实值的可能性，这样持有者才会执行。投资者执行认股权证，则公司就可以以较低的成本增加资本。公司的管理者是不想错过这种机会的。延长认股权证的期限可以即时增加它的价值，即将到期的几乎没有什么价值的认股权证，在公司将其有效期延长几年后，其价值可能会立即增加几美元。实际价格的变化取决于股票/执行价格之间的关系、认股权证的附加条款，以及股票在认股权证有效期内的预期波动率。

三、认股权证的投资价值

(一)认股权证套期保值

用认股权证套期保值的策略和卖出有抵补的看涨期权的策略相似。虽然结果对于套期保值者来说都相同，但利用认股权证进行套期保值时要涉及另一个参与者——认股权证的出借人。在这一策略中，投资者在买入股票的同时，卖空同一公司的认股权证。简单地说，就是投资者借入认股权证再将其卖出。

当认股权证到期时，若股票的价格低于执行价格，则该认股权证就没有价值了。这有力地说明，卖空认股权证的投资者既不欠认股权证的借出者什么，又可以将卖空的收益据为己有。基础股票所带来的损失与卖出认股权证所带来的收益相抵冲。

但是，如果股票的价格上涨，当到期时认股权证的持有者将选择执行。由于此时认股权证是有价值的，尽管投资者仍然可以保有卖空所得的收益，但同时必须对借入的认股权证向借出者进行偿付。投资者有义务归还认股权证或做出等价补偿，一般而言，这种义务是通过投资者按照执行价格向认股权证的借出者出售股票而实现的。投资者在这项操作中的收益取决于执行价格，即股票的销售价格和卖空的收益。这个结果同卖出有担保的看涨期权一样，只是在这里投资者欠认股权证借出者股票，而在卖出看涨期权的操作中，是欠看涨期权持有者股票。

(二)认股权证获取超额利润

认股权证是一种以小搏大的投资工具，购买时只需花费少量的权利金，就有可能收益很大。

第十一章 其他理财方式

所谓理财，就是追求长期而稳定的收益，它不同于投资，更和投机无关。

——李嘉诚

案例导入

散户不看盘，庄家最头痛

假前几天，我们几个股友在一起谈论近期股市，大伙脸上笑开了花，赚了点儿钱，心情自然舒畅。只有小刘闷闷不乐，我问："现在股市这么火，你前段时间一直持有的云铝股份近期暴涨呀！赚了钱，怎么还不高兴呀？"小刘苦笑着说："别提了，提起这事我就郁闷！咱运气真背，持有云铝快一个月了，可就在它将要大涨的时候，我却抛弃了它，换了前期涨势凶猛的医药股，哪知道，我前脚刚走，有色金属板块大涨，特别是云铝'芝麻开花节节高'，这我倒不生气，毕竟，是我抛弃了它，踏空行情也就算了。可最令我郁闷的是我换的医药股不知哪根筋搭错了，大盘上涨，它一个劲下跌。我重仓买进的，现在全套牢了。想换股翻身吧！没资金了！"

我很同情地拍拍他的肩膀，说："总有判断失误的时候。"小刘摇头说："以前我炒股。买好股后就放在那儿，一般不怎么看盘，主要是咱工作忙没时间关注。因为不怎么关注，也不太清楚庄家怎么操作，反正，过一段时间，见股价和自己的心理价位差不多时，就卖出。因而，我还常能获利。这些天，休息在家，闲着无聊就上网看看盘，顺道到股吧里转转。坏就坏在这儿。我这个人性格比较优柔寡断，耳根子软，一有风吹草动，就如同惊弓之鸟，变得患得患失。股吧里很多人都说现在医药股比较好，要炒就炒这个题材，我结合盘面分析，想想觉得他们说的有道理。上半年，我要是一直持有康美药业，现在获利也不少。再看看云铝股份K线图，这只股票很不稳定，涨了一点，又落下去。还不如落袋为安为妙，就这样，我一时冲动，错失行情。"小刘最后说了一句："还不如不看盘！"

其实，散户炒股主要是和庄家斗法。庄家不怕散户有多高的操作技巧，最怕的是散户不看盘。庄家就是利用散户的贪婪与恐惧，制作一些所谓的消息、盘面让你关注。他让盘口风起云涌，使你就变得患得患失，神魂颠倒，丧失理性。散户岂有不败之理！

如果散户不关注股票走势，那庄家的精心策划就全无用武之地，如果散户买了股票就回家睡大觉，不看盘。庄家高买低卖的筹码向下砸盘，有股票的散户也不知道。不会被吓得在低位割肉，反而会被没有股票的散户把筹码接走，庄家更不知道散户在想什么。什么点位是散户的心理最低承受位，如果庄家拉高股价，也不知道散户想在什么价位了结。庄家就无法确定在什么价位震仓合适，更无法确定拉到什么价位能顺利出货。

庄家就怕散户不看他画的K线图。因为散户买了就不管了，不看盘。庄家怎么折腾也没有用！到了自己的心理价位，散户一抛了之！这是庄家最头痛的一类散户，也是获利最丰厚的散户。

（作者：张帮俊，资料来源：www.xiaogushi.con. 2012－12－05）

第一节　外汇理财

理财市场是有经验的人获得更多金钱，有金钱的人获得更多经验的地方！

——朱尔

一、外汇的概念

外汇，就是外国货币或以外国货币表示的能用于国际结算的支付手段。我国1996年颁布的《外汇管理条例》第三条对外汇的具体内容做出如下规定。外汇是指：①外国货币，包括纸币、铸币。②外币支付凭证，包括票据、银行的付款凭证、邮政储蓄凭证等。③外币有价证券，包括政府债券、公司债券、股票等。④特别提款权、欧洲货币单位。⑤其他外币计值的资产。

二、汇率及标价方式

汇率，又称汇价，指一国货币以另一国货币表示的价格，或者说是两国货币间的比价。在外汇市场上，汇率是以5位数字来显示的，如欧元EUR0.970 5，日元IPY119.95，英镑GBP1.523 7，瑞士法郎CHF1.500 3，汇率的最小变化单位为一点，即最后一位数的一个数字变化，如欧元EUR0.000 1。按国际惯例，通常用3个英文字母来表示货币的名称，以上中文名称后的英文即为该货币的英文代码。

汇率的标价方式分为两种：直接标价法和间接标价法。

(1)直接标价法又叫应付标价法，是以一定单位(1，100，1 000，10 000)的外国货币为标准来计算应付出多少单位本国货币。就相当于计算购买一定单位外币所应付多少本币，因而叫应付标价法。包括中国在内的世界上绝大多数国家目前都采用直接标价法。在国际外汇市场上，日元、瑞士法郎、加元等均为直接标价法，如日元 119.05 即 1 美元兑 119.05 日元。

(2)间接标价法又称应收标价法。它是以一定单位(如 1 个单位)的本国货币为标准，来计算应收若干单位的外国货币。在国际外汇市场上，欧元、英镑、澳元等均为间接标价法。如欧元 0.970 5 即 1 欧元兑 0.970 5 美元.

三、外汇市场

外汇市场，是指从事外汇买卖的交易场所。外汇市场的主要特点：①有市无场；②循环作业；③零和游戏。

四、外汇交易

外汇交易主要可分为现钞、现货、合约现货、期货、期权、远期交易等。

五、汇率的分析方法

汇率的主要分析方法为基础分析和技术分析。基础分析注重金融、经济理论和政局发展，从而判断供给和需求要素。技术分析观察价格和交易量数据，从而判断这些数据在未来的走势。基础分析与技术分析最明显的一点区别就是基础分析研究市场运动的原因，而技术分析研究市场运动的效果。单纯地依靠技术分析或基础分析，是很难对外汇市场走势作出准确预测的。因为影响价位变化的因素复杂而多变，有太多不可预知的事件，很难完全靠技术和可能的规律来解决问题。

六、影响外汇市场短期波动的因素

(1)重大政治事件；
(2)重要经济新闻的影响；
(3)各国利率政策；
(4)其他经济数据；
(5)政府对外汇市场的直接干预；
(6)外汇市场心理行为误区。

七、外汇市场的风险控制

外汇市场是一个风险很大的市场，它的风险主要在于决定外汇价格的变量太多。风险控制的意识和计划是不可或缺的。

第二节 黄金理财

巨大的财富对于一个不惯于掌握钱财的人，是一种毒害，它侵入他品德的血肉和骨髓。

——马克·吐温

在我国，黄金一直被看成是财富的象征，民间历来就有“藏金于民”的风俗。2004年黄金价格日日爬高，创下了近年来的新高，黄金投资也逐渐成为个人理财投资的热门。

一、金条金块

金条的投资有标准金条和礼品金条两种。标准金条是最主要的交易工具。它的形状、规格、成色、重量等都有相应的标准，常见的是交割单位为50克的AU99.99金条和1 000克的AU99.99金条。按国际惯例，这种标准金条，在浇铸成型的时候必须标明金条的成色、重量以及精炼厂的厂名及编号等。2005年前热销的鸡年金条则属于礼品金条的一种。在这种金条上印铸有图形和花色，除了本身的价值外，还具有收藏价值。

优点：实物金条的保值功能突出。缺点：投资金条金块会占用较多的现金、保管费用。实物金条的交割和保管，都要引起相关的投资成本。

适合的投资对象：有较多闲散且可以长期投资的资金，不在乎黄金价格短期波动者，对传统投资黄金方法有偏好者。

二、纯金币

特点：金币重在收藏价值，从纯粹的投资角度出发，纯金币是投资黄金的主要标的。缺点：保管的难度比金条金块大，如不能使纯金币受到碰撞和变形，对原来的包装要尽量维持，否则在出售时要被折价。

适合的投资对象：对金币有一定欣赏要求的投资者，并且投资的资金大小可以灵活控制者。

三、金银纪念币

金银纪念币是钱币爱好者的重点投资对象。目前，市场上的金币有两种，即纯金币和纪念性金币。纯金币的价值基本与黄金含量一致，价格随国际金价波动，出售时溢价幅度不大，投资增值功能不强，但具有观赏、流通变现和保值功能。纯金币主要用于集币爱好者的收藏。纪念性金币有较大溢价幅度，有比较大的增值潜力，收藏、投资价值要远远大于纯金币。特点：金银纪念币具有了艺术品范畴的美学特点，并且由于其丰富的内容、画面以及由此传递出的众多信息，使金银纪念币的投资价值大为提高。其不利的一面即金银纪念币在二级市场的溢价一般都很高，远超过金银材质本身的价值。投资纪念金币需要有较好的金银纪念币方面的专门知识。

适合的投资对象：看重金币收藏价值者，对金银纪念币行情以及金银纪念币知识有较多了解者。

四、金银饰品

特点：投资金银饰品的收益风险比是较差的。但金银饰品由于具有实用性的突出优点，其美学价值比较高，不少老一辈的人，喜欢把黄金饰品作为"传家宝"，世代相传。金银首饰在人们的日常使用当中，总会受到不同程度的磨损和碰撞，旧的金银饰品出售，其价格自然要比购买时跌去不少。其缺点是购买费用相对要高，流通性比较差，不容易变现或变现时损失较大。

比较适合的投资对象：追赶时髦的年轻人，更看重黄金使用价值，通常情况下不考虑投资黄金品种来保值和增值。

五、纸黄金

特点：工薪阶层投资黄金的两大形式，即纸黄金和实物黄金。所谓纸黄金就是凭证式黄金，也称为"记账黄金"，纸黄金业务一般不能提取实物黄金，也不用交纳税金，是一种账面上的虚拟黄金，银行对个人炒金者存放在黄金投资账户内的黄金既不计付利息，也不收取保管费。但是账户内的现金则按活期储蓄利率来计算利息。投资纸黄金的优点是操作简便快捷、资金利用率高、手续费总体上比买卖实物黄金低，同时也不用为保管担心，是现代投资炒金的主要形式。缺点是由于黄金价格的波动受到诸多因素影响，短线炒作难度比较大，要取得较好的投资回报有一定的难度。适合的投资对象：有时间研究黄金行情走劈、有时间进行具体操作以及希望通过黄金价格频繁变化获取价差者。

第三节　艺术品收藏

既会花钱，又会赚钱的人，是最幸福的人，因为他享受两种快乐。

——塞·约翰生

我国是四大文明古国之一，有着长达五千多年的悠久历史。历朝历代，都有很多文人墨客留下了丰富的艺术珍品。艺术品收藏不仅给人以美的享受，陶冶情操，还可以通过各类古玩的发展变化，了解各个不同时代的政治、经济、文化艺术的概况。

一、艺术品收藏的风险

艺术品收藏的风险是指收藏品市场鱼目混杂，以假乱真，假品、赝品充斥市场，交易收藏品时需要很高的鉴别能力。这就需要较高的专业知识和鉴赏能力，以降低收藏、经营风险，获取可观的利润。

二、艺术品收藏的特点

艺术品收藏的特点首先是增值性，其次是投资保值性，最后是较低的流通性。与其他投资品相比，艺术品收藏投资不及股票等有价证券的变现能力强，不及储蓄等流通性强。

三、艺术品收藏投资存在的问题及原因

①投资者的投资动机陷入误区，投机性强；②市场主体缺乏专业知识。“两缺”现象在我国目前市场上表现得特别突出，即缺乏一批专业的古玩鉴定人士和专门的鉴定机构。③投资者诚信度不高，交易中的伪作和赝品泛滥，增大了古玩投资市场的风险，给市场发展造成了巨大的障碍。

四、艺术品收藏投资所需知识

艺术品投资需要广博的知识，包括绘画知识、艺术史知识、艺术市场知识、历史知识、文学知识、民俗知识、美学知识等。平常可以多看些艺术品鉴赏方面的书籍或杂志，多逛逛画廊、古玩店等，多看才能提高自己的鉴赏技能。

五、收藏投资

收藏在盛世中国是一个很好的保值增值的工具，俗话说：“乱世买黄金，盛世兴收藏。”近年来，收藏市场持续火爆，已成为继股票热、房地产热之后的第三大投资热点，甚至有人认为，目前正是收藏市场的“黄金时代”。事实上，投资藏品的风险依然是相当高的。收藏毕竟不同于炒房炒股，投资正确了，它是一桶金，投资错误了，它就是一张纸。因此，投资收藏一定要有眼力，而眼力是实战经验结果，甚至是“带血”的教训。可以说，投资收藏品，也需要斗智斗勇。投资收藏品，能保值增值，前提是指必须要买到货真价实的收藏佳品，若是明清古瓷，则不能是赝品；若是书画，则尽可能挑选精品。名画家的画大多能增值，未名画家的画却难以保值，这是艺术市场的一般规律。但凡事都有两面性，名画家的作品虽说一直是拍卖市场的宠儿，但其应酬之作，就不一定能保值；而尚未出名的中青年画家的优秀之作，却有可能在未来若干年后大大升值。凯恩斯告诉我们，别猜你认为最漂亮的美女能够拿冠军，而应该猜大家会选哪个美女做冠军。即便那个女孩丑得像时下经常出入各类搞笑场合的娱乐明星，只要大家都投她的票，你就应该选她而不能选那个长得像你梦中情人的美女。这个道理同样适用于收藏品投资。但问题是我们是否有足够的眼光，寻找出未来最受追捧的那一类收藏品呢？即便是十分普通的大众收藏品，也自有它独特的投资规律。投资邮币卡要关注它的发行量和品相，物以稀为贵自不必多说，品相是邮币卡的生命。收藏同一名称的连环画也不能不分青红皂白，初版初印的连环

画比再版多次印刷的连环画价格要高上许多倍。因此对于任何一种收藏品，都不能一概而论。尤其是对于初涉收藏市场的爱好者来说，这一点更要引起注意。如股票一样，收藏品的价格也会时涨时跌，但不同的是收藏者与持股者的心境，不以涨喜，不以跌悲。投资理财是仁者见仁、智者见智，收藏品投资作为一种投资的手段，更应以谨慎的态度介入，除了要善于学习、勤于思考外，学会倾听和吸收专家意见，把握市场规律十分必要。只有在动态中把握投资市场的规律和机遇，才能在让人目眩神迷的投资大潮中，有所斩获。

第十二章　不同人生阶段理财

始终遵守你自己的投资计划的规则，这将加强良好的自我控制！

——科恩

案例导入

我们的理财差距究竟在哪里

2000年大学毕业，我考取了到农村基层锻炼的公务员，分配到山区乡政府工作，巧的是大学同班同学汪强也考取了同一性质的选拔生，同龄同年和我分配到同一乡政府工作。

那时候天蓝蓝，水蓝蓝，我和汪强还是很单纯的学生，基本没有任何理财意识，我们拿着400多元一月相同的见习工资，而家里父母同为下岗工人，没有经济上的任何支援，我们生活过得相当清苦。

但汪强是个"乐天派"和"月光族"，工资一到手，除了支付伙食，就是维持大学里的生活方式，买书买光碟，上网打游戏，无聊的时候也不找点兼职干干，白白浪费大好的青春年华；而我就是个典型的"葛朗台"和"守财奴"，母亲从小教育我"一粥一饭当思来之不易、半丝半缕恒念物力维艰"。靠着秉性，我札记着每笔的收入和开支，一个月能从牙缝里省下100来块钱，另外我还维持着大学里努力写稿的习惯，业余努力当自由撰稿人，平均每月也有两三百的稿费收入。加上平时和过年发的福利奖金，开源节流下来，工作第一年，我竟然攒了5 000块钱，这是我人生理财能够启动的第一桶金。

5年后，工资随物价水平不断上涨，2005年的时候，每月已经有800多块钱了，期间，我在银行的定期储蓄达到了50 000块钱。那时候，城里的商品房价格是每平方米600多块钱，我意识到自己27岁的年龄该谈婚论嫁了，便毅然动用全部储蓄一次性付款买了一套80平方米的两室一厅，骄傲地成为了"有产"一族，而汪强没有任何储蓄计划，更没有理财的规划，依然属于"无产阶级"。

2008年，工资涨到了1 300块钱，但是当地商品房价格已经涨到了每平方米2 000块钱，通货膨胀的迹象已经很明显了。虽然我不是学金融的大学生，但是每个月的工资从可以买一个多平方到可以买半个多平方，这样简单数学逻辑谁都会算会比较，这里面蕴涵的重要信息和道理我还是懂的。那时，我把2005年到2008年三年重新储蓄的50 000块钱定投购买了货币基金，安然度过了2008年的全球金融危机。2009年初机会又来了，市里搞经济适用房政策，也照顾了我们这些外来的大学生，每人给了一套100平方米的指标房，价钱为1 000元每平方米，是市面商品房价格的一半，我咬咬牙，赎回全部货币基金，首付一半，另外的50 000元按揭。而汪强固执认为经济适用房质量肯定不怎么样，还嘲笑我怎么甘做房奴，因此放弃了这一指标，继续住在他的单身集体宿舍里。

因为工作表现不错，锻炼期满，我和汪强先后调进了市委机关工作。爱情的春天终于来了，因为年纪轻轻，手里握有两套房产，在物质观盛行的大潮流下，我成为了适龄青年中的香饽饽，底气足了，漂亮的靓女和有才的才女随便挑随便选。到2012年的时候，我已经成家立业，拥有了美丽的妻子和一个两岁的儿子，不但早已还清了50 000元贷款，还把手中两套房装修得漂漂亮亮。一套100平方米的小三房自住，一套80平方米的二房出租给了汪强。因为是同学加兄弟的关系，市价800元的房租只象征性收取了400元每月的折旧费。

仅仅因为汪强没有属于自己的房子，谈了好几个女朋友都吹了，士气非常低落，经济非常潦倒。2012年的汪强终于有了点理财意识，开始克制消费，手头慢慢积攒了两三万块钱，这时候我们的工资加到了2 000元每月，可是市面上最便宜的商品房也涨到了4 000多块钱每平方米，每个月的工资连半个平方米也买不到了！人民币持续贬值、通货膨胀厉害的大势所趋是谁也无法阻挡的，汪强手头那点可怜的钱连30%的首付也不知道要攒到猴年马月。虽然国家进行了多次宏观调控，但是现在小城市房价环比依然是节节攀升，工资连应付日常油盐柴米也是如此艰难，如果没有买彩票中大奖，他这辈子估计是再也买不起商品房了！

现在汪强的爸妈经常来探亲，看到我拥有两套漂亮的房子，总是会数落他不争气，怎么不好好向我学习？汪强的脸总是红红的，头放得低低的。我也不知道该如何说如何安慰，咳，兄弟，你知道我们的差距究竟在哪里么？从开始同一条平等的起跑线，10年下来我的进取意识、前瞻意识一直在超越你！比如今天，我敏锐地捕获到一条重要信息，市里今年将兴建大学生公寓，还没有房子的大学生将抽签获得35平方米公寓的平价购买权。我兴冲冲地跑去告诉汪强：兄弟，你可别嫌房子小，该出手时当出手，这可能是你今生拥有房子的最后一次机会了。

（作者：杨庆伟，资料来源：www.xiaogushi.com.2012－12－05）

第一节 划分人生阶段理财的理论基础

不要拼命地为了赚钱去工作，要学会让金钱拼命地为你去赚钱。

——佚名

一、投资组合理论

投资组合理论是个人和家庭理财的核心理论，存款、贷款、股票、债券、房地产、收藏品、保险等各种金融投资理财工具，无不使个人投资者眼花缭乱，如何选择合适的投资组合，赚取最大利益，成了个人经济生活中需要解决的最大问题。在众多机遇与风险面前，如何才能确保个人资产的安全增值呢？“牛市投资是理财，熊市保本同样也是理财。”在熊市理财的首要目标还需以保本为主。只有保住本金不受损失，为未来的投资留有本钱，才能在市场发生回转时，选择合适的理财产品进行投资。投资组合很关键，安全第一，收益第二。

投资组合理论就是要解决人的不同阶段所承担的风险和预期收益的合理配置问题。组合的理财方式可以减少风险，获取平均收益。

组合要求：不同理财方式的组合；同一方式，不同品种和类别组合；短期长期组合。

二、生命周期理论

生命周期(life cycle)的概念应用很广泛，特别是在政治、经济、环境、技术、社会等诸多领域经常出现，其基本含义可以通俗地理解为“从摇篮到坟墓”(Cradle-to-Grave)的整个过程。在个人及家庭理财过程中两次用到该理论。

(一)个人的财务生命周期

投资者的个人财务生命周期一般可以划分为以下三个阶段：累积阶段、巩固阶段和支出阶段。

其中累积阶段投资者的特点：①有相对稳定的收入来源；②住房、交通、教育的支出往往超出收入，投资者的债务增加；③开始积累资产，而净资产值则较小；④具有较长的投资期限和不断增长的盈利能力；⑤会进行一些风险较高的投资以期获得高于平均收益的收入。

巩固阶段投资者的特点：①收入超过了支出，开始减少债务，积累资产，为未来的退休提供保障；②巩固现有资产与积累资产并重；③投资具有长期性，中等风险的资产对他们更具有吸引力；④在获得收益的同时，保住现有的资产。

支出阶段投资者的特点：①已退休，不再有薪水或工资收入；②其生活费用由社会保障收入和先投资收入来补偿；③会选择低风险的投资来保住储蓄的名义价值；④尽管投资组合总风险要比巩固阶段低，但是仍然会进行一些风险较高的投资，例如普通股，以抵补通货膨胀对资产造成的损失。

人的一生中，收入与支出会随着年龄的增长而出现相反的趋势变化，因此净财富的情况也会随着年龄的增长而发生变化。从图12－1中可知，累积阶段时，人的支出大于收入，可能略有财富累积，因财富增长的幅度与速度较低，"月光族"的财富净值可能为负；巩固阶段收入远高于支出，至退休前财富净值将达到顶峰；至退休后进入支付阶段，只有支出没有或只有很少收入，财富净值迅速下降。因此处于不同阶段个人的财富值将随着其收入的增长与支出的控制而有所不同，并直接影响下一阶段财富净值的变动。

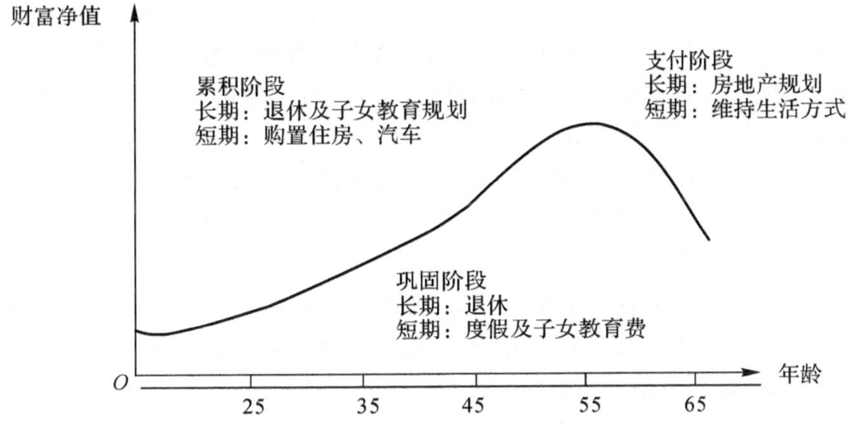

图12－1　人的一生中净财富的升涨情况

资料来源：中国金融理财师标准委员会.《金融理财师培训投资规划讲义》，2006年。

(二)职业生涯生命周期

人在其一生之中，存在或生活于不同的生命周期空间，如生物社会生命周期、家庭生命周期和职业生命周期。其中最重要的、起决定性作用的是职业生命周期，它是个人生存和发展的前提条件。

职业生涯发展的理论先驱金兹伯格将其划分为幻想期、尝试期和实现期三个阶段。美国学者埃里克森将其分为青春期、青年后期、中年期和衰老期四个阶段。美国学者利文森将其分为拔根期、成年期、过渡期、安定期、潜伏的中年危机期和成熟期六个阶段。中国学者廖泉文从人的心理状态和主要任务角度将其分为输入阶段、输出阶段和淡出阶段三个阶段。职业生涯发展研究的权威美国学者萨拍将职业生涯划分为成长阶段(0～14岁)，探索阶段(15～24岁)，创业阶段(25～44岁)，维持阶段(45～64岁)和衰退阶段(65岁以上)五个阶段。

根据目前的中国经济发展和个人上学工作的实际情况，把人的理财生涯分为少年儿童期、青年求学期、步入社会初期、中年家庭组成期、退休期等五个阶段。

第二节　少年时代习惯是基础

借钱不一定是坏事，一个不会借钱的人一定不是投资理财的高手。只要通过借钱能赚更多的钱，不管付多少利息都是对的，否则就是错的。

——佚名

一、养成理财习惯

从孩子开始懂事起，就开始培养理财的性格，养成节约理财的习惯。我们的生活被各种各样的习惯左右着，比如说打车是一种习惯，抽烟是一种习惯，做美容也是一种习惯。节约是一种习惯，浪费也是一种习惯。习惯在左右你的生活。好的习惯，比如勤奋、节俭等可以成就你的事业。而不好的习惯，比如吸毒、赌博等可以毁掉人的一生。我们想要过上美好的生活，就要养成理财的好习惯，改掉坏习惯，比如说浪费、透支消费、不计划消费等这样的坏习惯。应该培养哪些理财的好习惯呢？

第一，节俭的习惯。先来看一个关于节俭的故事。已经辞世的香港华懋集团主席龚如心女士是亚洲女子首富，被英国媒体称之为“财富五倍于英国女皇的女人”，身价达 400 亿港元。但是她的日常生活却非常节俭，不讲究排场和吃穿，每月生活开支不足 3 000 港元。她坐着极为普通的轿车，吃着极为普通的饭菜，外出办事经常吃肯德基和麦当劳等快餐。据说，在餐馆用餐时，她绝不浪费，一定要把吃剩的饭菜打包带回家。李嘉诚、洛克菲勒、巴菲特这些富豪也全是节俭的模范。富豪们尚且如此，我们普通人是否更应该养成节俭的好习惯呢？很多人认为，钱节省不下来，总是有花的地方。其实这是借口，很多时候你都可以养成节俭的好习惯。比如，是否可以少打一次车，少到外面吃一次饭，少做一次美容，或者在吃饭的时候少点一个菜，这样都能省下一些小钱。长此以往，积少成多，就会成为大钱。我提一个建议，试着省下你每个月的伙食费的 10%。比如一个家庭在北京吃饭一个月要花 1 000 元，如果你花 900 元吃饭，是否可以达到同以前一样的生活水平？我认为这是可以的。

第二，计划消费的习惯。花钱一定要有计划。无论结婚也好，买房子、买车子、生小孩也好，都要做到事先有计划，这样就不会导致生活拮据。有计划还是帮助你克制冲动消费，实现理性消费的有效方法。

第三，记账的习惯。很多人说，我没时间记账，这是不对的。记账是一个好习惯，可以把自家的收入和支出都以书面的形式记下来，清楚钱是怎么挣来的，又花到了什么地方去。可以对照去年和今年的账，看看有什么钱是该花的，有什么钱是不该花的。

第四，学习理财知识的习惯。学习理财知识，丰富自己的头脑，就可以让自己少走很多弯路。要想把财理好，就要养成学习理财知识的习惯，理财知识会使你擦亮眼睛，对理好财有很大的帮助。

第五，遵守理财纪律的习惯。理财要遵守纪律。在追求财富的道路上，我们面临着各种各样的诱惑。如何才能抵御种种诱惑，靠的就是遵守理财的纪律。

二、管理好自己的钱

小孩子手里都有一些长辈们给的零花钱和压岁钱，少年儿童就要从管理好自己的这些资金开始，学会理财。"五W模式"让孩子学会理财。

在这个问题上，培养孩子的责任感是关键，即让孩子自己管理自己的零花钱。国外学者将其归纳为五个"W"，建议告诉孩子怎样在行动中遵循这五个"W"。

1. Why——为什么要买？

如果孩子说不出理由，一定要加以限制，必要时可给予惩罚。但这里说的惩罚不是训斥或责骂，而是减少零花钱的数额，孩子大多会心疼自己的钱，不妨一试。需要注意的是，家长的态度要始终如一，否则会前功尽弃。

2. What——买什么？

因为孩子年龄小，要限制他自己做主购买物品的范围，什么能买，什么不能买。

3. When——什么时间去买？

应向孩子说明，要按活动的重要性来安排购物时间，即使是周末的补习班也不能因为购物而耽误。如果孩子需和家长一起去购物要等到家长有空的时候，家长要让孩子知道不能一切以孩子为主，要让孩子学会等待。

4. Where——到什么地方去买？

一般来说，消耗性的小物品如铅笔、作业本、小贴画等可以到小市场去买。对于孩子来说，名牌商品和普通商品没有什么区别，孩子之间不应为此互相攀比。但要告诉孩子，千万不能贪便宜到小商小贩的摊上去买食品，尤其是不要在校门口的小商贩处买吃的东西，以保证饮食安全。

5. Who——什么人去买？

家长要跟孩子讲明，因为年龄小的原因，暂时不能单独到离家远的地方去购物，最好由家长或其他熟悉的大人陪同前往。当然，如果是住家附近的商场、超市，则可以放手让孩子自己去做。另外，给孩子多少零花钱，多长时间给一次，违反原则怎样惩罚等，都要事先向孩子交代清楚。如果孩子能学着记账，详细记录支出的内容最好，若花钱得当还可以考虑酌情给予奖励。

教给孩子支配钱物不是单纯地学会消费，也是帮助其解决成长中的困惑。希望通过这样的沟通和讨论，能培养孩子的花钱意识，增强责任感，从而养成良好的消费习惯。

第三节　青年时代如何满足自己支出

不管存在多大潜在风险的投资，转移或控制了风险就等于没有风险；不管存在多小潜在风险的投资，没有控制风险就可能是百分之百的风险。一点风险都不冒就是最大的风险之一。

——佚名

案例导入

大学生创业招招鲜

目前，就业形势仍不容乐观，毕业生求职遭遇寒流，工作难觅，待遇不太理想。一些大学生选择自主创业，路虽坎坷，但曙光初显。

"借"老促销

2009年，罗汉明从工学院毕业后，就放弃了薪水不高的沿海某私企的岗位，和8个志同道合的同学开办了一家环保产品公司。他们拥有一种节能产品的完全自主产权，在所做的营销网站上一炮打响，每天问价、要求订货的客户源源不断。

公司的股份罗汉明占得最多，头脑也最灵活，大家推举他为总经理。但让入困惑的是，好几次，外地来公司订货的客户考察了公司，看过产品，都表示满意，但签约时总有些不放心。后来，和一个用户深谈后才得知，公司全都是20多岁的小青年，怕有闪失。罗汉明灵机一动，从猎头公司招来一名懂技术会营销的退休工程师"坐镇"，从此销售形势大变。现在，罗汉明实为总经理，但名片上却印的是业务员。对此，他有些无奈，也暗自窃喜。

点评：传统习惯，积势成疾。年轻即优势，但做市场推广时很难取得别人的信任，遭遇发展"瓶颈"，要找出症结所在，换个思路，人不变我变，就能迎来创业的一片艳阳天。

"杀回马枪"

2010年，吴畅毕业于市里一所旅游专科学校，应聘颇为不顺利。导游饱和，薪水偏低。一气之下，他和女友从父母和朋友那里筹了20多万的启动资金，开了间旅游产品批发商店，谁知，出师不利，被人骗跑了一笔货后，创业的"元气"大伤。

痛定思痛，吴畅想起在学校实习时，曾在市里好几个写字楼推销过旅游套餐。相对来说，白领对中餐盒饭的质量要求较高，人群也集中。他和女友想到给白领做盒饭，分8元、10元和

12元等3个等级,隔几天换菜式。盒饭干净卫生,包装漂亮。"刷"30次卡,送"公仔狗"或"海盗熊"。另配有韩国泡菜或开心果,特殊售卖方式引起了白领的兴趣。待推广开后,他们又在"光谷"和开发区等白领集中地设点,聘了5名大学生当帮手。

点评:塞翁失马,焉知非福。大学生初涉商场,急于赚钱,由于经验不足,可能失败。找准潜在的顾客群,利用原来熟悉的市场和人脉,杀个回马枪,没准能获得意外的成功。

当"渔大夫"

李强农学院的同学大都在农科所或科研单位就业,他却选择在江南的一家渔业养殖场打工,待遇不好,工作十分辛苦。对此,很多同学嘲笑,一个名牌大学生沦为高级打工仔有所不值,家人也很不理解。李强却有自己的职场规划,先苦后甜。

原来,他是在拜师深造。在打工两年里,他利用技术员的合理身份,遍访周边牛蛙、甲鱼、螃蟹等养殖场,向高级渔技师学艺。自认为成了这方面的行家里手后,他辞工回来,办了一间"渔大夫"诊所,为遍布市郊的80多个养殖场"送医送药"。由于技术精湛,专业熟,本市又独此一家,那些患了"渔病"的养殖户只会想到他。为避免遭遇全部损失,尽管开的"诊断费"和治疗费相对较高,养殖户也乐意付。现在,李强"出诊"年收入在8万元左右。

点评:不鸣则已,一鸣惊人。在世人不屑的平凡岗位中积累自己的创业优势,找准市场需求的空白点,后发制人,就能占领行业的制高点。有别他人,才显另类,聚财有后劲。

(作者:刘卫,资料来源:www.xiaogushi.com.2012-10-03)

青年阶段无论男性女性,收入均处于上升阶段,随着职业生涯的稳定与发展不同,同年龄层收入也拉开差距,同时因成立家庭,共同费用支出合并支出反而会下降,因无子女所以开销较少,但个人教育投资一般处于最高峰,是一生理财拉开差距的重要起跑线。

一、强制储蓄

无论何时何地,永不破例。哪怕你只收入一块钱,也要把10%存起来。这是理财的首要法则。你千万别小看这一法则,它可以使你家的水库由没水变有水,从水少变水多。"九一"法则的意义并不在于存了几个钱,而是可以形成一个把未来和金钱统一成一个整体的观念;随着自家水库里水量不断增多,财务上的安全感不断增加,内心变得祥和宁静;它可以使你养成储蓄的习惯,刺激获取财富的欲望,激发对美好未来的追求。要养成储蓄的习惯,并不是一件难事,可是很多年轻人很难自觉做到这一点。这些人一旦向银行贷款买车、买房,或者是刷卡消费了,就会会养成被动还款的习惯。比如说发了工资,每个月第一件事就是要交还车款、房款,归还信用卡的账款。如果这种被别人强制的行为,变成了一种自觉的储蓄行为,持续下去就能积累一笔非常可观的财富。这里，我们借用"按揭"这一提法，希望青年人自觉养成一种习惯，自觉地强制自己储蓄，哪怕刚开始是不自觉的，时间长了就变成了一种习惯。对很多的年轻人特别是"月光族"来说，这是迈出理财的第一步。你每个月发了薪水之后，把10%～15%的薪水强制存入银行，每个月坚持，日积月累，会发现自己积累了一笔可观的财富。对于在职人员，每年至少应该将收入的10%存入银行，因为目前较好的投资收益并不能真正替代其养老计划。只有养成良好的储蓄习惯，才可能确保后半生无忧。

二、节约为主

无论我们是处于大学的生活中，还是刚刚毕业工作，尚在单身阶段，都是财富积累的阶段，节约在这里处于主要地位。尤其一个人参加工作独立生活到结婚成立家庭的独处期，多为2到5年，这个阶段的家庭成员仅有一人且由于刚参加工作经济收入不高，同时较多的集体生活所需要的社会交往支出高。在父母亲属支持下开始着手购置住房等大额固定资产，并准备建立家庭。在这一阶段，由于建立家庭成本很高，很多年轻人选择做"啃老族"，依赖父母的收入生活以逃脱独立理财的压力，客观上延长了父母家庭成长期的时间。这一阶段的理财目标是减少开支，为结婚时的各项支出进行储蓄准备。

三、余钱的投资

除了储蓄之外，这个阶段的投资增值可以选择一些股票、债券和基金，进行少量保险，防止发生意外，造成损失。这个年龄阶段，距离老年还有一段距离，也是承担风险最小的年龄阶段，可以将70%至80%的资金投入各种证券，在这部分投资中可以再进行组合，譬如，以20%投资普通股票，20%投资基金，余下的20%资金存放定期存款或购买债券。除此之外，要进行严格控制，克制不必要的消费。

四、教育投资

有的人会选择延长"求学成长期"继续读研，使得入社会青年期的时间大大缩短甚至几乎没有。研究生毕业后一两年即结婚生子的较为普遍。但在企业用人更注重工作经验与能力而非文凭的今天，除了准备投身于科研工作的女性外，读研选择"边工作边读研"其实是更有利于个人同时实现理财目标与事业发展目标的最大化。如果大学毕业后选择"边工作边读研"，既保证人力资本的继续投资，同时也积累了宝贵的工作经验，从入社会至生育子女前，在不需要担心太多婚姻与子女情况下，有较长的时期可专心投入工作，有利于缩短职业生涯的建立与稳定阶段，尽快进入职业发展阶段，并在收入上与其他女性拉开差距。而如果是选择大学毕业读研后再工作，基本上刚工作就面临结婚生子，求学成长期很短，同时因为刚工作收入不高，生育养育子女造成职业生涯低谷也使得高文凭带来职业发展后劲的优势不能体现，职业生涯的建立与稳定阶段一旦因生育养育子女而停顿将向后延长，即对收入积累不利，职业发展也受影响，如果要保证职业生涯的发展就需要推迟生育年龄或者是付出更多。

五、家庭形成期的青年

处于这个年龄阶段的青年已具有较为丰富的人生经历和阅历，做事稳重而理性，收入较为稳定，基本不会有太多的波动，会出现较长一段时间的均衡发展。此时的收入和支出都会出现同比增长，主要的生活开支是孩子的教育支出，以及各类贷款的还本付息。因此，此时的理财策略应该首先保留够应急钱，其次尽快还清各类贷款，最后剩余的资金要开始为自己建立养老基金。理财的重点是稳妥投资、积少成多。

第四节　中年时代上有老下有小的奋斗期

在市场萧条的时候，投资者战胜恐惧，用几元的价钱买进成长股，最后获得数倍、数十倍，甚至百倍收益，这个过程叫投资。而在狂热中，以几十元，甚至上百元价格买进透支股，这个过程只能叫搏傻。

——佚名

事业在成长，收入稳定增加，资产也逐渐增加，负债余额逐渐减少，投资也逐渐增加，在这一阶段里，家庭的开支一般是保健医疗费、子女的抚养和教育费用、双方父母的赡养费与医疗费。随着自身年龄的增大，自身养老和健康问题也列入考虑范围之内。

一、提前筹措养老金

目前，人口老龄化、社会保险的不完善及企业退休计划尚未建立，都使得个人筹措养老资金成为必然。退休计划是个长期的过程，不是简单地通过在退休之前存一笔钱就能解决，因为通货膨胀会不断地侵蚀个人的积蓄。个人在退休之前的几十年就要开始确定目标，进行详细的规划，否则不可避免地要面对退休后生活水平急剧下降所导致的困境。尽早开始储备退休基金，越早越轻松，人的工作收入成长率会随着工资收入水平的提高而降低，而理财收入成长率则会随着资产水平的提高而增加。因此理财最晚应从 40 岁起，以还有 20 年的工作收入储蓄来准备 60 岁退休后 20 年。否则，即使你的理财投资已经做得非常好了，剩下的时间已不够供你晚年舒适悠闲的生活。退休余下的储蓄运用不能太保守，无论在什么年龄开始准备，都要留下一半左右的收入作为准备退休金，必须大幅降低工作期的生活水平。如果运用定期投资基金，则个体可以满足晚年生活需求。而且我们可以将退休后的需求分为两部分，第一部分是基本生活支出，第二部分是生活品质支出。一旦退休后的收入低于基本生活支出水平，就需依赖他人救济才能维持正常，因此，这是必要的收入。而生活品质支出是实践退休后生活理想所需的额外支出，有较大的弹性。因此，投资性格保守的，或者安全感需求高的人，要保证给付的养老保险或退休年金满足基本生活支出。另外，以股票或基金等高报酬、高风险的投资工具来满足生活品质支出，选择一种可以兼顾老年安养保障和充分发展退休后兴趣爱好的资产配置方式。

二、剩余资金的分配

30 到 50 岁这段期间家庭成员逐渐增多，承担风险的程度需要比上一段期间相对保守，但仍以让本金尽速成长为目标。这期间至少应将资金的 50％至 60％投在证券方面，剩下的 40％投在有固定收益的投资标的。投在证券方面的资金可分配为 40％投资股票，10％购买基金，10％购买国债。投资在固定收益投资标的部分也应分散。这种投资组合的目的是保住本金之余还有赚头，也可留一些现金满足日常开支。

三、中年理财策略

作为中年人，拥有相对稳定的工作，完善的薪酬体系，该如何进行规划呢？针对中年人家庭的特点和对市场的预期，应是稳健当头，合理进行资产规划。合理控制开支。由于中年人收入相对稳定，因此理财应该首先从“节流”开始，以增加更多的结余。建议可以通过日常记账来控制开支。另外还可以申办一张信用卡增加流动性，同时也可通过每个月的银行对账单了解自己的日常支出用途。做好自身保障。中年人所获得的社会保障也相对比较完善。因此更多的需要是预防意外或疾病等情况的出现。可以补充购买人身意外保险和重大疾病保险，构建一张“安全网”，使自己的人生锦上添花，高枕无忧。理财工具的选择以稳健为主，兼顾收益。

中年人由于工作时间固定，很难花费太多的时间和精力进行投资研究，因此可以借助专家的力量帮助自己理财。短期要用的钱不适合买国债、炒黄金，可以买一些货币或短期债务型基金保障流动性。理财应考虑稳健性，可以以银行的新股申购理财产品以及股债平衡型的配置型基金为主。对于追求高收益的客户，可在资产组合中适当配置股票型基金。坚持投资，享受复利效果。这些适用于有固定薪水收入及其他收入，同时需要供养子女的四五十岁人士及家庭。四五十岁人士，因其可作 5 至 10 以上长期投资，所以他们的可承受风险的能力比较强，故股票投机比重可偏高，存款和债券偏低。他们有供养子女与维持家庭稳定的责任，他们的投资组合通常都会包括子女的教育基金、个人退休金、家庭风险管理等。该阶段投资年收益较定期存款高 3％至 50％。切勿过度消费，切勿无储蓄及无理财规划。由于中年期每月收入稳定，可以每月从节余中拿出一部分钱做基金定投。一方面能有效平摊成本降低风险，另一方面也能强制储蓄，达到“聚沙成塔”的效果。可以选择波动较大的基金，例如指数型基金和风格激进的股票型基金做基金定投。学会使用外力，轻松理财。中年期日常工作较忙碌，没有太多的时间打理财富。现在各大银行都推出了网上银行、电话银行等电子银行金融服务，可以充分利用这些渠道，大到购买基金理财产品，小到代交水电费等各项个人金融业务都可以通过电子银行来办理，既省时省力，又免去了在银行排队的烦恼。

第五节　老年时代平稳而快乐的理财

一个人需要买保险，就如同一个人需要穿衣服；一个没有保险的人，就如同一个人裸体，我们称之为财务裸体。

——佚名

案例导入

40岁前，预定好你的养老金

“我今年40岁了，要如何规划才能既让孩子完成学业，又保证我退休后有充足养老资金？”年近不惑的中年人基本会有这样的担忧，怕自己从单位退休后难以应对财务危机，因此也难怪，各家保险公司纷纷争夺养老市场，有些保险公司甚至计划推出“买养老保险送养老院床位”的做法。

也许你现在还年轻，但千万不要以为40岁前规划养老金为时过早——专业人士可以负责任地告诉你，预定养老金宜早不宜迟。

为什么四十岁是道坎？

先算算，一个人退休后需要多少钱才能满足不错的养老需求呢？

一般来说，职业人士工作期间，每月用于个人生活的费用大约是月工资的60%，退休后，没了工作，收入明显下降，因此，如果要达到跟退休前一样的品质生活，每月可领取到上班时月工资的60%是一个基本数。

假若一位女职工，其月工资4 420元，按60%的标准计算，那么其退休后每月所需的养老金约2 650元。但有些退休人员月人均养老金仅是一千多元，由此可知，退休后要享受退休前一样品质的生活，还得考虑投资，以便在退休后每月能够增加一千多元的收入。按照我国女性平均寿命74岁计算，55岁退休，那么该女士退休后共需要的退休金应该就是：19年×12月×1 500元＝34.2万元。

如果该女职工从30岁投保，10年交，保额5.5万，年交13 970元，月均交1 164元，日均交 38 元，那么从 55 岁退休开始领取养老金至 74 岁，合计领取养老金收益(按照高中低三档进行分析演算)低档收益可能获取 325 250 元，中档可能获取 428 636 元，高档收益可能获取 635 898元。而其成本是 139 700 元。

这里有一个保险行业老生常谈的观点，保险越早交，保费越便宜。现在很多人提复利率理财，而复利率理财要 15 个周期以上，才会发生质的飞跃，对于养老保险来说也是如此。因此，如果要购买保险来养老，在 55 岁退休的话，那最迟应该在 40 岁就要购买保险。

那些认为 50 岁快要退休时再买保险的想法，不是不行，但所交纳的费用太高，划不来。而且，很多人到了 50 岁时，或多或少会有一些慢性疾病，也容易成为拒保人群。

有社保养老保险还要买商业养老险吗?

为什么要担心养老呢? 不是有社保吗? 有人对此表示不解。

没错，我们国家对达到法定年龄退出劳动领域的劳动者，为保障其基本生活需要，建立了社会保险制度，制定了《中华人民共和国社会保险法》，由社会保障基金为提供生活补偿费用。

《中华人民共和国社会保险法》第 16 条规定:“参加基本养老保险的个人，达到法定退休年龄时累计交费满十五年的，按月领取基本养老金。”第 18 条规定:“国家建立基本养老金正常调整机制。根据职工平均工资增长、物价上涨情况，适时提高基本养老保险待遇水平。”

但一个不能忽视的情况是，我国目前的退休金制度只能使退休者达到吃饱穿暖的基本温饱程度。某银行理财顾问表示，若想退休后生活不会有太大落差，保证相应的生活品质，还得未雨绸缪，尽早规划自己的养老问题。

其中一个可行的途径就是，适当选择商业养老保险作为补充。据悉，商业养老保险是以获得养老金为主要目的的长期人身险，它是年金保险的一种特殊形式，又称为退休金保险，是社会养老保险的补充。商业性养老保险的被保险人，在交纳了一定的保险费以后，就可以从一定的年龄开始领取养老金。

根据卫生部的统计，目前我国 60 岁以上的老人已经超过 1.8 亿，而且每年还以 500～800 万的数量不断增加。随着教育及职业化程度的不断提高，越来越多的中国女性期望通过积极妥善的财务规划来减轻职业压力，并有意愿尽早开始享受自由惬意的退休生活。同时，我们也看到，中国老龄化趋势明显，统计显示女性可能将会面临一段更为漫长的退休生活期。因此，做到未雨绸缪、厘清财务目标并妥善规划显得十分重要。

商业养老险可能附加养老院服务。

目前，商业养老保险金的领取方式主要是按年领取。这样设计的一个重要因素就是现在啃老族不少，如果一次性领取，这笔钱很可能被子女借去，从而影响到投保人的养老生活。

那么面对保险市场上花样繁多、设计各异的养老保险该如何选择呢? 在保险精英们看来，各保险公司的产品设置大同小异，挑选的空间不大。但对于投保人来说，要根据自己的实际能力来合理安排个人期望的养老生活。如果退休前工作稳定可以选择 15 年至 20 年等长期稳定交费的投保方式，而对于自由职业者或者个人收入波动较大的人群，则可以选择一次交清或者采用5年至10年等短期交费方式进行投保。对于很多人担心的医疗问题,保险专家建议,因为社保中有基本医疗保险,商业保险最应该购买的是重大疾病险,其他如意外险、住院险等可根据自己的能力购买。

现在独生子女比较多,大多数老年人老了之后,儿女不在身边,就成了空巢老人。因此,一些保险公司开始推出养老保险与养老产业、健康产业结合起来的服务新形式,只要购买他们的养老保险产品到一定程度,就有一定的资质进入他们为保险人打造的养老院,而在养老院里的每个月的开支,就可以直接从投保人购买的保险产品里扣,争取让老年人的退休生活更有保障。

(作者:胡旋,资料来源:www. xiaogushi. com. 2012-9-29)

一、老年期和行为特征

退休期是指退休以后的时期。如果前半生进行了合理的理财,那么这时便可享受前期投资成果。空寡居期则是指退休以后独自生活时期。如果之前有做合理的理财,此时有一定积蓄、办理医疗保险与商业保险、有房产者便可较轻松度过。

年纪大,较保守,重视医疗保健,闲暇时间较多,退休期个人身体状况好的一般会考虑定期出门旅游并且参与社交活动,但大部分女性因为下下一代的出生而为照顾家庭而忙碌着,而男性仍然有着较多的闲暇时间。

二、财务状况和理财目标

这一阶段一般有稳定的退休金,但收入减少。医疗支出增加,主要靠退休金和积蓄生活,有办理医疗保险和商业保险的个人财务风险较低,未来预期收入低。有的会有房产。退休后期主要开支为医疗开支。

退休后期生病期间家中会出现较大开支,因此退休期的理财以安全为主,适度保守型并可小比例投资积极型。有家庭的在医疗开支方面要做好双方的风险规划。而单身居住的投资理财目标则主要考虑安全,适合适度保守型或保守型投资。

四、理财工具的选择

退休期个体以货币基金、债券型基金和保本型基金为主。前期仍可适当投资混合型基金。单身居住的理财工具主要以货币基金与债券和债券型基金为主,有房产个体可以考虑将房产卖掉租房,多一笔流动资金保证甚至还能提高生活品质。

第十三章　我的理财经验和规划

我小的时候，一直学的是如何投资，而大部分人去上学，学的是毕业以后怎么找到好的工作。我可以很敏锐地发现很多投资项目，可能有很多人却视而不见。在中国可能很多人都意识到应该去投资，但是，他们在思想上还没有做好充分的准备。其实，在美国也一样，有95%的人不容易发现一些投资项目，大多数美国人都在做着有高薪的工作，但是我的“富爸爸”告诉我说，高薪并不能够使你致富。只是有好的工作，有好的收入，并不能代表就有财富。如果你想致富，你必须具有投资者的思维模式，而不是工作雇员的思维模式。

——佚名

案例导入

100元创立一家上市公司

100元创立一家上市公司？看到这个标题，读者或许都会说开玩笑吧。这还真不是开玩笑，确确实实有人靠100元钱创立出了一家上市公司。说起来还真让人感觉到有些不可思议。那么让我们来看看这不可思议的事是如何发生的。

1983年6月，21岁的简伟文从华南理工大学工学热力加工专业毕业了。当年的大学毕业生国家是包分配的，他被分配到了广东机械研究所当了一名助理工程师。他的工作就是研究一些工业模具的设计。不过，他在广东机械研究所没干多久，只干了两年多时间。1985年，简伟文就考上了母校的研究生。1988年，简伟文硕士毕业后没有回到原单位工作，而是去了一家香港人兴办的养殖场。养殖场与工业模具加工是风马牛不相及的两回事，简伟文在养殖场自然是发挥不了什么作用。因此，简伟文也只是待了两年，在1990年便辞职了。

辞职回家后，简伟文正闲在家里没事做，不料竟有事找到他头上来了。一家企业需要设计并制作一整套模具，因找不到技术人员，便去了广东机械研究所，人家告诉他，这种技术难度要求很高的活只有简伟文能够拿得下，于是这家企业便找到了简伟文。

或许是这家企业急需这套模具，他们找到简伟文后，只是简单地把设计要求和完成的时间告诉简伟文，然后把一份未填金额的空白合同给了简伟文，并说模具的制作费是多少都由简伟文自己填。

这份合同写明了一共是13副模具，交货时间是45天后。虽然简伟文是搞模具设计的，但是从未生产制作过模具，而且他也没有机床设备和场地等，因此要完成这个合同还真是不容易。不过，简伟文也没想这么多，他首先是要把模具的设计图弄出来。那时候，简伟文刚刚结婚不久，家里剩下的家当就只有100块钱了。简伟文没有犹豫，他拿出这100元钱购买了设计模具所需要的图纸、制图用具等，开始了模具的设计。

没几天，简伟文便把13副模具的设计图全部画出来了。他找到了厂家，让厂家先付出一部分定金。厂家也很慷慨，马上给了简伟文一笔定金。简伟文拿到这笔钱后，立即采购了原材料。没有设备和场地，他便借了轻工学校的实习车间，缺乏工人，他就只好找来朋友给当帮工。经过一个多月奋战，简伟文终于按时成功制作出了13副模具。交完货后，简伟文在那份空白的合同书上填下3.5万元。因他把一些成本计算出来后，觉得赚1万块就行了，于是便选择只填3.5万元。

这1万元的利润就是简伟文赚下的第一桶金。虽然现在的1万元不算什么，但是在那个时候1万块算是一笔非常大的财富了，当时甚至还有“万元户”一说。拿着这赚到手的1万块钱，简伟文决定成立自己的一个模具加工厂。于是，简伟文到武汉买了几台二手的机床设备，运到老家广东南海，办起了自己的第一个五金模具厂。

有一次，一家乡镇企业的业务负责人跑来找简伟文，请求帮助他们攻克一个圣诞钟的难题。这种圣诞钟结构比较复杂，是靠12个继电器通过程序控制来敲打不同音节，演奏多首圣诞歌。这家乡镇企业无法做出音调准确、音质清脆、回声悠扬的小铁钟。简伟文接下了这笔业务。

接受任务后，简伟文带着圣诞钟的样品来到自己的母校找研究金属材料的老教授请教。这位老教授仔细看了圣诞钟半天，表示没有办法解决简伟文的难题。简伟文又跑到自己以前工作过的广东机械研究所，想请以前的同事想想办法。然而，以前的同事们一听说圣诞钟，个个都摇着头，表示无能无力。从外面跑一圈回来，问题根本没解决，简伟文决定自己动手来解决难题。

简伟文借来一只烧蜂窝煤的铁炉子，反复琢磨，寻找回声的原理和工艺构成。在不断研究试验之后，简伟成终于攻克了圣诞钟的难题。他和那家乡镇企业签订了协议，共同生产和销售这批出口圣诞钟。简伟文的工厂很快把自己要制作的模具和部分零件全部生产出来并交给了那家乡镇企业。然而，让人感到意外的是，当这家乡镇企业把圣诞钟总装成功后准备发往海外市场时，在海关却遭到竞争对手的阻拦，声称该产品已涉嫌侵犯了国外的知识产权。经过竞争对手的这么一折腾，结果使得与简伟文合作的这家乡镇企业也耍起了无赖，以合作最终未能完成销售为借口，单方面废除了合同。这个合同一撕毁，简伟文投入的几十万加工费就打了水漂。

第一次与人合作生产圣诞钟就以亏损几十万而宣告失败了。俗话说，失败是成功之母，此话还确实不假。次年，有一家香港公司生产圣诞钟时，同样遇到音调不准、音质不高的情况。香港公司生产的这款圣诞钟还是每套16个铜钟组成的，音调合格率只有46%。简伟文得知这一情况后，主动去联系这家港资企业。由于简伟文已经有足够的经验解决这一难题，因此底气也就非常足，他让港商先付10万元预付款，保证把产品合格率由46%提高到90%以上。

当第一批产品送到港资公司时，产品质量确实非常高，完全达到了90%以上。香港老板很高兴，便与简伟文签订了合作协议。这回简伟文与香港公司的合作却很成功，第一年就赚了200万，接下来的两年多时间，简伟文又赚了好几百万。

圣诞钟让简伟文又赚到了他创业的第二桶金。在简伟文的五金模具厂发展到了一定的规模之后，他开始考虑要把自己的事业做得更大才行。

一次，简伟文借用广东轻工进出口公司的名义谈出口业务时，偶尔接触到了一家美国电饭煲经销商，得知该公司想在广东发展第二家供货商，简伟文二话没说，便把这个机会揽到手了。做模具的要改成做电饭煲，这对于简伟文的五金模具厂来说一点都不难。在设备上并不需要增添多少，在技术上难度也并不大，甚至比做模具还要简单些。

1993年6月，简伟文把自己的五金模具厂改组成南海立邦电器有限公司，开始进入家电行业，专门生产电饭煲。公司开始时只是为美国的商家做贴牌产品，每生产一只电饭煲利润只有区区5块钱。不过，简伟文并没有嫌弃低额的利润，他深知要想在家电行业迅速做大做强，前期的起步阶段是需要努力去学习和不断发展完善的。

经过10多年一步一个脚印的稳步发展，简伟文的南海立邦不再是一个只生产电饭煲的小企业了，而是成为厨房小家电7大系列产品，几十种型号、数百种规格的小家电生产企业。凭借着多年积累的研发和生产能力，公司还与三洋、东芝结成战略合作伙伴关系，成为日本三洋小规格电脑电饭煲产品在中国大陆地区唯一的合作伙伴，及日本东芝电饭煲、电磁炉、电煎板、电热水瓶等合作产品在中国大陆地区唯一的合作伙伴。2006年，公司开始开发商用智能厨房电器系列产品，采用国内外先进的理念和数字控制等技术，结合中西烹调习惯，为中国餐饮业提供人性化、智能化的商用厨房电器和设备，以智能、节能、环保、安全、标准五大目标，推动世界中餐厨房电器设备的革命。这年7月，简伟文把南海立邦电器有限公司正式整体变更为广东伊立浦电器股份有限公司。

2008年7月16日，简伟文的伊立浦电器股份有限公司正式登陆深圳中小板股票市场，成为一家中小板上市公司。按当天的收盘价12.16元算，简伟文身价达到近10亿元人民币，成为名副其实的亿万富翁。

（作者：岑麦，资料来源：www.xiaogushi.com.2012-9-29）

第一节　我的理财生涯

一、发现的生钱道

从小生活的环境，让我知道钱是可以这样得来的。在上学前，除了父母给的零花钱外，我竟然无意发现卖废品可以给我带来财富，并且废品不一样，价格不一样。这样就不用找父母要钱了。可是家里废品毕竟有限，我就和邻居的小孩开始了四处拣废品的日子。我发现绿色的酒瓶比白色的酒瓶更受收废品的人的青睐，并且价格稍微高一分。而废铝的价格远远高于废铁的价格。按照当时的价格，一斤废铁 0.15 元，而一两废铝就是 0.2 元。在当时一分钱一块糖的时代，我因此有了不小的积蓄。小学二年级之前，我每天放学都四处去寻找废旧的铝制品（铝丝、暖瓶盖、铝制品的废旧勺子等）和其他能卖的废品，成了小的拾荒者。

后来一次生病，又让我发现可以做这样的买卖。由于生病，妈妈给我用房前山楂树上结的山楂做了罐头和我爱吃的糖葫芦。由于糖葫芦做多了，我吃不了，我就想到以前有卖糖葫芦的人是不是也这样做的。在我病好之后，我就要妈妈给我多做点糖葫芦，去学校卖。这次意外的实践，使得我赚了几十元钱，我对这样的买卖增加了极大的兴趣。

二、学生的理财市场

由于有了小时候的经历，我在以后的生活中就特别注意这类事情，当然我的生活习惯与父母的勤俭持家分不开。在上大学的时候，我能够靠自己的奖学金和家教养活自己，并且带领班级同学，给班级创造了很多额外的班费。

我到了大学的城市，很快就找到了一家中介，留下了我的联系方式，如果有找家教或者大学生勤工助学的事情，我可以参加或者介绍班级同学。这样在以后的日子里，的确给部分同学带来了机会。

在学校，我发现学生们买矿泉水的现象比较普遍，就在班级一角放一个盒子，专门让同学放矿泉水瓶，然后统一找到收废品的人卖，同样道理，我们也把少量废旧书放在一起卖掉。

由于身处北方，在大二的时候，我发现新生入学后有很多东西要买，尤其是洗衣服的手套和上课椅子上的坐垫。这样，我们和几个同学商量，在新生入学时候在外面批发一批这样的物品销售，既解决了新生不熟悉市场的状况，送货到门，也能够给我们创造一些财富。

三、毕业后的理财生涯

毕业后，回到家乡，在一所高校任教，我有很多时间，因此开始买股票，毕竟我是学会计和证券投资的，我除了拿出 20% 的资产投资股票之外，我早早地买了房子，当时房地产初见涨势，一千多一平方米，到目前五六千一平方米。到目前我买股票，投资房地产，教育投资，储蓄，日常生活用度差不多各占20%,50%,10%,15%,5%的比例。

日常生活我大部分东西都是网购和团购,我是较早使用电子商务的一批人之一,家里面的洗衣机,电磁炉,电饭锅,豆浆机和目前我正使用的笔记本电脑等很多东西都是网上购物得来,而日常服装、电影票、旅游宾馆、景点门票等日用品也都在网上购买,既节约了时间,又节约了金钱。

能坐公交车出门,我绝对不打车;如果火车和飞机选择,如果飞机比火车节约10小时却多花费500元,而这个10小时我又不能赚回500元,我会选择坐火车(没有其他事情的情况下)。

我是个不喜欢浪费的人,即便我将来有很多钱,我都会出去吃饭一直打包,可能很多人不太理解,但是我相信,在这个节约的社会,在中华民族传统美德依然存在的时代,我们要保持勤俭节约的好习惯。

第二节　我的未来投资规划

我不反对把所有鸡蛋放在一个篮子里,关键的是,你要紧紧盯住那个篮子……

——巴菲特

在我这个年龄阶段,正是事业稳步攀升的阶段,必须做好几个方面的规划。

一、继续保持金融理财

在未来我会继续保持对股票市场的投资,对于基金,我是很少或者几乎不去做,我是学证券投资的,但是我不一定总去分析市场,只要我买了股票,我会几年都不怎么去动,有一只股票,我5年没有动,是因为我觉得它会给我带来比这个时间价值更高的价值。房地产投资我会随着年龄增加而转换为别的投资。偶尔也会关注银行推出的一系列理财产品,进行组合投资。

二、为自己买保险

除了具有基本保险之外,给自己买一份养老保险,工作中有医疗保险,我计划再投保一份重大疾病保险,和意外伤害保险。我自己的未来考虑,一旦有什么事情,不会给家人和父母带来太大的伤害。

近年来,由于越来越严重的环境污染等原因的影响,人们患病的概率越来越大,而保险是防范和降低这一风险的有效手段之一。医疗保险可以选择住院医疗保险或者重大疾病保险。住院医疗险主要包括住院费用型和住院补贴型。住院费用型主要保障内容是依据保险合同的规定,对被保险人的住院医疗费用进行报销。住院补贴型则主要是依据合同,给予被保险人每日住院补贴等。重大疾病险是给付型的,一旦患重大疾病,保险公司将根据保险合同给付保险金额,被保险人可先行取得保险赔偿,以支付巨额的医疗费用。保险是必需的。

三、日常消费规划

争取在没有任何负担的情况下购车，车以实用、节约、方便为主，当然也要看起来舒服。这样每月预计有一千元消费在车上。每年两次旅游，每次是 15 天到 20 天左右，消费大约 1 万元以内，每月大约有 2 000 左右资金用于旅游储蓄。日常消费继续以节约理财为习惯。

第十四章 投资技术分析方法

股市，在绝望中新生，在犹豫中上涨，在欢乐中死亡，在大众满怀希望中暴跌。

——佚名

案例导入

理财就像打麻将，了解规则是首要

投资贵金属交易仅10个月账户内资金就由8万元变成16万元，大二做的基金定投到大四毕业时已获得20%～30%的回报……很多同龄人还在纷纷抱怨月薪不够花，被迫“月光”，而20多岁的张婷却已经通过合理的理财摇身成为众人羡慕的“小富人”。

“理财其实很简单，就跟打麻将一样，你要先了解怎么和牌，麻将的游戏规则是什么，自己能承担的风险是多少，只要知道了这些，你就不容易输了。理财也是这样，你了解了理财的游戏规则，你就赢了。”张婷用这样一句话总结了自己在理财致富上的秘诀。

学以致用大二即开始投资理财

大二那年开始的基金定投，是张婷的第一笔投资。“上课时听老师提到很多理财方式，因为没有很多的钱，所以就从每个月的生活费省下两三百元用于基金定投。”张婷学的是商贸专业，受到身边人以及专业的影响，她渐渐对理财投资产生浓厚兴趣。

张婷介绍，她是在2007年开始进行基金定投的，“我知道，通过定投的方式可以压低投资的风险，而且小额的投资很适合手上没有很多余钱的年轻人。”可没想到等到她2009年毕业时，2年的基金定投为她带来了20%～30%的回报率。“直到现在，基金、股票等投资方式对于普通人而言都是个新鲜事物，而一般人对于新鲜事物都是比较抵触的。”张婷说，得益于自己的专业，自己更容易接受这些新鲜事物，而通过自己的专业知识赚钱更是一件让自己特别满足的事情。

2007年，中国股市进入到了一个疯狂时期。不管你懂还是不懂，所有人都在讨论股票，而且只要你去买股票，基本上都赚钱了，“连卖菜的大妈都在谈股票”。那时的张婷也被这种疯狂所感染，兴致勃勃地想要涉足股票。

可是，与基金定投不同，炒股需要的资金较多，不是当时还只是大二学生的张婷可以承受的。无奈之下，张婷只有向父母伸手要钱。与所有孩子一样，张婷用了一个最简单也是最管用的理由——学习。“我就跟我爸妈说，这是为了学习。老师说了，每个人都要会点，要了解下股市。”爱女心切的张爸爸张妈妈二话不说，拿出一笔资金给张婷用于炒股。

最初的时候，张婷也小赚了一笔。可没想到，受到次贷危机的影响，股市在 2008 年开始走下坡路。“从那时候开始，选股越来越难。”张婷说，想从几千只股票里找到一两百只走势强劲的股票越来越难，而要抓住这几百只股票的上升期就更难了。

此时的张婷时赚时亏，自己也在这个亏亏赚赚的过程中摸索着前进，直到最后被“套住了”。那时候，张婷常常心急得几个晚上都睡不着，“你想想，那么多钱在股市里，能不心急嘛”。无奈之下，她心一狠、牙一咬，果断“割肉”清仓，退出股票市场。“我总觉得我还年轻，我还可以赚钱，输了也没什么。直到现在，我都是这么想的”，张婷笑着说。

知错能改让她成为理财小达人

而令人感到惊讶的是，投资股票失败，并没有对张婷产生什么实质性的影响，虽然她在表面上装作什么都不懂、不会，但内心里却仍是无所顾忌，悄悄地开始打点自己的下一桩生意。2011 年 11 月份的某一天，张婷到银行办理业务后，天津世元金行九江分公司九江黄金阁的理财顾问就向她推荐贵金属理财。“那时候人家问我，你晓得炒黄金、炒白银不？我嘴里说不懂不懂，其实心里在想，我怎么不懂，我刚在这里面亏了一大笔钱好吧！”谈及这段过往，张婷依旧有些不好意思。

“后来碍于人家总是叫我去听课，我就去了，谁知道就被人发现自己其实也懂贵金属投资。”张婷说。

理财投资，亏钱赚钱往往就在旦夕之间，亏了钱想马上赚回来，赚了钱也想赚得更多，在很多人看来，这件事像是一个无底洞。而张婷在这方面却显得十分与众不同，在多年的理财经历中，她始终保持着一样重要的品质，那就是做错了愿意悔改，“投资要有一个理性的心态，做错了要愿意悔改，而且亏掉的经验就是你赚到的财富。”

经过长时间的思考，张婷毅然将父母交给自己投资实体店铺的钱用于投资贵金属交易。“在哪里跌倒，就要在哪里爬起来。”此后张婷一心就用于贵金属交易的学习中，每天除了看九江黄金阁理财咨询公司介绍的书籍外，就是拉着公司里的投资分析师学习。“刚开始问的问题都很简单，但是我也不怕人家笑话我，慢慢地就学到了不少。”张婷说，正是之前的学习为自己的投资打下理论基础，在后面的投资中才能赚了一倍。

2011 年 12 月，张婷将父母给的 8 万元用于贵金属交易，直到 2012 年 9 月底，张婷的账户里已经有近 16 万元的资金。“这次投资赚到的钱让人很有成就感，因为这是我学习之后，凭自己智慧赚到的钱。”张婷说。

做自己的理财师

张婷现在的生活很规律，但是却和一般人不同。白天的时候，她会和朋友一起吃饭、逛街、聊天；或者是到投资公司与分析师聊天，探讨今天的行情；或者是在家上上网、陪陪父母，看看投资方面的书籍。到了下午或是晚上的时候，张婷总是习惯性地去看看整个盘面，判断大盘的走势，只有遇到自己做行情时才会一直盯着电脑。

“停止前进，是为了以后更好地向前跑。”毕业之后张婷留校当了一名高校老师，很多人都很羡慕她的工作，对于她辞职在家炒黄金、白银非常不理解，但是看到张婷赚钱之后，又很羡慕。因为张婷每天的生活都很轻松，不用上班，只要坐在电脑前面，点点鼠标，轻轻松松就能赚钱。但是张婷认为，自己其实也是在工作、赚钱，只是与一般人赚钱的方式不一样。“我不是不想上班，而是在找个合适的时间点再去上班。”张婷说，虽然自己现在没上班，只是靠着投资理财就能赚钱养活自己，但是并不是说自己就不会去上班，“一个人如果完全不工作，也是浪费时间。人最重要的是知道自己现在在做什么。”

但是因为害怕旁人的不理解，直到现在张婷也没敢告诉父母，她把开店的钱用于贵金属投资。“我爸妈一直以为我把钱投资于实体经济，他们只要看到我手里有钱花就行了。”张婷说，虽然自己通过贵金属投资赚了钱，但是她还是没敢告诉父母，自己把钱拿去炒黄金、白银了，因为在父母长辈的眼里，这是种不实际的投资。

“很多长辈认为整天看数字跳来跳去有什么用，非常的不实在。可是我觉得这样的投资很实在，赚了多少就是多少。”张婷想等以后有机会了，再慢慢地告诉父母自己在做什么，每天靠什么赚钱。

投资中得到的经验才是最重要的

身边的朋友知道张婷赚钱之后，总是会笑着说：“诶，你赚了这么多钱，带上我一起吧。”每次听到这样的话，张婷总是会很认真地看着朋友：“你怕亏吗?”听到有可能会亏钱，绝大多数的朋友就会一笑而过，不再提及这个话题。“天下哪有稳赢不赔的好事呢?”张婷说。

张婷认为，任何投资都是有风险的，因此再好的朋友想和她一起投资时，她都会告知对方风险，但她也坚信，风险和回报是成正比的，风险越大，回报越高，“任何投资都是有风险的，就算是实体经济投资也是有风险的。而且我们可以通过学习把风险最小化。”

“作为投资者其实没有那么理性，很多时候，你会控制不住自己，总是希望自己再多赚点就出来了。”张婷说，遇到这种情况，最简单的就是设置好止损点和止盈点，到了自己的心理价位就果断地退出来。

“这就和打麻将是一个道理，打麻将也是有亏有盈的，不可能是你一个人一直在赢钱，总得有输有赢。”张婷说，投资理财也是一样，也有输输赢赢，在小盈小亏中获取经验，才能一直前进，完全靠运气是没用的，经验才是最重要的。

朋友知道张婷在这轮黄金行情中小赚一笔，都建议她买一辆车。“一直以来我都想买辆车，现在手上的钱终于够了。”但是有了钱的张婷想了想，还是觉得先不买车。“我想先把手上的这笔钱继续用于投资，因为有了钱要先赚钱。如果我一次性把这十余万元用于买车，等有了行情的时候，我就没有资金去做这波行情，那就是亏了。”张婷说，相反的是，如果她继续用这16万元用于投资，那么在不久的将来，只要抓准了行情，变成100万元也不是件很难的事情，到时候不仅能买辆车，就是养车的钱也有了。

（作者：蔡家紫月，资料来源：股城网．2013－05－6）

技术分析是以证券市场过去和现在的市场行为为分析对象，应用数学和逻辑的方法，探索出一些典型变化规律，并据此预测证券市场未来变化趋势的技术方法。由于技术分析运用了广泛的数据资料，并采用了各种不同的数据处理方法，因此受到了投资者的重视和青睐。技术分析法不但用于证券市场，还广泛应用于外汇、期货和其他金融市场。技术分析方法与基本分析方法相比，具有对市场的反映比较直观，分析的结论时效性较强的特点。本章主要介绍技术分析的基本理论和一些常用的方法。

第一节　道氏理论

股市的规律就是这样的，大势好的时候，所有的负面消息都会缩小或漠视，而大盘一旦出现下跌，所有的利空都会放大。

——佚名

道氏理论（Dow Theory）是技术分析理论的鼻祖，它理性而宏观，是所有投资理论的基石，也是一切图表和技术分析的根本。该理论的创始人是美国人查理斯·道（Charles H. Dow）。他与爱德华·琼斯创立了著名的道·琼斯平均指数，以反映市场总体趋势。道氏是美国华尔街股票市场的专业投资人士，在对市场的多年分析、数据收集研究后，他发现股市的升跌是有一定规律的。他自己运用这个规律在股票市场中尝试买卖，结果赚到无数利润。

道氏理论是以股票市场的基本趋势作为研究及分析对象的投资理论。它通过研究经济基本因素推测股市基本趋势，这个趋势是属于长期的，一个趋势的延续可能长达数年甚至数十年。查理斯·道开创了后世的股市图表趋势分析方法，同时他也是通过选择一些具有代表性的股票的平均价格来反映总体证券市场趋势的第一人。道氏构建了两种指数：一是1884年公布的，时至今日仍然沿用的道·琼斯工业平均指数（Dow Jones Industrial Average）；二是1897年诞生的道·琼斯铁路指数，该指数于1970年更名为现在著名的道·琼斯运输指数（Dow Jones Transportation Average）。

一、道氏理论的基本原则

1. 基本运动不能被人为操纵

自然界万事万物都是相辅相成、相生相克、共存共亡的，它们均按照自然法则进行发生、发展、兴旺发达直至灭亡，市场行为也必须符合自然法则。由于市场的基本运动是由自然法则所决定的，而自然法则就是客观规律，因此由市场行为所构成的基本运动必然是按照客观的自然经济规律发展的，从而使基本运动不能被人为操纵。人为操纵只能在日常交易和次级趋势中起到有限的作用。这一原则后来被技术分析派引申为技术分析的三大假设之一："市场按趋势方式演变。"

2. 价格指数是股市的"晴雨表"

汉密尔顿在《股市晴雨表》中明确地说明了隐藏在道氏理论背后的基本原则："任何人所了解、希望、相信和预期的任何事件都可以在市场中得到体现。道氏指数的运动是分辨市场未来趋势的关键。"市场的价格指数预先反映了市场参与者整体的市场行为。价格指数在每日的波动过程中包含和消化了各种已知的和可预见的事件，而这些信息都会影响整个市场中各种股票的供求关系。即使是那些无法预测的自然灾害或其他不可抗因素所导致的事件，一旦发生，也将很快被予以评估并反映在市场指数中。正是由于这一原则，技术分析派提出，"市场行为包容并消化一切"，这是技术分析的第一大假设，是进行一切技术分析的基础。

3. 股市波动的周期性

社会行为的周期波动模式源自于人类的精神和情绪及其在各种社会环境中导致的行为倾向。每一个基本的市场(无论牛市还是熊市)都具有一种自我否定的趋势。根据运动和反运动的法则，预先确定任何基本运动的时间长度是不可能的，但是一种运动趋势持续时间越长，其向反方向运动的作用力越大。对应于市场上的表现是市场在一个相当长时期内上升和下跌的天数是大体相当的，如果出现了一个连续上升的时期，几乎必然会出现一个下跌时期与之保持平衡。根据道氏理论对于时间周期的考虑，技术分析派提出了技术分析的第三大假设——历史会重演。

二、市场中的三种趋势

道氏理论认为，虽然股票市场千变万化，但和经济发展一样存在周期性的变化规律，这一规律使得股票市场的变化形成一定的趋势，这一趋势根据时间的长短可分为基本趋势、次等趋势和小趋势。基本趋势是那些持续一年或一年以上的趋势；次等趋势是那些持续 3 周到 3 个月的趋势，是对基本趋势的调整；小趋势持续时间不超过 3 周，其波动幅度较小。股票市场的运动趋势可以从市场上某些有代表性的股票价格变动中被识别出来，识别趋势的工具是价格指数。

(1)基本趋势，又称长期趋势、主要趋势，是指持续一年或更多时间的股价变化趋势，并导致股价总升(降)幅度超过20%。基本趋势中包括多个重要的次等趋势,趋势的方向将取决于这些次等趋势的方向和力度。如果每一个后续价位上升比前一个上升达到更高的水平,而每一个次等趋势回调的低点(即价格从上至下的趋势反转)均比上一个回调高,这一基本趋势就是上升趋势或称为牛市(Bull Market)。相反,如果每一个后续价位下跌均比前一个下跌达到更低的水平,同时每一个次等趋势回调均未能将价格拉升到前一个回调的顶部之上,市场的基本趋势则朝下,并被称为熊市(Bear Market)。

基本趋势是三种趋势中长线投资者所关注的唯一趋势。长期投资者的目标是尽可能在牛市中买入,一直持有直至牛市终止而一个熊市已经开始的时候。他们完全可以忽视各种次等趋势和小趋势。

(2)次等趋势,又称中期趋势、次要趋势,通常发生在基本趋势中,且运动方向与基本趋势相反,对基本趋势产生牵制作用。它们可以是在一个牛市中发生的中等规模的下跌或"回调",也可以是在一个熊市中发生的中等规模的上涨或"反弹"。通常它们持续三周到数月不等。在此期间内,"回调"或"反弹"幅度通常为前一次次等趋势调整后价格主要变动幅度的1/3到2/3。然而,1/3～2/3规律并非真理,它仅仅是一种可能性,即大多数的次等趋势都在这一范围之间。很多情况下次等趋势的波动幅度为前一基本趋势推进幅度的50%,少于1/3的情况几乎没有。

(3)小趋势,又称为短期趋势,是指非常短暂的价格波动。小趋势的持续时间通常在3周以内,一般少于6天。从道氏理论的角度来看,小趋势本身并无多大的意义,但它却是短期投资者以及投机者为获得超常收益所主要关心的趋势。另外,小趋势是基本趋势和次等趋势的组成部分,观察它们的运动方向对于判断次等趋势进而判断基本趋势具有一定的启示作用。小趋势是上述三种趋势中唯一可被人操纵的趋势,因此从这种日常波动中所推出的结论易误导投资者。

图14-1为市场中三种趋势说明图。点1,2,3,4表示主要上升趋势,2～3浪代表主要上升趋势中的次等调整。同时,每一个次等趋势也可划分为更短的小趋势。例如,次等趋势2～3可分为日常波动A-B-C。

1. 基本趋势的三个阶段

对于证券价格变化的基本趋势,一般可分为三个阶段。下面分别以牛市为例,介绍基本趋势变化的三个阶段。

牛市,也称为主要上升趋势,可以分为三个阶段。

第一阶段是进货期。在这个阶段中,一些有远见的投资人觉察到虽然目前是处于不景气的阶段,但却将会有所改变。因此,买进那些没有信心,不顾血本抛售的股票,然后,在卖出数量减少时逐渐地提高买进的价格。事实上,此时市场氛围通常是悲观的。此时的交易量有限,但是当反弹时交易量开始增大。

第二阶段是一轮十分稳定的上涨,交易量随着公司业务的景气不断增加,同时公司的盈利开始受到关注。在这个阶段，技巧娴熟的交易者往往会得到最大收益。

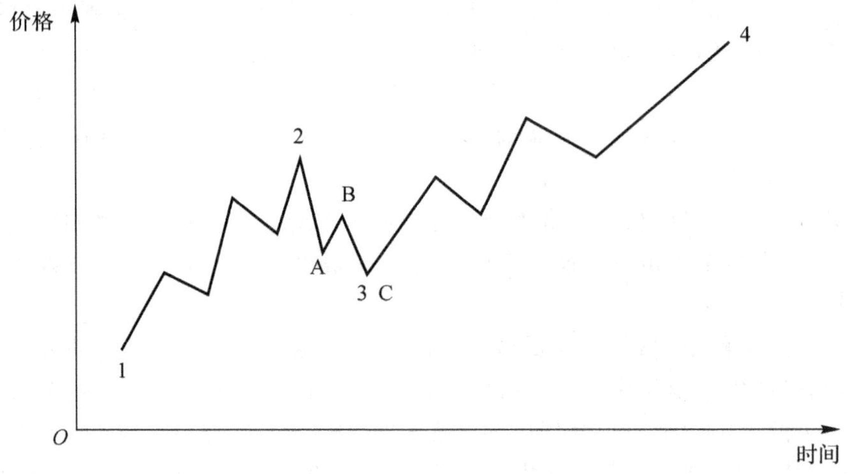

图 14－1　三种趋势说明图

第三阶段是牛气冲天的时期，很多投资者对过去损失惨重的情况已经记忆模糊，此时市场上充斥着利好消息。公司相继公布年报或中报，捷报频传，股东的大量获利令更多投资者涌入股票市场。这时候的股民具有极重的羊群心理，很多人盲目入市，甚至采用高风险的投资策略。牛市第三期的结束通常是极度戏剧性的。不利经济因素的出现，或大户获利回吐等会形成剧烈的骨牌效应，从而股市大跌，这意味着牛市第三期的结束，亦为熊市揭开序幕。

2. 指数分析以收盘价为准

价格行为是决定趋势的核心因素，然而这并不意味着所有的价格都同等重要。道氏理论不关心交易日中的最高价和最低价，而只考虑收盘价，也就是以成分股的收盘价计算出来的指数值。只关心收盘价是因为它包含了一个交易日内市场的所有信息，是多空双方争夺的结果从而反映了市场的最终评价。

3. 指数和成交量相互确认

道氏理论认为成交量是买卖意欲的指标。如果是一个升市，应该是越来越多的人愿意买股票，因而成交量应该是伴随指数同时上升。指数和成交量的同时上升表明这个升市会持续。相反，如果指数正在上升，但成交量却未同时上升，这时的升市通常只是一个假象，只会很短暂，很快就会恢复下跌，或至少不会再上升。如果指数创新高，成交量也创新高则可确认升势。当指数下跌时，成交量增加，指数仍会再跌；如成交量减少，则指数大跌的空间减小。另外指数创新低，成交量也创新低，表明股市已经见底。然而需要注意的是，成交量本身并不能用于趋势的判定，它只对以价格判断趋势起到辅助的作用。另外，成交量只有在一定长度的交易时间内才能得出相对较为有效的结论，因为在极为短期的交易中，成交量容易受到人为的操纵。

4. 指数间的相互验证

道氏理论认为，正确的股价运动结论，必须建立于道·琼斯工业指数和道·琼斯铁路指数的相互一致性的验证基础之上。只有两种指数的变动相互确认，也就是呈现出相同或相似的波动时，趋势才能够被确认，而单一指数的行为并不能成为趋势反转的有效信号。这是因为，任何国家的国民经济的生产与流通两个部分均表现出向好的健康态势时，其经济状况才是健康的，其股市才是有活力的。只要其中的任何一个部分出现不好的情况，都预示着国民经济及股票市场将会出现问题。

在股票市场上，股票数量多，价格指数的种类也多，通常不能要求所有指数都相互验证。为了判断牛市的到来，各种主要指数必须是相互验证的。牛市的力量越大，则相互验证的指数种类必定越多。指数相互验证的原则适用于市场的基本和次等趋势，但不适用于日常波动。另外，只要市场中各指数具有较强的相关性，同时他们又受到不同因素的影响，相互验证原则就适用。我们可以用图 14－2 来表达指数相互确认原则的内容。

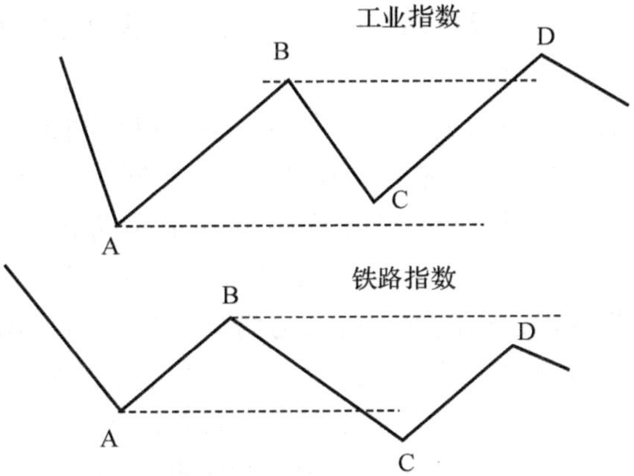

图 14－2　指数确认原则

图 14－2 中，我们假定一轮熊市已持续数月，然后由 A 到 B 是一个次等反弹，工业指数与铁路指数上涨至 B；在下一个跌势中，工业指数只跌至 C，高于 A，随之反弹至 D，高于 B。因此，工业指数已经显示出趋势由跌到涨的“信号”。铁路指数由 B 至 C，低于 A，随后由 C 上升到 D，但低于 B。至此，铁路指数与工业指数未能相互验证，因此认为此时基本趋势仍然是下跌的。如果铁路指数上升至高于 B 点位置则表明了一个趋势反转的明确信号。具体而言，道氏所指的工业指数和铁路指数相互验证，意思是除非两个指数均发出看涨或看跌的信号，否则就不能确定基本的牛市或熊市。不过信号的发出并不要求严格意义上的同时性，但在时间上越近越好。如果两个指数的表现相互背离，那么我们认为原先的趋势依然有效。

5. “直线”可以替代次等趋势

在道氏理论中“直线”指指数进行的一种横向运动。这一运动持续两到三周，有时甚至长达数月，该期间指数波动幅度为5%或更低一些（该值为经验观察所得）。“直线”的形成表明买卖双方力量大体平衡，其最终结果无非是以下两种：一是在该价格范围内没有人售出股票，那些需要购入股票的买方只能提高出价来吸引卖方；二是那些急于出售股票的卖方在该价格范围内找不到买方，只得降低售价来吸引买方。因此，如果指数向上突破“直线”的上限就是涨势的标志，相反指数向下跌破下限则是跌势的开始。一般而言，“直线”持续的时间越长，指数波动的幅度越窄，则最终突破的意义越大。

“直线”可能出现于价格趋势的顶部或底部，以分别表示出货和建仓阶段，但是更多地出现在已经确认的基本趋势中，形成趋势的调整形态。此时，“直线”取代了次等趋势，并发挥与之相同的作用。

三、道氏理论的实际应用

道氏理论的目的就在于对市场行为进行解释，该理论是否有价值，关键看它是否能够通过实践的检验。爱德华兹和迈吉在《股票趋势的技术分析》一书中考察了1941年末至1947年初美国股票的价格变动情况，这一时期包括了一轮熊市的结尾、一轮完整的牛市以及另一轮熊市的开始，即包含了道氏理论所提到的市场行为中的大多数典型情况。他们通过对这一时期市场行为的分析对道氏理论的实际应用进行了透彻的解释。同时，他们还用详尽的例证说明：根据道氏理论所发出的买卖信号进行交易，能够比买入-持有策略获得更多的收益。他们分析了道·琼斯指数1896—1956年间长达60年的变动情况，在1897年7月12日以100美元投资道·琼斯工业指数股票，此时正值道氏理论所认为的新一轮牛市的出现。如果完全按照道氏理论所提供的信号买卖，即当且仅当道氏理论明确认定的基本趋势出现反转时，才出售或再次买入股票。结果表明，1896年投入的这100美元到1956年就变成了11 236.65美元（见表14-1）。另外按照买入-持有策略，在1896年8月10日指数最低点29.64买入，一直持有到1956年4月6日的521.05，投资只增值至1 757.93元，远远低于按照道氏理论操作的盈利。

表14-1　道氏理论60年交易记录

操作	日期	工业指数值	百分比增长/(%)	收益/美元
买入	1897.07.12	44.61		
抛出	1899.12.16	63.81	43.1	143.10
收益再投资	1900.10.20	59.44		
抛出	1903.06.01	59.59	0.3	143.53
收益再投资	1904.07.12	51.37		
抛出	1906.04.26	92.44	80.0	258.35
收益再投资	1908.04.24	70.01		
抛出	1910.05.03	84.72	21.0	312.60
收益再投资	1910.10.10	81.91		

续 表

操作	日期	工业指数值	百分比增长/(%)	收益/美元
抛出	1913.01.14	84.96	3.7	324.17
收益再投资	1915.04.09	65.02		
抛出	1917.08.28	86.12	32.5	429.53
收益再投资	1918.05.13	82.16		
抛出	1920.02.03	99.96	21.6	522.74
收益再投资	1922.02.06	83.70		
抛出	1923.06.20	90.81	8.5	567.17
收益再投资	1923.12.07	93.80		
抛出	1929.10.23	305.85	226.1	1 849.54
收益再投资	1933.05.24	84.29		
抛出	1937.09.07	164.39	95.0	3 606.61
收益再投资	1938.06.23	127.41		
抛出	1939.03.31	136.42	7.2	3 866.29
收益再投资	1939.07.17	142.58		
抛出	1940.05.13	137.50	—3.6	3 727.10
收益再投资	1943.02.01	125.83		
抛出	1946.08.27	191.04	51.9	5 653.71
收益再投资	1954.01.19	288.27		
抛出	1956.10.01	468.70	62.6	11 236.65

资料来源:爱德华和迈吉,《股票趋势的技术分析》(第6版中译本),东方出版社,1996,第48-49页。

总之,作为最经典的技术分析理论之一,道氏理论最早总结了市场行为运动的规律,并首次对市场趋势进行了详细的描述,现在许多的技术分析理论均是以道氏理论的核心理念为基础发展而来的。因此,虽然道氏理论产生的年代距离现在十分遥远,但是其理论核心却深深地影响着现代技术分析的理论与实践。但是,道氏理论也存在局限,主要表现在其更多地关注股市长期变化,而对于中短期交易和个股选取,明显存在不足。

第二节 K 线图分析

> 不要懵懵懂懂地随意买股票，要在投资前扎实地做一些功课，才能成功！
>
> ——威廉·欧奈尔

图表是技术分析者必不可少的工具之一，它为技术分析者提供了对于市场行为最直观的描述。在技术分析中有很多种图表，包括曲线图、条形图、K 线图、点状图，它们可以反映一天的交易情况，也可以描述更长或更短的时间周期内(分钟、小时、周、月、年)的市场状况。K 线图是股市中用得最多的一种图表，也是分析和判断行情趋势最基本的技术指标之一。

一、K 线图的起源与含义

K 线图是 18 世纪中叶日本德川幕府时代，从事粮食生意的商人用于记录米价涨跌的一种图表，后来逐步发展成为今天的一套 K 线图理论。它在股市和期货市场上发挥了奇妙的作用。K 线图这一预测市场工具，已在世界各地得到了广泛的应用。由于 K 线图的形状类似蜡烛，最初称之为蜡烛图。英文 candle(蜡烛)的第一个字母发 K 音，故称 K 线图。

K 线图理论历史悠久，但其分析技巧并不因为年代久远而遭淘汰，可见其生命力强盛。K 线图的绘制十分简单，其内容却涵盖了市场在一天中价格变化的全过程，因此 K 线图的基本图形及其不同组合的研判规律，是股市图形技术分析的入门知识。K 线是一种特殊的语言，K 线所表达的不仅是价格的涨跌循环波动，更反映一种因果关系。对于已经发生、将要发生的事情，K 线早已提前做出了暗示。目前股价的 K 线形态，实际上受到前面 K 线形态的影响，而现在的 K 线形态，将影响未来的 K 线形态，因此 K 线图分析就是去读懂这种语言，去发现规律从而指导实战的操作。

二、K 线图的画法

K 线是一条柱状的线条，由影线和实体组成。影线在实体上方的部分叫上影线，下方的部分叫下影线。实体分阳线和阴线两种，又称为红(阳)线和黑(阴)线。K 线是将某一证券的单位时间内(每分钟、每小时、每天、每周、每月、每年)的价格波动记录下来绘制成一根 K 线，基本四要素：开盘价、收盘价、最高价和最低价。

以日 K 线为例，日开盘价是指每个交易日的第一笔成交价格，这是传统的开盘价定义。为了克服开盘价易受到人为控制的缺陷，中国市场采用集合竞价的方式产生开盘价。日最高价和最低价是指每个交易日成交证券的最高成交价格和最低成交价格。它们反映当日证券价格的波动幅度大小。日收盘价指每个交易日的最后一笔成交价格，是多空双方争斗的结果。和开盘价类似。为了避免价格的人为操纵，目前中国市场的收盘价按照证券最后一笔交易前一分钟的所有交易的成交量的加权平均数确定。

通常把开盘价和收盘价间的价位区间用矩形表示，称为 K 线实体，若收盘价比开盘价高，称为阳线实体，画成白色空心体，在电脑上用红色表示；若收盘价比开盘价低，称为阴线实体，画成黑色实心体，在电脑上用绿色或其他冷颜色表示。若最高价高于开盘价和收盘价，用一细直线将最高价与开盘价或者收盘价连接，称为上影线，表示曾到达过的最高价位；若最低价低于开盘价和收盘价，用一细直线将最低价与开盘价或收盘价连接，称为下影线，表示曾到达过的最低价位。

K 线实体的长短决定于收盘价与开盘价的差，而最高价和最低价的高低则决定了上影线和下影线的长短。最高价距离 K 线实体越远，则上影线越长；最低价距离实体越远，则下影线越长。

图 14－3 中，中间的矩形称为实体，向上、向下延伸的两条细线分别为上、下影线。左图中的收盘价低于开盘价，则实体为阴线或黑线；右图中收盘价高于开盘价，则实体为阳线或红线。将每个交易日的 K 线按时间顺序排列在一起，就构成了该证券的日 K 线图。

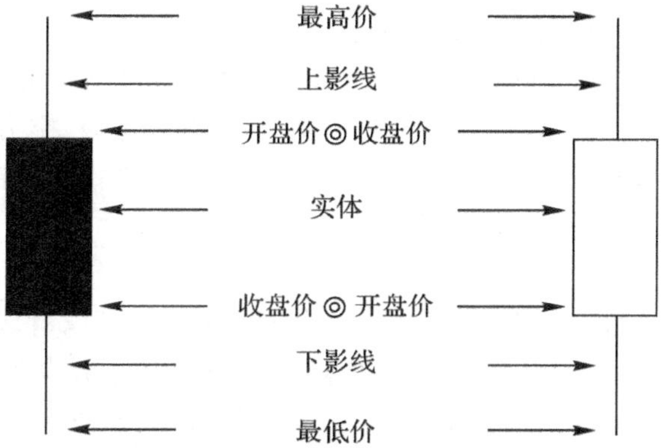

图 14－3　K 线的两种常见形状

三、单根 K 线的基本研判方法

股票的涨跌，完全由供需（买卖）双方来决定，由于供需关系在交易过程中随时产生变化，买卖双方力量不平衡，价格便起波动。画 K 线时，可以从 K 线的实体、影线以及平盘线（开盘价与收盘价相同）不同的组合，产生不相同的 K 线。不同形态的 K 线图及其组合反映了不同的市场态势，熟悉这些图形对于市场趋势的分析至关重要。下面首先介绍单根 K 线的基本研判方法（见表 14－2）。

表 14－2　单根 K 线的基本形状

序号	1	2	3	4	5	6	7	8
图线形态	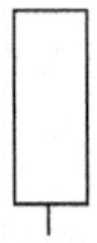		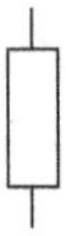				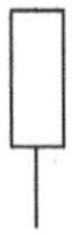	
名称	大阳线	大阴线	小阳线	小阴线	一字线	十字星	锤头/吊颈	射击之星

1. 大阳线

较低价开盘后一路上升，并以全天较高价收盘，可以有较短的上下影线存在，但在整体感觉上其较短的上下影线可以忽略，阳线实体巨大，称为大阳线。没有上下影线，即最低价就是开盘价，最高价就是收盘价，称为光头光脚大阳线。一般地，称没有上影线的 K 线为光头，没有下影线的 K 线为光脚。根据某些 K 线专家的看法，一根具有明显意义的大阳线，其实体的长度至少需要是前一天实体长度的三倍。

一般来说，单根 K 线很难提供充分的理由显示趋势即将反转，但可能是趋势发生变动的早期征兆。大阳线在技术上表示多方力量强劲，买方占绝对优势，空方毫无抵抗能力，该形态经常出现在脱离底部的初期，或者是盘整后重新发力启动阶段，如果伴随成交量的有效放大，是一种明确的涨势信号，可以择机跟进买入。

2. 大阴线

大阴线以较高价开盘后一路下跌，并以全天较低价收盘，可以有较短的上下影线，阴线实体巨大。如果没有上下影线，即最高价就是开盘价，最低价就是收盘价，称为光头光脚大阴线。

大阴线表示买卖双方争斗呈一面倒，卖方占绝对优势，长驱直入。该形态经常出现在顶部开始下跌的初期，或者是反弹结束后重新遭到空头打压的过程中。在实际投资中，如果个股在上升行情的末段，出现大阴线并伴随成交量的放大，那么就应该在收盘前果断地卖出手中的个股。

3. 小阳线与小阴线

小阳线与小阴线是指开盘价与收盘价相差不大，K 线的实体比较短小，并带有较小的上下影线。没有上下影线的称为光头光脚小阳线和光头光脚小阴线。实践中，单独分析一根小阳线或小阴线的意义不大，将它们同其他的 K 线进行组合分析才有实际的意义，具体见下文的 K 线组合分析。

4. 一字线

一字线表示开盘价、最高价、最低价和收盘价都是同一个价位。一字线形态暗示行情正处于极端情绪的状态，通常都是因为发布重大利多或利空造成的，或者是股价已完全受到庄家的控制。对于这种极端行情，实践中普通投资者应该寻找流通盘比较大的个股，并且选择在集合竞价阶段就“排队”以增加成交的可能性。

5. 十字星

开盘价与收盘价几乎处于同一价位附近，但含有长短相似的上下影线，具有这种形态的K线称为十字星。十字星的出现表明多空双方力量暂平衡，使市势暂时失去方向，但却是一个值得警惕、随时可能改变趋势方向的K线图形。十字星分为两种，一种是上下影线很长，一种是上下影线较短。前者称为大十字星，表明多空双方争斗激烈，最后回到原处，后市往往有变化。多空双方的优势由上下影线的长度决定；后者称为小十字星，表明窄幅盘整交易清淡，交易不活跃。十字星所处的不同位置其技术含义有很大的不同，下面分别介绍。

(1)早晨之星。股价已连续下跌了一段时间，空方的力量已显不足，下跌的动力大大衰弱，同时多方由于股价的连续下跌而买入谨慎，造成买盘数量的稀少。此时，多、空双方力量在小的价格区域内达到平衡，从而出现了十字星。在技术意义上“早晨之星”须满足以下条件：须有三根K线组合；第一根K线有一定的实体长度且是处于下跌趋势中；第二根为十字星，其开盘时最好有向下的跳空缺口；第三根为阳线，且其价位应回升至第一根阴线的水平。“早晨之星”的示意图如图14－4所示。

(2)黄昏之星。股价已连续上涨了一段时间，上升动力衰减，同时空方也因为股价的连续上升而显得较为谨慎，卖盘也不多，此时多、空双方的力量趋于平衡。将这种处于上升行情末端，市价将下跌的K线形态称为“黄昏之星”。和“早晨之星”的定义类似，“黄昏之星”必须有三根K线：第一根为处于上升趋势的阳线，第二根为开盘时有向上跳空缺口的十字星，第三根为阴线，且价格下跌至第一根阳线的水平，如图14－5所示。如果十字星出现以后，前后K线组合并未显示出反转的信号，行情保持原来的趋势运行，此时的十字星表示行情的暂时整理，也称为“换档十字星”，其对实际操作无指导意义。

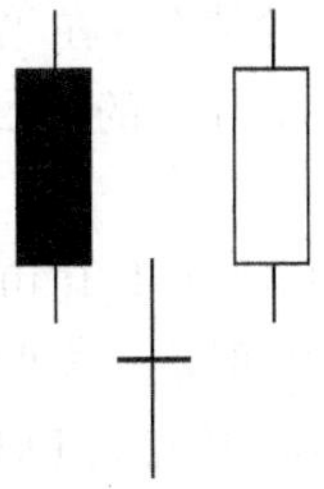

图14－4　早晨之星

图14－5　黄昏之星

6. 锤头与吊颈

锤头与吊颈用K线表示，是完全一样的形态，即长下影阳线或长下影阴线形态。唯一不同的是两者所处的位置不同，锤头一般出现在下跌的市势中，是一种见底回升的形态；吊颈出现在上升趋势中，是见顶回落的形态。

(1)锤头。锤头出现在持续下跌的市势中，其形态特征具体为市价持续下跌，某日出现长下影K线图形，构成锤头部分，其下影线所达低位一般为近期的新低点；下影线长度至少为实体的两倍以上；实体部分可阴可阳且上影线较短或没有。

(2)吊颈。吊颈出现在上升市势中，是一种比较典型的下跌形态。其技术图形特点为实体部分在当日的顶部出现，且实体部分较短，阴线阳线均可；下影线较长，最少为实体长度的两倍以上；吊颈出现的次日，拉出一根阴线，并且收盘价低于吊颈形态。

7. 射击之星

"射击之星"是一种常见的K线形态，它是一根具有较短实体、有较长上影线的光脚K线（阴线或阳线均可）。根据所处位置的市势不同，该形态具有不同的含义。若"射击之星"出现于一个上升趋势中的相对高位，说明此时多方做多能力大大衰减，是典型的高位单日反转信号；当其出现于持续下跌的市势中时，是一种较明显的见底回升形态。

四、两根K线组合及研判方法

1. 覆盖线

第一根阴线（或阳线）的实体部分，被第二根阳线（或阴线）的实体部分覆盖掉1/2以上，这两根K线的组合称为覆盖线，如图14－6所示。覆盖线是一种反转信号，表明第二根阳线（或阴线）已经把第一根阴线的空方（多方）领地大部分占领，多空力量对比发生改变，市场将沿第二根K线的方向运行。习惯上，分别称处于下跌市势和上升市势阶段的覆盖线为"曙光初现"和"乌云盖顶"。还有一种特殊的覆盖线，其中第二根K线完全把第一根K线实体覆盖，习惯上称之为"穿头破脚"。

(1)曙光初现。如图14－7左图，"曙光初现"形态一般出现在下跌市势中。如果出现在市势的底部，是一种可能的见底回升的K线形态。该形态的具体特征为在下跌市势中出现一根较长的阴线；在第二日跳低开盘但以阳线收盘；第二日的阳线伸入到第一日阴线的1/2以上。

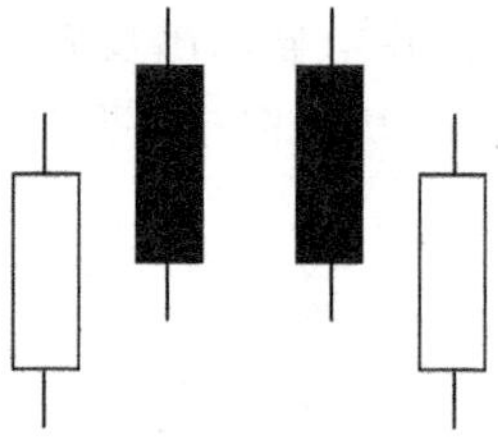

图14－6 覆盖线

(2)乌云盖顶。如图14－7右图，"乌云盖顶"一般出现在上升市势中，当该形态出现在上升市势的峰顶，则可判断为见顶回落。该形态的具体特征为市势继续上升，出现较长阳线；第二日跳高开盘，但却收成阴线，该日的阴线深入前一日阳线实体的1/2以上。第二日开盘之初的成交量越大，反转的机会将越大。

(3)穿头破脚。如图14－8所示，"穿头破脚"是一种较强的反转形态，构成该形态须具备如下的条件：出现于明显的升势或跌势当中；第二日的K线长度必须足以将前一日的K线实体全部包含；上升市势中的穿头破脚形态表明大市将向下反转，而下跌市势中的穿头破脚则是一种止跌回升的信号。如果穿头破脚形态出现以下两种情况，那么其反转的力度将加强。

1)第一根K线与第二根K线的长度相关越多，反转的力度越强。另外第二根K线的成交量越大，反转的可能性越大。

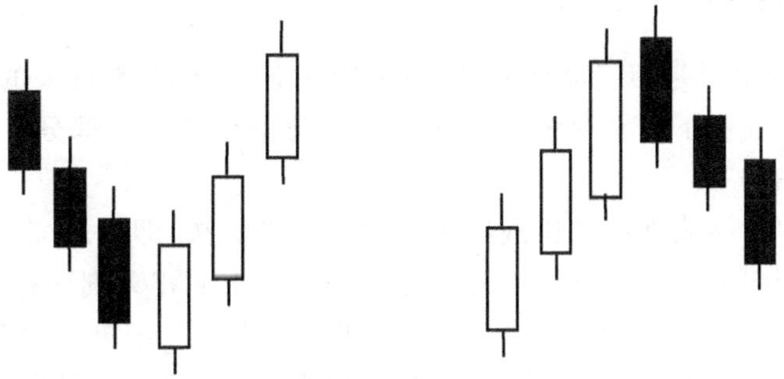

图 14－7 “曙光初现”（左图）和“乌云盖顶”（右图）

2）第二根 K 线包含与覆盖的 K 线越多（指在其之前的 K 线），反转力度越强。

2. 平顶、平底

如图 14－9 所示，平底是指两根 K 线组合具有相同的最低价；平顶是指两根 K 线组合具有相同的最高价。相同最高价或最低价可以出现于实体、上影线或下影线，并且组合中的两根 K 线中间可以包含其他 K 线形态。平顶和平底均是价格反转信号。如果两根 K 线在形成平顶或平底的同时，还形成了其他的价格反转形态，那么这将进一步地增强价格反转的可能性。

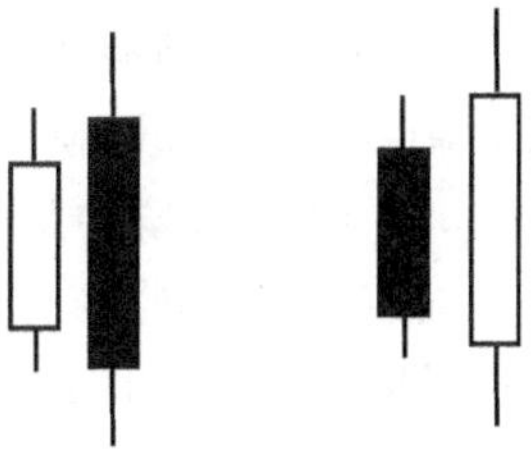

图 14－8 穿头破脚

图 14－9 平底（左图）与平顶（右图）

3. 十字胎

组合中第一根为阳线或阴线，它一般没有（或具有较短的）上、下影线，第二根为包含于第一根 K 线实体中的十字星，从而形成了十字胎形态（如图 14－10 所示）。该形态是一种价格反转信号。一般来说，在上升行情中出现的十字胎，第一根 K 线通常是阳线；在下跌行情中第一根经常为阴线。如果在上涨或下跌行情中，出现较长实体 K 线后，突然出现了十字胎形态，表示行情极有可能出现反转。

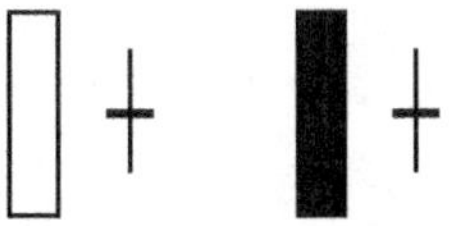

图 14－10 十字胎

五、多根 K 线组合及研判方法

多根 K 线组合的图形是相当繁杂的，粗略统计一下，能叫出名目来的不下数十种，但真正管用和常用的只占少数。下面将介绍多根 K 线组合形态中的精华部分。

1. 三根 K 线组合

日本技术分析中的经典理论酒田战法中记载了五种战法，即三川、三空、三法、三兵、三山，其中三空和三山分别归属于缺口理论和形态分析理论。下面将分别介绍三川、三法和三兵。

(1)三川。在三川战法中最著名的三根 K 线排列形态是二阳夹一阴和二阴夹一阳。

1)二阳夹一阴。二阳夹一阴指在两根阳线中间夹有一根阴线(见图 14－11 左图)。该形态在上升行情中出现，表明后市将继续大涨，投资者可以在此时进行买入操作。

图 14－11　二阳夹一阴(左图)和二阴夹一阳(右图)

2)二阴夹一阳。该形态指在两根阴线中间夹有一根阳线(见图 14－11 右图)。中间一根阳线之后出现阴线，表明在多空双方的争夺中多方处于劣势，预示着行情有可能加速下跌。

(2)三法。三法由五根 K 线组成，第一根 K 线是一根大阳线或大阴线，随后出现连续的三根短小 K 线，第五根与第一根类似。三法是酒田战法中，在实际股票市场中最常见的形态，实用性与准确性十分高。第一根 K 线的实体长度必须十分明显，表明强烈的上涨或下跌态势；内部的三根小 K 线应该被大阳线或大阴线覆盖。按趋势的不同，三法可分为“上升三法”和“下降三法”(如图 14－12 所示)。

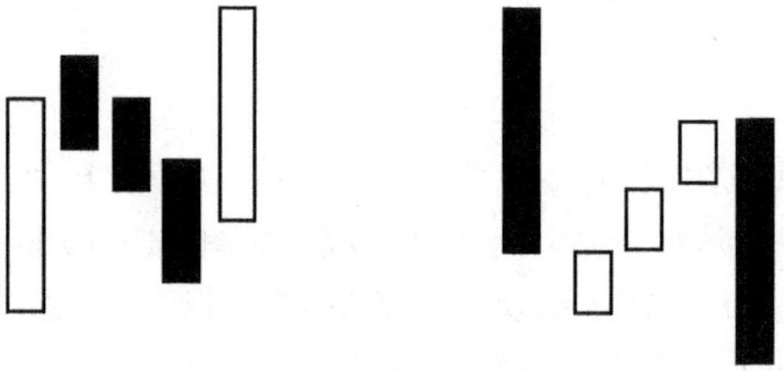

图 14－12　“上升三法”(左图)和“下降三法”(右图)

1)上升三法。“上升三法”第一根和第五根为大阳线，中间的三根是连续下降的三根小阴线(见图 14－12)。该形态有四个明显的特点：一是该形态要处在上升途中，不能处于高位；二是该形态的第一根 K 线是一根较大的阳线，实体应不低于该证券市价的 3%；三是中间三根向下跌落的小阴线累计跌幅不能超过前大阳线的幅度；四是第五根大阳线的收盘价应高于三根阴线中第一根阴线的开盘价。

“上升三法”可能出现于行情的初期、中期和尾声。只有处于初、中期的“上升三法”才是可信的买入信号。具体运用“上升三法”操作时应注意：当“上升三法”中第一根阳线不够大时，可将前面连续出现的几条小阳线连起来当成一根阳线看待；同理，如果第五根阳线不够大，也可将随后出现的两根阳线连起来当一根阳线看待。

2)下降三法。“下降三法”也是由五根 K 线所组成的，但这五根 K 线与“上升三法”的五根 K 线完全相反(见图 14－12)。“下降三法”第一根和第五根 K 线为大阴线，中间为三根上升的小阳线。该形态的特征：一是该形态须在下降行情途中，二是第一根大阴线实体不低于该证券市价的 3%，三是三根小阴线上升的幅度不超过前阴线的幅度范围，四是第五根大阴线收盘价应在第一根小阳线的开盘价之下。注意该形态的两根大阴线也可由相邻的两根短小的阴线代替。“下降三法”是行情继续下跌的信号，投资者应在此时卖出证券。

(3)三兵。“三兵”是指三根 K 线像士兵一样排列，分为“红三兵”与“黑三兵”，它们分别指由三根上升的阳线和三根下降的阴线所组成的图形(见图 14－13)。

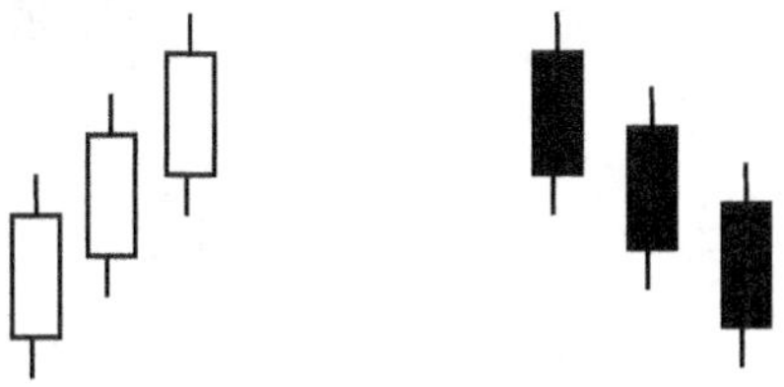

图 14－13 “红三兵”(左图)与“黑三兵”(右图)

1)红三兵。“红三兵”有三个特征：一是三根阳线应为中小阳线，它们的实体要大体相当；二是第二根阳线和第三根阳线要分别在前一根阳线实体的中点处之上开盘；三是第三根阳线须在第二根阳线的最高价上收盘。只有在低位和上升途中出现的“红三兵”才是可信的买入信号，若该形态出现在高位和下降途中，则应考虑出货。

2)黑三兵。“黑三兵”由三个短小的连续下跌的小阴线组成，阴线收盘价逐渐降低，表示空方的力量在不断加强。特别地，如果在上升行情的高价位区域出现“黑三兵”，预示着股价将有较大幅度的下跌。

2. 三根以上 K 线组合

和前面的 K 线组合相比，三根以上的 K 线组合变化更加复杂，形式也多种多样。下面根据形态所提供的买卖信号，介绍一些比较常见的 K 线组合及研判方法。

(1)卖出信号。

1)向上空跳三段新高值。股价经过一段上涨后，某日突然向上跳空高开，形成一条留有缺口的图线(阴线或阳线)，其后几天证券价格在前一跳空高开 K 线基础上，持续创出新高，当第三次新高出现时形成的形态称为“向上空跳三段新高值”(见图 14-14)。

该形态的判断特征:要求前期有一段上涨行情且上升幅度不小于10%;跳空高开的K线与前一K线缺口越大,见顶信号越可靠;三是空跳后的K线数量可以是三条或更多,但价格出现新高的K线只能有三条;向上空跳K线的阴阳和具体形态没有要求。该形态为见顶信号,投资者应卖出证券。

2)高位连续五连阴。股价上升到高位后,出现连续的五根阴线,这种形态称为“高位连续五连阴”(见图 14-15),其显示出强烈的卖出信号。解释如下:股价上升到高位后,获利盘的回吐,形成了第一根阴线。接下来的三根阴线表明在多空较量中,多方被空方战败。最后一根阴线暗示多方的彻底失败,同时这也预示着证券价格的下跌。

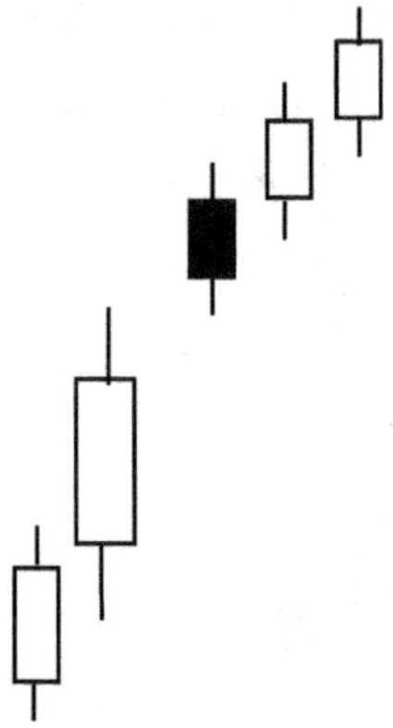

图 14-14 向上空跳三段新高值

图 14-15 高位连续五连阴

3)三次冲顶不破线。证券价格经过一段时间的上涨后,出现一根向上冲顶创出新高的K线,此后就在这一价位上下波动,每当价格达到这一高点时就回落,连续三次冲顶均未能冲破这一高点,这三根冲顶的K线称为“三次冲顶不破线”(见图 14-16)。该形态反映了空方击退多方进攻后的犹豫心态,导致出现数次冲顶的形态。其后,空方信心倍增,由防守转为进攻,迫使多方后退,从而造成证券价格大跌。因此,该形态是典型的顶部特征,应及时卖出证券。

4)连续五阳后乌云线。证券价格在上涨过程中,连续出现了五根阳线,随后又出现了一根高开低走的阴线,称为“连续五阳后乌云线”(见图 14-17),该形态是中期见顶信号,投资者应卖出证券。该形态的见顶原理:连续五根阳线,表明市场买方的力量很强,但连续的上涨,积累的获利盘很多,获利回吐必然会造成证券价格的回落。阴线的出现,确认了近期顶部的形成,后市将借助该阴线惯性下调。

还有许多提供卖出信号的K线组合形态,如在价格底部区域出现多根并列阴线、在价格高位区域出现多根并列阳线等。

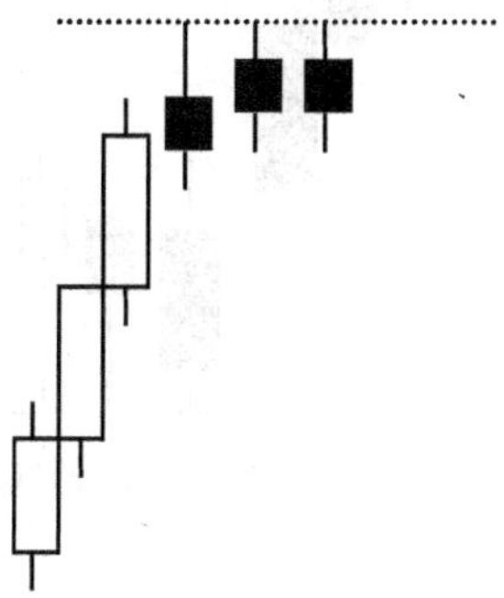

图 14－16　三次冲顶不破线

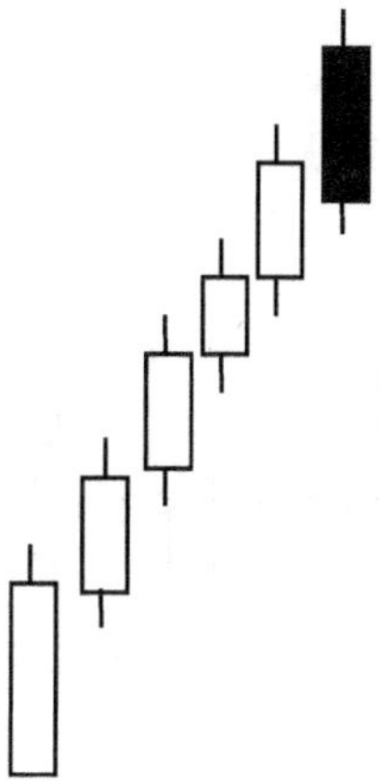

图 14－17　连续五阳后乌云线

(2)买入信号。

1)向下空跳三段新低值。“向下空跳三段新低值”是一种见底形态，它与“向上空跳三段新高值”的趋势方向相反，应用法则也相反(见图 14－18)。该形态出现在证券价格经过一段下跌之后，显示的是见底信号，暗示投资者应该买进证券。

判定特征：一是要求前期有一段较深的下跌走势，下跌的幅度不少于 10%；二是向下空跳 K 线与前一 K 线的缺口越大，见底信号越可靠；三是该形态的 K 线不一定是三根，但要求只能出现三次新低。

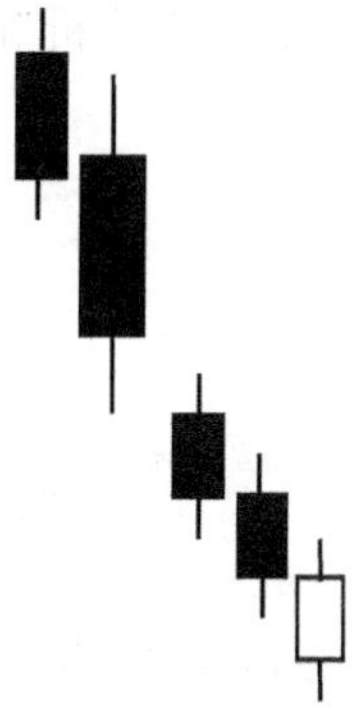

图 14－18　向下空跳三段新低值

2)低位连续五阳线。“低位连续五阳线”是指证券价格下跌到较低的位置后，连续出现的五根阳线(见图 14－19)。该形态的判定特征：一是该形态须处于低位；二是五根阳线必须是小实体 K 线，总升幅不超过 10%；三是五根阳线的排列形态可以是横向、田字排列或上升梯形；四是五根阳线须连续出现。如果出现满足上述条件的“低位连续五阳线”，投资者可买入证券。

3)三次触底不穿线。证券价格经过一段下跌后，出现一根向下探底创出新低的 K 线，之后就在这一价位上下波动，每当价格触及这一低点时就向上反弹，一连三次探底均未穿过这一低点，该形态称为“三次触底不穿线”(见图 14－20)。该形态是多方击退空方进攻后的一种保守心态，导致数次探底的走势。其后，多方信心的增强推动证券价格上涨。因此，该形态是触底回升信号，投资者可买入证券。

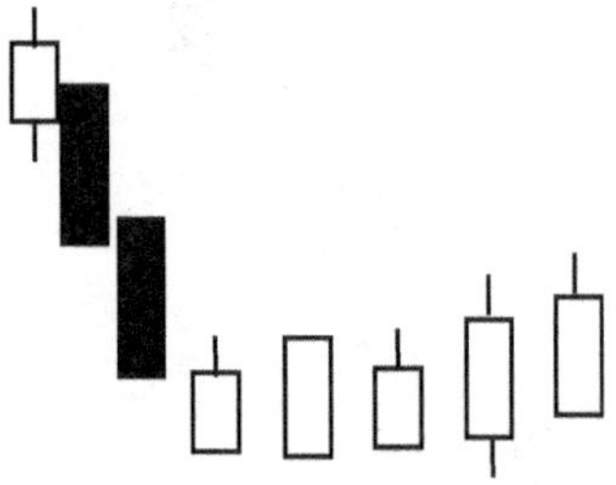

图 14-19　低位连续五阳线

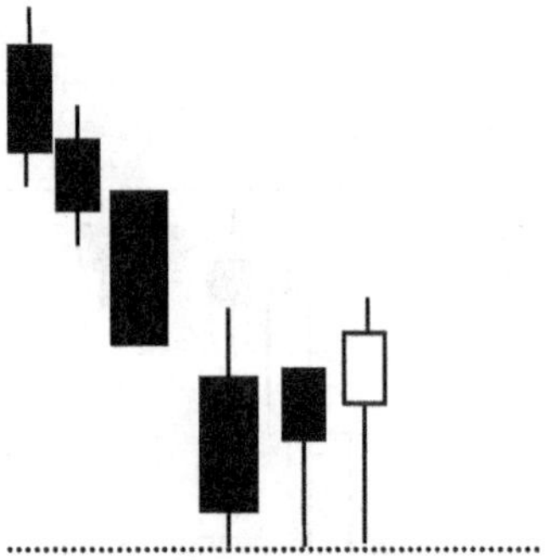

图 14-20　三次触底不穿线

还有许多提供买入信号的K线组合形态，如在底部区域中出现的多根并列阴线、底部盘整中出现的极长下影线、底部盘整中的向下跳空大阳线等。

总之，不论是单根K线，还是多根K线组合均是对多空双方较量做出的描述，由这些形态所做出的买卖建议是相对的，它提供给投资者的只是一种建议。实际应用时，可能会出现实际的价格运动与预测不符，或者运用不同种类的组合会得到不同结论的情况。这时要求投资者尽量使用根数多的K线组合来进行预测。此外，多种技术分析方法的配合使用也能增强结果的准确性，如趋势分析和形态分析方法等。

第三节　趋势分析

在股票市场里，比的是谁"活"的时间长而不是一次赚得多，只有活下来的人才有未来。

——佚名

在证券市场中，尽管价格波动反复无常，但从一定的时间范围来看，价格变动总是沿着某个特定的方向发展变化，例如向上、向下或者横向运动等。道氏理论开创性地描绘了价格运动趋势的形态，分析了趋势形成的动因，从而为趋势分析奠定了理论基础。然而，这些技术分析理论不足以指导投资者识别趋势变化，我们还需要更具可操作性的工具，如趋势线、轨道线、支撑线和压力线等。

一、趋势线

1. 概念

趋势线（Trend Line）是反映价格运行总体方向的切线。反映价格向上波动发展的趋势线称为上升趋势线，反映价格向下波动发展的趋势线则称为下降趋势线。由于价格的波动可分为长期趋势、中期趋势及短期趋势三种，因此，描述价格变动的趋势线也分为长期趋势线、中期趋势线和短期趋势线三种。

2. 画法

在上升趋势中将价格趋势的底部连接成一条直线就可以得到上升趋势线；在下降趋势中将价格趋势的顶部连接成一条直线则可以得到下降趋势线(见图 14－21)。根据两点决定一条直线的基本原理，画任何趋势线必然选择两个有决定意义的高点或低点。一般地，上升趋势线的两个低点应是两个反转低点，即下跌至某一低点开始回升，再下跌没有跌破前一低点又开始回升，则这两个低点就是反转低点。同理，决定下跌趋势线也需要两个反转高点，即上升至某一高点后开始下跌，回升未达到前一高点又开始下跌，则这两个高点就是反转高点。

有效的趋势线必须能够代表随后趋势的发展方向，因此它应当包含尽可能多的价格高位和低位。也就是说，一条趋势线的有效程度与它所连接的高点或低点的数量呈正相关的关系。

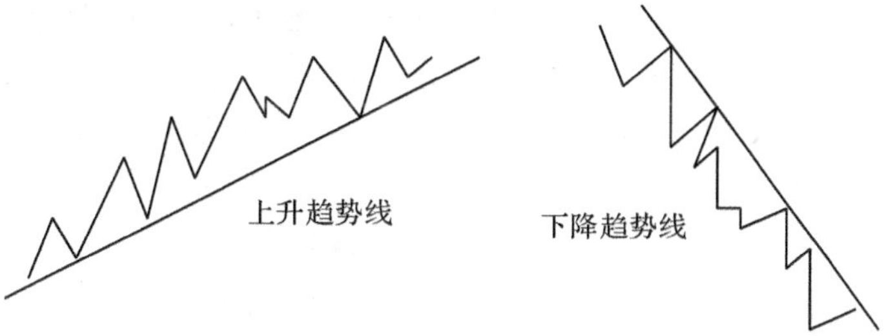

图 14－21　趋势线

3. 趋势线的运用

(1)趋势线被穿越(突破)后，价格趋势可能会反转，也可能仅仅是一个整理阶段。一般地，以较大的上升或下降角度穿越或突破趋势线，则后市整理的可能性比反转的可能性大。

(2)一般地，如果上升趋势线维持的时间已经很长，价格突然跌至趋势线以下，则可能大势即将转坏；反之，如果下降趋势线已持续了较长时间，价格突然上穿趋势线，则可确定价格趋势即将反转。

(3)突破趋势线时，如果将原有趋势线延长，当价格再次触及该趋势线时，常会发生反转现象。

(4)通常趋势线的斜率越大，直线越陡峭，之后的抵抗力也越弱。但是一旦价格跌破趋势线，大势不一定会转坏。因为在多头市场的初期常出现陡峭的趋势线，当价格回跌后，有可能会继续沿着斜率较小的趋势线上升，此时应该对趋势线进行修正。

(5)判断价格是否反转或由整理形态进一步突破的标准：一是价格穿越(突破)趋势线的程度。一般地，价格穿越(突破)趋势线后，收盘价与趋势线间有 3％以上的价差幅度才可以确认趋势的反转。二是成交量。价格上升穿越下降趋势线时，必须伴有成交量的大幅增长，而下跌突破上升趋势线时无需此条件。三是跌破上升趋势线后回调的力量强弱。如果跌破上升趋势线后的价差幅度小于3%，成交量也没有大量的增长，之后价格回升但始终保持在上升趋势线的下方，同时成交量没有增加，则可确认价格将下跌。

(6)由价格与趋势线的垂直价差测量反转后价格上涨或下跌的幅度。在多头市场中，趋势线与最高价的垂直距离价差与之后价格反转下跌的幅度大致相等。反之在空头市场中，趋势线与最低价的垂直距离价差与之后价格反转上升的幅度大致相等。

(7)仅仅根据趋势线的穿越(突破)，我们还不能够准确地判断后市的发展态势，实践中必须结合其他的技术分析方法来进行研判。例如综合运用趋势线和价格形态分析方法，可以提高预测趋势反转或整理的准确性。

二、轨道线

1. 概念

轨道线(Channel Line)又称为通道线或管道线，是基于趋势线的一种切线分析方法。在绘制出趋势线后，通过第一个峰位(上升趋势线)或第一个谷底(下降趋势线)作趋势线的平行线，这条平行线就是轨道线，如图14-22的虚线。一般来说，轨道线被触及的次数越多，延续的时间越长，准确性将会越高。

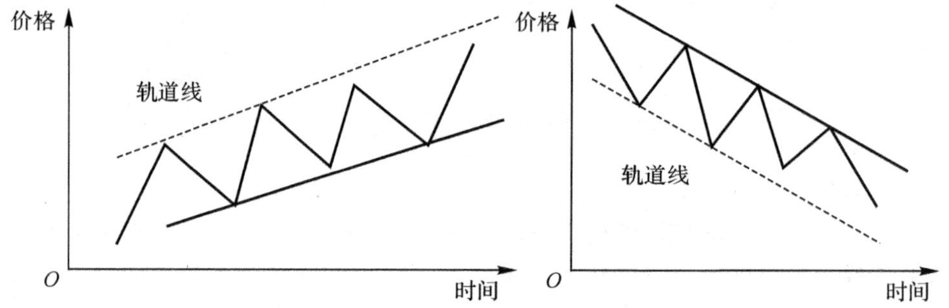

图14-22　轨道线

2. 轨道线的应用

上升趋势线、下降趋势线和对应的轨道线分别形成了上升和下降通道。通道的作用是限制价格的变动范围。一个通道一旦得到确认，价格将在这个通道里变动，对趋势线或轨道线的穿越(突破)将意味着行情有大的变化。

与趋势线不同，对轨道线的穿越(突破)并不代表趋势即将反转，而是当前趋势开始加速，即原来趋势线会变得更加陡峭。另外，轨道线还可以作为趋势反转的先兆：①若在一次价格运动中未触及到轨道线，离得很远就开始掉头，这往往预示着趋势的反转；②如果价格暂时高于上升趋势中的轨道线或暂低于下降趋势中的轨道线，而其后的第一轮价格回调又回到通道中，那么将提示趋势反转。若同时配合有成交量的放大，将增加趋势反转的可信度。这时称价格的暂时穿越(突破)轨道线为假突破或竭尽突破(Exhausted Penetration)，如图14-23所示，其反映了当前趋势推动方力量的衰弱。

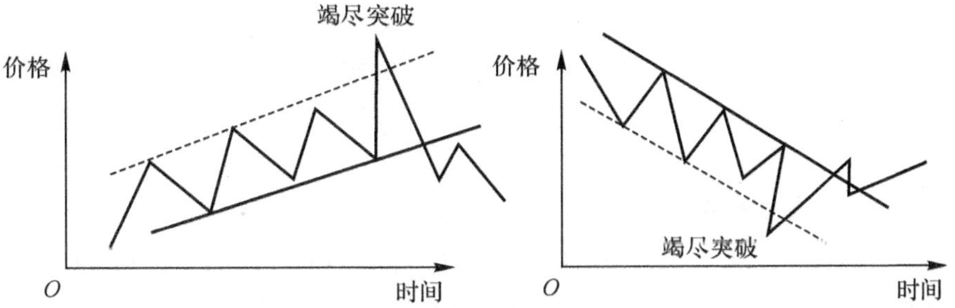

图 14－23　轨道线的竭尽突破

轨道线向投资者提供了双向的买卖信号，具有很高的实战价值。在画出轨道线后，可以清楚地了解上升(下降)通道的宽度。若价格回落至上升通道的上升趋势线时买进，同时轨道线可以提供清晰的卖出点和可能利润值的信息。技术分析理论上的利润空间就是通道的宽度，并且轨道线压力随着时间推移向上延伸，若价格上涨并接近轨道线，那么其将是一个明确的卖出信号。

三、支撑线和压力线

1. 支撑线和压力线的概念

支撑线，又称抵抗线，是指当证券价格下跌到某个价位附近时，价格停止下跌，甚至有可能还回升。支撑线起阻止股价价格继续下跌的作用。这个起着阻止价格继续下跌的价格就是支撑线所在的位置。压力线，又称阻力线，是指当证券价格上涨到某价位附近时，价格会停止上涨，甚至回落。压力线起阻止价格继续上升的作用。这个起着阻止价格继续上涨的价位就是压力线所在的位置。图 14－24 为支撑线和压力线示意图。

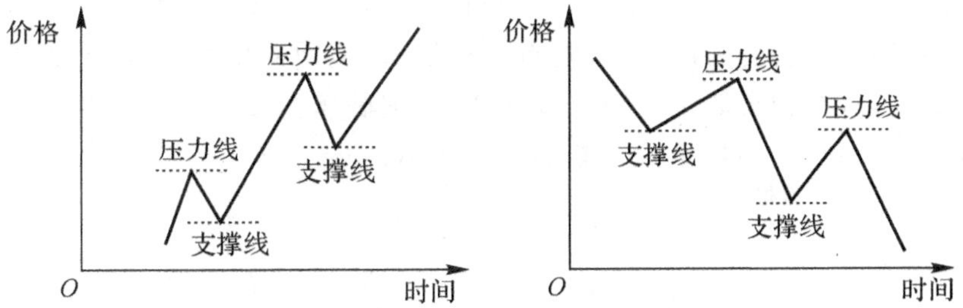

图 14－24　支撑线和压力线

2. 支撑线和压力线的作用

如前所述，支撑线和压力线是市场中多空双方较量的直接反映，它们是多空双方心中的价格底线。价格的变动是有趋势的，要维持这种趋势，保持原来的运动方向，就必须冲破阻止其继续向前的障碍。比如要维持上涨的行情，就必须突破压力线的阻力和干扰，创造出新的高点。可见，支撑线和压力线有被突破的可能，它们不足以长久地阻止股价保持原来的变动方向，只不过是使它暂时中止而已。支撑线和压力线被突破是非常重要的，大多数情况下它们意味着当前的趋势即将发生改变。至于到底是趋势反转还是趋势整理，则取决于价格突破支撑线或压力线的位置。

3. 支撑线和压力线的相互转化

由于投资者心理因素方面的原因，支撑线和压力线会相互转化。证券市场存在三类人：多头、空头和旁观者。旁观者可分为持有证券和持币者。若价格在一个区域停留了一段时间后开始下跌，在此区域卖出的空头确信自己的决策是正确的，并后悔没有多卖出证券（假设可以做空）。同时，在该区域买入证券的多头希望价格能回到原来的区域。旁观者中持有证券的投资者心理与多头相似，持币者的心情与空头相似。

上述几类人均有卖出证券成为空头的意愿。受到这种心理的影响，当价格稍一回升时，投资者们会或早或晚地进入市场卖出证券，这就致使价格还未上涨到原来的位置便又回落，最终使得该区域成为压力区。

我们再假设价格在一个压力位置遇到抵抗后，停留了一段时间开始向上移动，而不是像前面假设的那样向下移动。

对于下跌，由于每次上升都有更多的卖出，因而产生新的压力；而对于上涨，穿越了该压力区域，情况则截然相反。在该支撑区卖出的空头都意识到自己错了，而没有卖出的或买入的都意识到自己对了。卖空股票的空头都有买回证券逃离目前市场的想法，而买入的多头则想进一步地做多，待价格上涨伺机补回。一旦价格有些下跌，尚未到达原来的压力位，就会有一批证券买压出来，再次将价格抬升。这样，原来的压力线就转化为支撑线了。

以上的分析过程对于支撑线也同样适用，只不过结论正好相反。如图 14－25 给出了一个支撑线和压力线相互转化的例子。图中的 B 线首先作为一条支撑线出现在下跌的趋势中，然而它一旦被突破，则立即转变为压力线，阻碍价格回调，同时新的支撑线形成于 C。在价格稍微进行了调整之后，多方积蓄能量使得价格反弹，并突破压力线 B。一旦突破完成，则 B 立刻转变为支撑线，而在 B 的上方则形成了新的压力线 A。

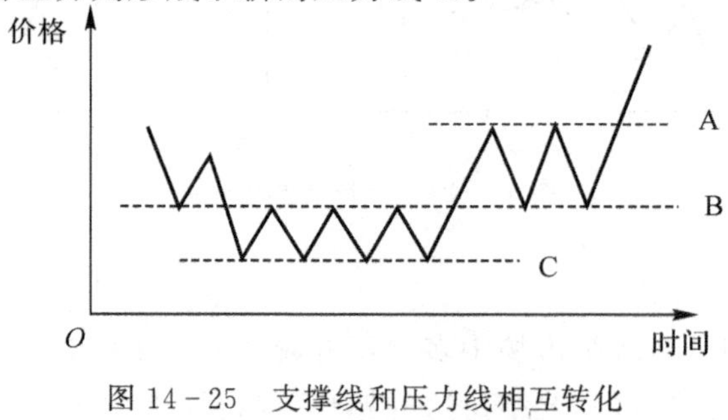

图 14－25　支撑线和压力线相互转化

支撑线和压力线转换的重要依据是突破。过去由于支撑或压力点位所带来的平衡形态已经结束,市场将在更大范围内寻求新的平衡。因此,投资者需要认真判定原有支撑和压力点位突破的真实性。判断是否有效突破有如下标准:①突破必须是收盘价的突破,这是因为收盘价综合反映了全天价格波动的状况;②突破必须超过突破点位3%以上的幅度;③向上突破必须要有成交量的配合,向下突破则不必;④突破点位应至少维持3天以上的持续时间。

在证券投资分析中,支撑线和压力线不能单独运用,需要和其他的技术分析方法综合使用。

四、扇形原理、速度线和甘氏线

1. 扇形原理

扇形原理(Fan Principle)是一种基于趋势线的技术图形分析方法,它采用一系列不断变化调整的趋势线来对有效突破进行确认。

扇形原理是依据三次突破的原则。例如在下降趋势中,先以两个高点画出下降趋势线后,若价格向上回升,穿越了刚画的下降趋势线,则以新出现的高点与原来的第一个高点相连接,画出第二条下降趋势线。接着若第二条趋势线又被向上穿越,则和前面一样,用新的高点与第一个高点相连接,画出第三条下降趋势线。这三条越来越平缓的下降趋势线如同张开的扇子,扇形线和扇形原理因此而得名。上升趋势的扇形画法和上述的类似,只是方向正好相反。

扇形原理:如果上述的第三条趋势线被突破,则原有趋势将反转。例如在上升趋势中,一旦第三条趋势线被向下突破,则可以确认多头行情就此结束,价格进入下跌趋势。图14-26分别为上升和下降趋势中的扇形线。

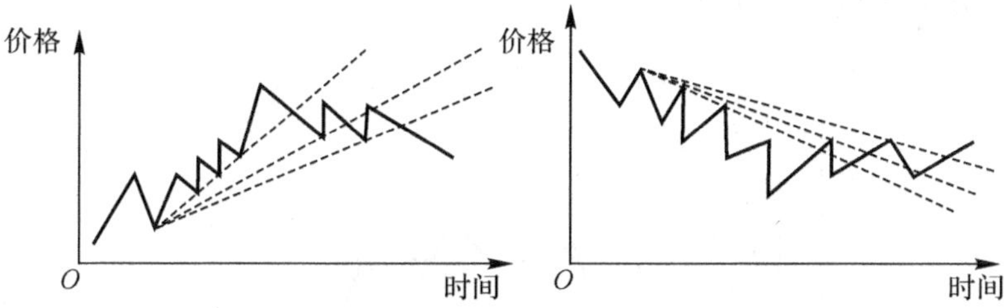

图14-26 上升趋势(左图)和下降趋势(右图)中的扇形线

2. 速度线

速度线(Speed Line)和扇形线一样用于判断趋势是否将要反转。它们之间的区别是速度线是固定的直线,而扇形线随着价格的变动而变动。速度线将每个上升或下降的幅度分成三等份进行处理。具体画法分为两个步骤:首先在当前价格趋势顶部价位和底部价位之间作一条垂直线,然后将此垂直线三等分;然后分别连接顶部价位(下降趋势中)与垂直线段的1/3和2/3分界点,或是连接底部价位(上升趋势中)与垂直线段的1/3和2/3分界点,得到两条直线即速度线(见图 14－27)。

值得注意的是,绘制速度线时,价格上涨和下跌的幅度利用的是最高价和最低价,而不是收盘价。速度线最为重要的作用是判断一个趋势是被暂时突破还是长久突破(反转)。

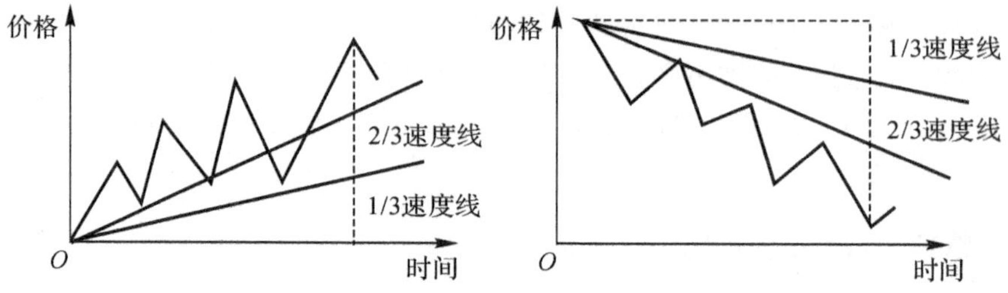

图 14－27　速度线

3. 甘氏线

甘氏线(Gann Line)是由 20 世纪早期的证券投资分析大师威廉·江恩(William D. Gann)提出的分析方法。江恩在股票和商品期货市场创造了出色的投资业绩,他将几何与数学做了精确的配合,发展出了一套独一无二的系统,并成功地用于股市交易中,他的经验被后人总结为江恩理论。

甘氏线的具体绘制方法描述如下:以波段行情的原始顶点或底点为原点,X 轴代表时间,Y 轴代表价格,建立起价格与时间之间的关系图。从原点出发,依一定的角度,向后画出多条射线。这些射线就称为甘氏线,若在上升趋势中则称为上升甘氏线,在下降趋势中称为下降甘氏线,图 14－28 画出了上升甘氏线。这些甘氏线都具有支撑线和压力线的作用,并且在自身被突破之后立刻转变角色。

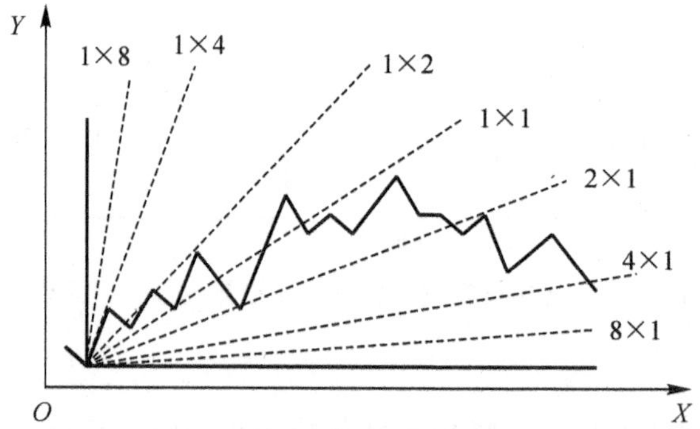

图 14－28　上升甘氏线

每条甘氏线的角度也可以用不同的价格单位及时间的组合来表示,如 1×1 甘氏线表示每单位时间内价格运动 1 单位,1×2 甘氏线则表示每单位时间内价格运动 2 单位,以此类推。表 14－3 为甘氏线与几何角度之间的关系。在 9 条甘氏线中,江恩认为 45°(1×1)线最为重要。由于45°线是时间与价格的平衡线，因此它被视为主趋势线。在强劲的多头行情中，价格通常位于主趋势线上方。若价格跌破45°线，则被认为主要上涨趋势的结束。在空头行情中，价格通常位于主趋势线的下方，若价格顺利向上穿越了45°线，则代表主要下跌趋势的反转。除此之外，2×1和1×2线也是非常重要的趋势线，其他甘氏线虽然也能起到一定的支撑和压力作用，但重要性相对较小，很容易被突破。

表14-3 甘氏线与几何角度之间的关系

甘氏线	几何角度	甘氏线	几何角度
8×1	7.5°	1×2	63.75°
4×1	15°	1×3	71.25°
3×1	18.75°	1×4	75°
2×1	26.25°	1×8	82.5°
1×1	45°		

五、黄金分割线和百分比线

黄金分割线和百分比线的共同特点：它们都是水平的直线，主要关注支撑线和压力线的价位，而并不十分关心到达这些价位的时间。实际分析时往往画出多条支撑线或压力线，并通过分析最终确认其中的一条。这条保留下来的切线具有一般支撑线和压力线的全部特征和作用，可以用于未来的价格预测。

1.黄金分割线

黄金分割是依据0.618黄金分割率原理计算得出的点位，这些点位在证券价格上升和下跌过程中表现出较强的支撑和压力效能。计算方法是依据上升或下跌幅度的0.618及其黄金比率的倍数来确定支撑和压力点位。具体的应用步骤如下：

(1)记住与黄金分割率有关的若干数字。

0.191	0.382	0.618	0.809
1.919	1.382	1.618	1.809
2	2.382	2.618	4.236

其中最为重要的是0.382，0.618，1.382，1.618和2等比例，这几个黄金比例线常常会成为支撑线或压力线。

(2)找到一个点，该点是上升行情结束，准备回落的最高点，或者是下降行情结束，准备回升的最低点。然后根据该点提供的价位，计算上面所列若干数字与该价位乘积所得的价位。以这些新价位为参考点画出的水平线即为黄金分割线。

2.百分比线

百分比线的绘制方法很简单：如果是上升趋势的话，先计算当前趋势的底部与顶部之间的垂直距离，然后以顶部为起点，按照该垂直距离的一定比例作一系列的平行线。这些平行线就是比例线，它们代表了价格突破之后可能的目标价位，也就是市场价格从趋势顶部向下回落的可能幅度。如果是下降趋势则按照相反的方法绘制。

百分比线的诞生源于对市场心理的分析，它很好地衡量了市场中多空双方力量变化所导致的价格变化，以及由此带来的市场心理的变化。

第四节　形态分析

股市赢家法则：不买落后股，不买平庸股，全心全力锁定领导股！

——威廉·奥尼尔

价格运动有按趋势发展的规律，并且历史可能会重演，因此可以通过对过去和现在的价格资料分析来预测将来的变动方向。形态分析是其中的一个重要方法，它是把过去和现在的价格变动数据标在以时间为横轴、以价格为纵轴的平面直角坐标系中，以价格图形的形态分析未来趋势。

价格形态是指在市场价格趋势发生变化（持续或反转）的过渡阶段中价格的调整所形成的价格曲线，反映了市场多空双方相对力量的变化。趋势变化的过渡阶段表现为一个价格调整区域。价格一旦进入该区域，即受到两个力量的约束：一是“压力”，对市场价格的进一步上升产生压力作用；二是“支撑”，对市场价格的上升起到支持作用。

根据价格运动的规律，可以把价格曲线的形态分为两大类型：持续整理形态和反转突破形态。前者保持平衡，后者打破平衡。平衡的概念是相对的，价格只要在一个范围内变动，都属于保持了平衡。这样，这个范围的选择就成为判断平衡是否被打破的关键。

本节主要介绍反转突破和持续整理两种常见的形态。

一、反转形态

反转形态就是价格或指数形成这种形态后行情将反转，反转是相对反弹而言的，反转可以解释为反向运转，如目前价格在上升趋势中，发生反转就是将上升趋势反向运转成为下跌趋势。

1. 双重底和双重顶形态

双重底（俗称 W 底）是最常见的反转形态，它由两个谷底和之间的一波次等趋势构成，通常出现行情下跌的末期（见图 14－29）。一旦价格突破双重底，则发出多头趋势的信号。双重底的两个底部的高度应当相等，但在现实中通常第二个底部会略高于第一个底部。成交量的特点在于，第一个底部伴随较大的成交量，第二个底部的成交量较小，但是一旦价格开始向上突破，将伴随成交量的较大增长。双重底的有效突破应当按照颈线和目标价位来判断。双重底的颈线为过峰位所作的平行于两个谷底连线的直线。有效突破应当依据价格向上突破颈线后继续前进一个目标涨幅为基本准则，其中目标价位距离颈线的垂直距离为一个形态高度，即底部到颈线的垂直距离。双重底中的颈线充当压力线的角色，而一旦被突破，它立即转变为支撑线。新的压力线产生于目标价位处。

双重顶(俗称 M 头)，它由两个峰位所构成，中间包含一个谷底(见图 14－30)。双重顶的主要特点是第二个顶部对应的成交量远远低于第一个顶部所对应的成交量。理论上两个顶部的高度相等，但现实中它们并非严格相等。双重顶通常出现在市场的顶部，一旦被突破则发出空头趋势的信号。双重顶的有效突破判定遵循与双重底同样的法则，只是方向相反而已。双重顶中的颈线发挥支撑线的作用，在价格向下突破颈线后，颈线立刻转变为压力线，目标价位则成为新的支撑线。

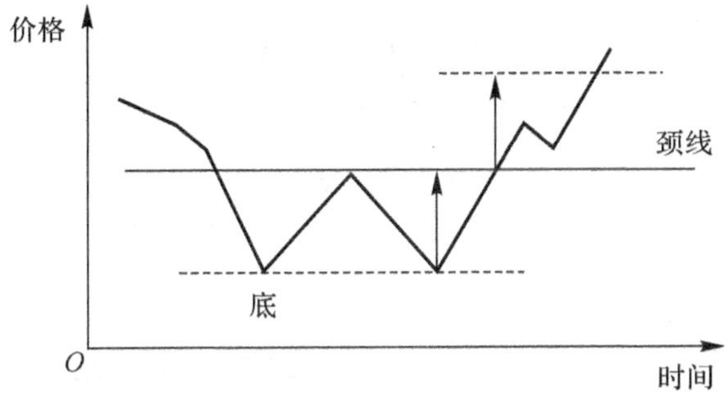

图 14－29　双重底形态及其突破

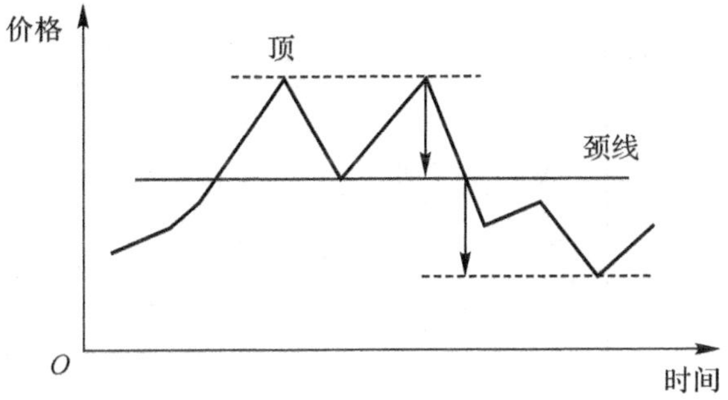

图 14－30　双重顶形态及其突破

2. 头肩底和头肩顶形态

头肩底是反转形态中较为常见的，它出现在中长期行情的底部，是一种比较大的形态，构成头肩底的时间跨度往往大于 W 底。真正标准的头肩底出现的频率较少，实际出现的往往是标准头肩底的变形。图 14－31 给出了一个标准的头肩底形态，它由“一头两肩”构成，“一头”是指一个较大的底部，而“两肩”则是分布在大顶部两侧的两个规模较小的底部。两个肩部的高度不一定相同，但它们高于头部的谷底。在左肩的底部和头部形成过程中，成交量相对较大。当价格下跌到右肩的谷底时，成交量显著下降，而一旦价格开始向上突破，成交量会显著增加。在头肩底这种价格形态完成之后，通常能够发出趋势反转的强烈信号。

连接左右两肩底部的直线称为颈线。当价格顺利向上突破颈线压力时，颈线从压力线变为支撑线，价格也经常会在向上突破颈线后，再回抽确认颈线的支撑。这种突破后的回抽颈线应被视为“最后的买入机会”。头肩底向上突破颈线后的理论目标价位为突破点，它等于颈线至头部的垂直距离，如图 14－31 所示。只有价格进一步地向上突破目标价位，头肩底形态的有效突破才被确认。

头肩顶与头肩底是一对以颈线为中心线，上下各为倒影的反转形态，它们形象相同方向相反(见图 14－32)。头肩顶形态是反转形态中比较大的形态，它出现在中长期行情的顶部，构成头肩顶的时间跨度大于 M 头，可靠性较高。标准的头肩顶同样由“一头两肩”构成，两个肩部的高度不一定相同，但它们一定比头部低。就成交量而言，左肩最大，在价格接近头部峰位时，成交量也相当大。右肩的形成总是伴随着成交量的明显萎缩。当价格到达右肩峰位时，成交量减少。右肩所具有的这种价量关系是构成头肩顶形态的关键因素之一。

头肩顶形态的两个低点连线是颈线，在形态形成过程中颈线有支撑作用，而被向下突破后颈线就由支撑变成压力。在头肩顶形态向下破位后，理论上应有一个反抽确认的过程，但在实际趋势中，向下突破头肩顶颈线后，反抽到颈线位确认的并不多见。因此在向下突破颈线时刻是最好的抛出时机。头肩顶向下突破后的理论下跌目标价位为颈线位减去头部到颈线的垂直距离，由于头肩顶准确度高、杀伤力强，其实际下跌位置往往大于理论下跌目标位。

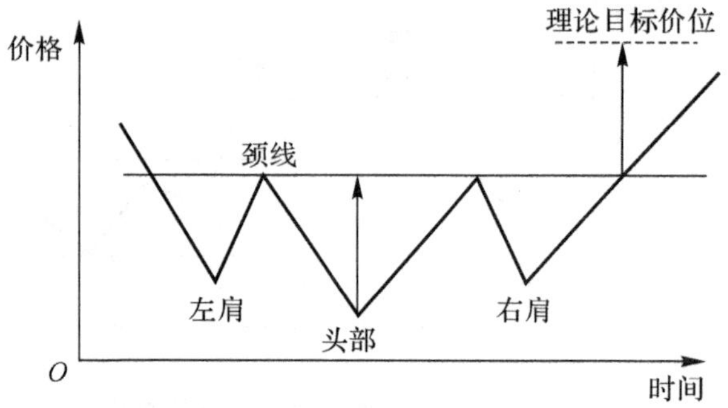

图 14－31　头肩底形态及其突破

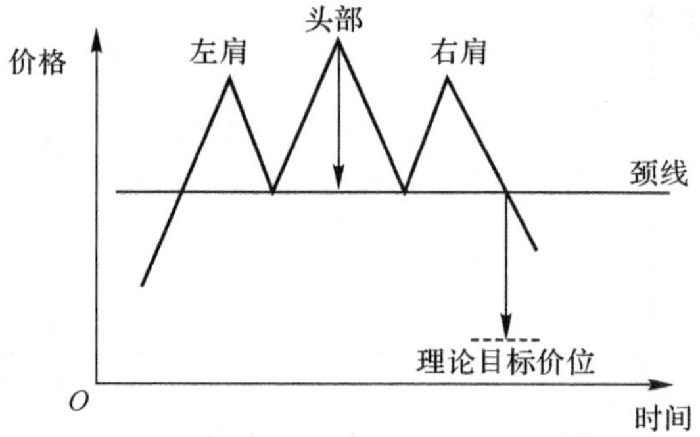

图 14－32　头肩顶形态及其突破

3. V 形反转形态

V 形反转形态是一种比较少见的反转形态，价格走势像英文字母“V”，与其他反转形态相似，有正 V 字形态与倒 V 字形态之分。图 14－33 是 V 形和倒 V 形的简单图示。V 形走势是一种很难预测的反转形态，它往往出现在市场进行剧烈的波动之中。和一般的反转形态不同，V 形反转没有一个明显的形成过程，其关键转向过程仅两三个交易日，有时甚至在 1 个交易日内完成整个转向过程。

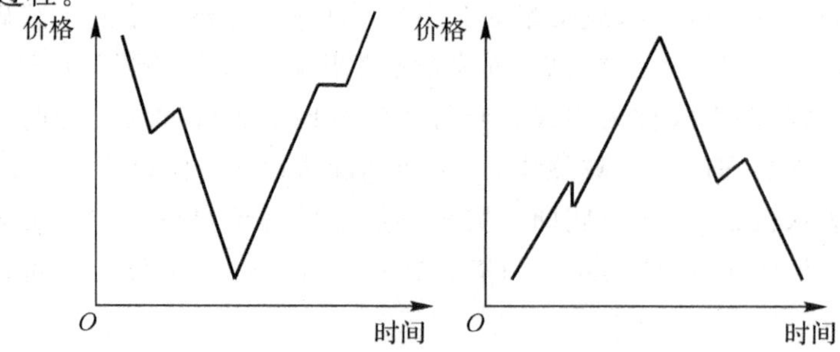

图 14－33　V 形和倒 V 形反转形态

V形走势形成分为三个阶段：①下跌阶段，通常左边的跌势十分陡峭，而且持续时间较短；②转势点，其形状往往十分尖锐，一般在两三个交易日内完成。在这点必须有大成交量的配合；③回升阶段，价格从底点回升，成交量也随之增加。

倒V形反转情形正好相反，市场看好的情绪使价格节节攀升，可是突如其来的一个因素扭转了整个趋势，价格以上升时同样的速度下跌。通常，这种突如其来的因素是投资者所不能预见的，如庄家主力的短期炒作行为等。

4. 圆弧底和圆弧顶形态

圆弧底又叫碟形底，这是由于其底部的圆弧形态看上去像一只碟盘。另外它的形成时间周期较长，并且形态内的成交量极度萎缩，又被称为潜伏底，该形态发生在市场的底部，如图14－34所示。

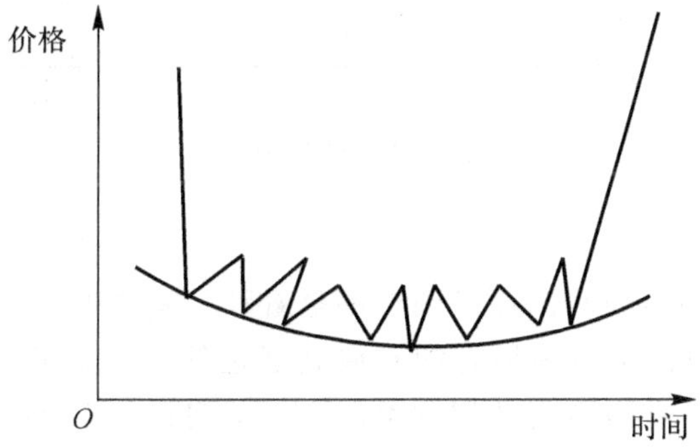

图 14－34　圆弧底形态

圆弧底的形成是由于经过长期的下跌过程之后，抛盘逐渐减少，许多在高位套牢的投资者被迫作长期投资。抛盘的减少导致价格下跌速度降低，价格作弱势窄幅盘整。少量投资者希望逢低吸纳，但他们的行为只能使价格止跌，此时价格回升的速度极为缓慢。在这种长期的盘整中，价格波动极小，行情陷入胶着状态，从而形成了圆弧底形态。

圆弧底形态的整个筑底过程相当漫长，往往需四五个月之久，有时甚至达到8个月以上。在形态中成交量很小，交易十分冷清。通常情况下，判断这种长期潜伏圆弧底是否接近底部的标准是成交量与价格共同见底，往往成交量先有所变化从而价格再开始波动。圆弧底形态是反转形态中最考验投资者耐心的形态，在盘底过程中时间长，价格波动小，该形态往往出现在中长期下跌行情的末期，下跌幅度越大，盘底时间越长，这种形态的可靠性也就越高，反转上升的力度也就越大。

圆弧顶的外形就是圆弧底的倒影，看上去像一只盖子，所以圆弧顶也俗称“锅盖”，该形态发生在市场的头部，如图14－35所示。该形态的确立预示上涨行情的结束，当圆弧顶向下突破时，价格会迅速回落。圆弧顶需要符合以下两项条件：首先圆弧顶的盘顶时间至少需2个月以上，有时达4个月。有些在高位盘整时间较短的小弧形，不能视为圆弧顶；其次，圆弧顶形成前大多经过价格翻倍甚至数倍的涨幅。

圆弧底和圆弧顶的成交量都是随着形态的形成而先减后增，当价格达到碟形底部或圆弧顶的顶部时，成交量达到最低。在这两种形态完成的时候，成交量都会明显放大，形成加速的价格变动趋势。

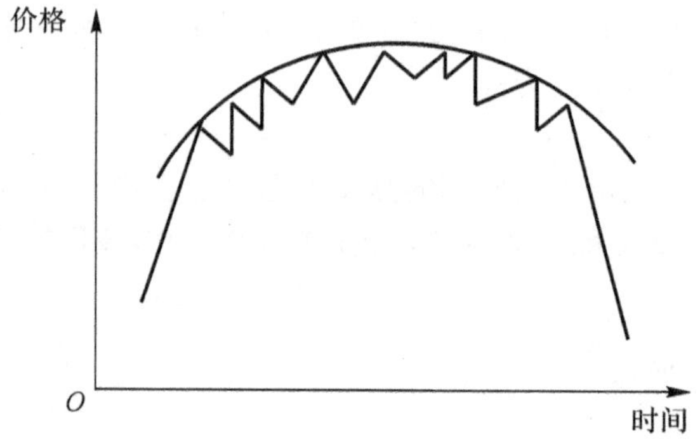

图 14－35　圆弧顶形态

5. 喇叭形和菱形

喇叭形和菱形大多出现在顶部，而且两者都是看跌。喇叭形是头肩顶形态的变形，在价格走势完成了左肩、头部之后，头肩顶形态的右肩高度是低于头部的，位置与左肩高度差不多。当市场走出左肩及头部，一些投资者认识到可能产生头肩顶形态，纷纷退出市场观望。但当人们等待右肩出现时，出现了一波走势强劲的上升行情，应该出现的右肩形态创出了比头部还高的新高。投资者纷纷做多，但是行情创出新高后价格开始迅速回落，将先前空翻多的投资者套住。

一般的喇叭形态中，包含三个转折高点及两个转折低点，而且高点一个比一个高，两个低点可以在同一水平位置，或右边低点低于左边低点。将高点与低点各自连成颈线后，两条颈线夹成一个喇叭状的形态，如图 14－36 所示。在喇叭形态中，成交量一直维持较高水平，并呈现出不规则波动，这主要是由投资者情绪不稳定所造成的。投资者应该在第三峰（见图 14－36 中的 C）调头向下时抛出证券，如果价格进一步跌破了第二个谷（见图 14－36 中的 E），则喇叭形可以确认。在喇叭形之后的价格回调过程中，价格可能会回升，但是只要回升的高度不超过下跌高度的一半（见图 14－36 中的 F），则该下跌的势头还会继续。喇叭形破位后的下跌幅度没有理论目标价位，但通常的跌幅均较大。

菱形的外形是喇叭形与对称三角形的结合，其前半部分是喇叭形走势，后半部分类似于对称三角形。在喇叭形之后走势应该下跌，但后半部分的三角形使下跌趋势暂时推迟，但最终价格还是下跌。图 14－37 是菱形的简单示意图。菱形大都是在市场消息较为混乱，投资者情绪并不稳定的情况下产生的。该形态是一种顶部反转形态，前半部分有着不规则的较大成交量，后半阶段，成交逐渐萎缩，待价格突破颈线时，成交量一般会回升。菱形走势最小跌幅的量度方法是从价格突破菱形颈线开始，量度出形态内最高点和最低点的垂直距离，即价格即将下跌的最小幅度。

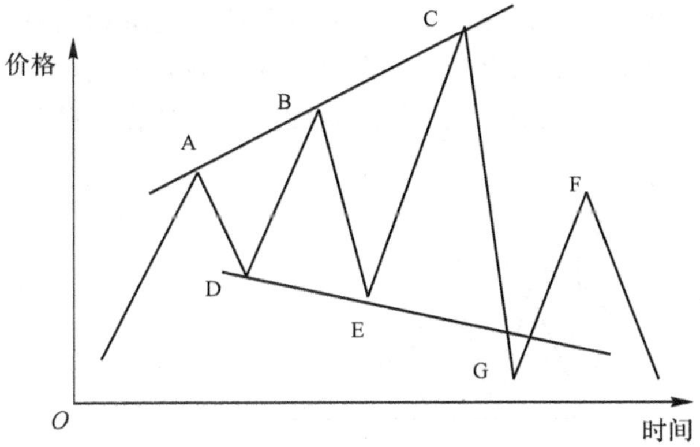

图 14－36　喇叭形态

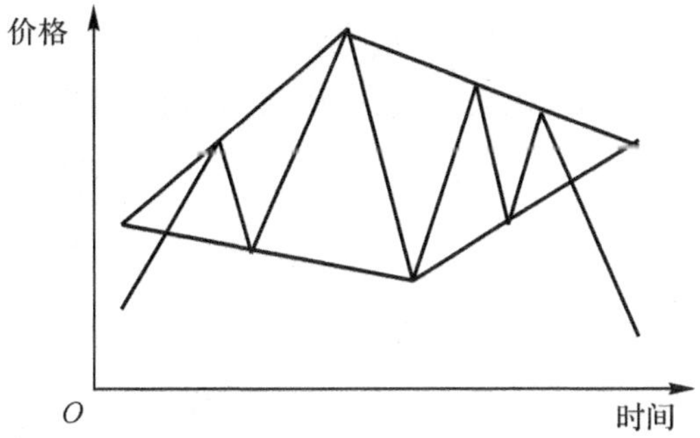

图 14－37　菱形形态

二、整理形态

整理形态是价格行情经过一段时间的运行后，需要休息整理再运行，整理后行情可以与前一段行情运行的方向一致，也可以整理后选择与前一段行情的相反方向运行。三角形和矩形是常见的整理形态。

1. 三角形整理形态

(1)等腰三角形。等腰三角形形态由三个或三个以上的价格走势以及其间的折返走势构成，其中各趋势的峰位逐渐下降，而谷底不断抬高(见图 14－38)。如果过各个峰位作一条压力线，而过各个谷底作一条支撑线，则两条线呈现收敛状态并最终相交。

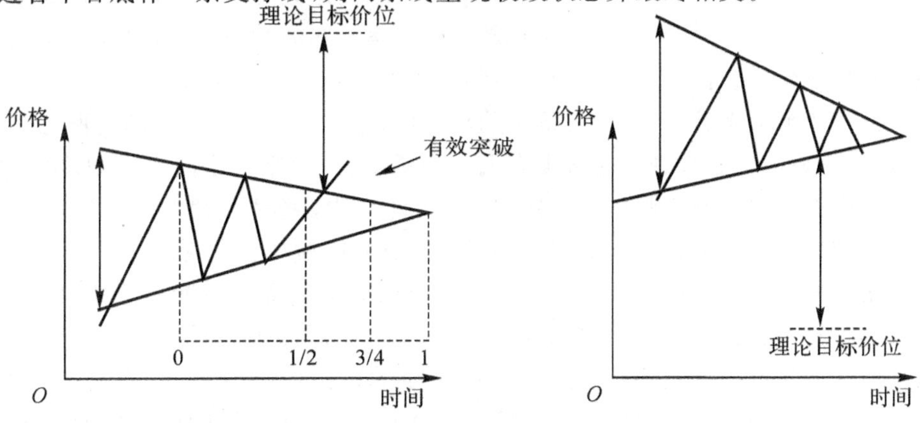

图 14－38　等腰三角形形态及其突破

等腰三角形的上下两条斜边称为“颈线”，价格必须向上或向下突破颈线后，该形态才能正式确立并可用突破形态后的理论目标价位来预测价格运行的方向及区域。如果价格在等腰三角形中一直运行到三角形顶点，才从顶端“飘”出则不能视为突破，之后的涨跌力度将相对减弱，往往达不到理论的突破目标位。一般地，等腰三角形的有效突破位置在第一轮走势的峰位或谷底到三角形顶点距离的 1/2～3/4 的区间内，有效突破后，其理论的目标价位是在突破位置加上(减去)三角形底边的垂直距离(见图 14－39)。

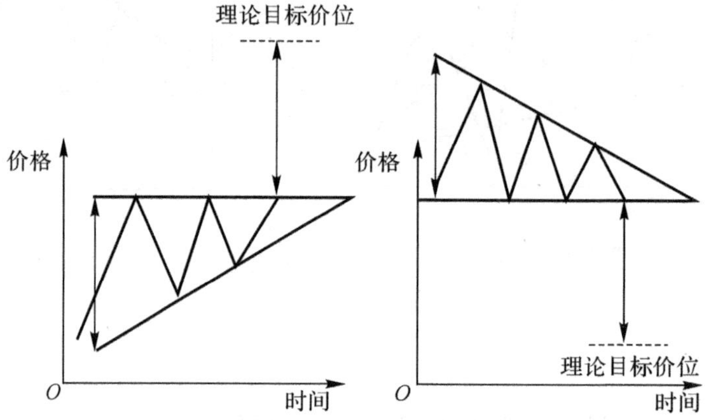

图 14－39　上升三角形和下降三角形形态及其突破

该形态的成交量有明显的规律性，由于价格走势前景不明，多空双方十分谨慎，突破前观望者较多，因此成交量从左向右逐渐递减。若在有效区突破，价格向上突破颈线必须伴随成交量的大幅增加；价格向下突破颈线时，成交量不需要大幅增加，但如果出现大成交量则说明向下突破的力度更大。

(2)直角三角形。直角三角形与等腰三角形形态不同之处在于，它有一条边为水平线。和等腰三角形相比，直角三角形能明确地预示新一轮价格走势的方向，即价格通常从该形态的水平边突破。直角三角形包括上升三角形和下降三角形，如图 14－39 所示。

出现上升三角形形态后，不管原有价格趋势如何，后市大多数是上升的。形态内成交量由左向右递减，当价格向上突破颈线时必须有大成交量配合，否则价格向上的力度就弱，可能会继续盘整。该形态的水平颈线起压力线作用，倾斜颈线起支撑线作用。向上突破后的理论目标价位为突破位置加上其上升三角形底边的长度。有效突破位置的判断与等腰三角形类似。

下降三角形是上升三角形的反向形态。形态内的成交量也是逐渐递减的，但是当价格向下突破颈线时，不一定需要有大成交量的配合。形态突破后的理论目标价位为突破位置减去下降三角形底边的长度。有效突破位置的判断也与等腰三角形类似。特别需要注意的是，出现在一轮上升行情后的下降三角形形态可信度高。相反地，在行情的底部区域出现的下降三角形极有可能是骗线，后市往往是向上突破的。

2.矩形整理形态

矩形形态是标准的横盘整理形态，价格经过这一阶段调整后的走势并不确定，即有可能对原来的走势发生反转，有可能继续原来的走势。矩形形态每一次的反弹都在同一个价位附近遭到阻力回档，而回档的低点也在同一价位附近。分别连接阻力位高点和回档低点得到一条压力颈线和一条支撑颈线，这两条颈线夹成一矩形故而得名，如图 14－40 所示。该形态一般出现在上涨或下跌走势的中途，若出现在头部或底部，整理时间较长就会演变成圆弧形态。

矩形形态成交量自左向右逐渐减少。价格向上或向下突破颈线后常会回抽至颈线位附近确认。一般认为向上突破产生回抽的机会大于向下突破。向上(向下)突破后的理论目标价位是突破位置加上(减去)形态的高度。

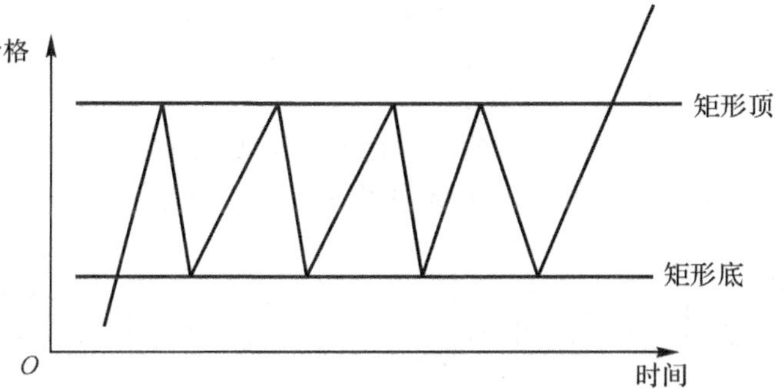

图 14－40　矩形形态

3.旗形和楔形形态

旗形和楔形形态出现的频率很高，它们都是一个走势的中途休整过程，休整之后价格还保持原来的走势方向。这两个形态的特殊之处在于，形态方向与原有的趋势方向相反。

(1)旗形形态。标准的旗形大多发生在市场极度活跃、价格运动近乎直线上升或下降的情况下。在市场急速而又大幅的波动中，价格经过一连串紧密的短期波动后，形成一个与原来趋势呈相反方向的平行四边形，这就是旗形趋势。总体上看，旗形形态像一面挂在旗杆上的旗帜，因而得名。

旗形的特点是在形态形成前(旗杆位置)趋势异常强劲；进入整理状态(旗面区域)是价格经过一轮快速上涨或下跌后的暂时休息。价格在整理形态的持续时间一般不会超过两周，如果整理的时间过长，形态的力度则会减弱从而达不到理论目标价位。整理形态完成后价格继续朝原来的方向快速前进。根据形态的运动方向，旗形又可分为上升旗形和下降旗形，如图 14－41 所示。

上升(下降)旗形突破后的理论目标价位为突破位置加上(减去)其旗杆长度。旗形形态形成前和被突破后成交量都很大。在形态形成过程中成交量呈递减趋势，但它仍然是强势整理，在短暂的整理期内成交量仍维持在一定的水平，没有过分的萎缩。旗形形态基本上只出现在极强势与极弱势行情中，上升趋势中通过旗形整理，会再次引发一轮大涨；下跌趋势中通过旗形整理，会再次引发一轮大跌。

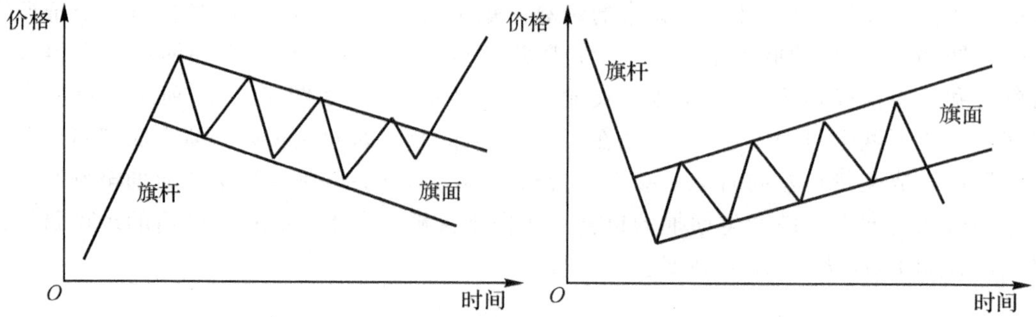

图 14-41　上升旗形和下降旗形

(2)楔形形态。将旗形中上倾或下倾的平行四边形变为上倾或下倾的尖三角形，得到的就是楔形，如图 14-42 所示。按照形态的运动方向，楔形可分为上升楔形和下降楔形。

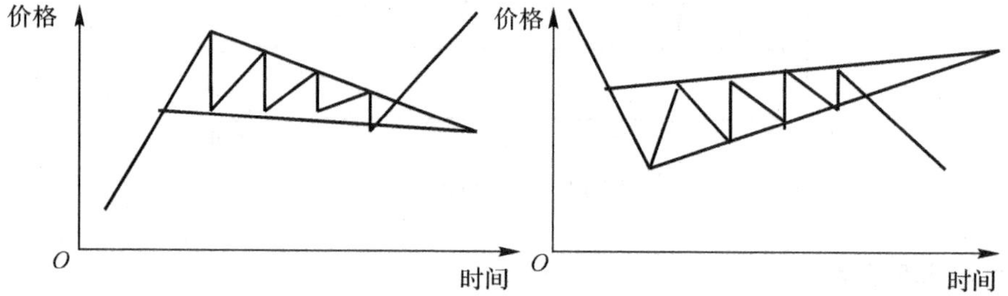

图 14-42　上升楔形和下降楔形

楔形和旗形有较多相似之处，它也是一种发生在强势行情中的强势整理形态。楔形形态形成前和被突破之后成交量一般都很大，形态形成过程中的成交量虽然也是逐渐递减的，但比旗形萎缩得更快，在尖三角形形态内成交量波动并不大。楔形的整理周期也不能太长，通常不超过 3 周，如果整理时间太长，楔形形态的力度将会消失。上升(下降)楔形突破后，其涨幅和跌幅的理论目标位等于突破位置加上(减去)形态形成前旗杆的长度。从价格走势的力度看，楔形突破后行情上涨或下跌的力度远小于旗形，即楔形突破后缺少旗形突破时的爆发力。因此楔形突破向上时对成交量配合的要求也小于旗形。

价格形态是技术图形分析中非常重要的一种工具。它的形成来自于市场中多空双方相对力量的变化，反映了市场参与者的心理变化。当然价格形态并非完全可以依赖。这种分析的内在特征决定了它具有两个固有的缺陷，即主观性和滞后性。因此，投资者应该结合多种技术分析方法对市场价格变动趋势进行综合分析，并借助丰富的市场经验，尽量在第一时间发现获利的机会。

第五节 波浪理论

不要投资一门蠢人都可以做的生意，因为终有一日蠢人都会这样做。

——巴菲特

波浪理论的创始人是美国人艾略特，通过对股市的多年观察，他于1938年出版了《波浪理论》(The Wave Principle)一书，这标志着波浪理论的正式诞生。之后，艾略特担任《金融世界》(Financial World)杂志的编辑，并不断地在该杂志上发表文章宣传自己的理论，到1946年完成了关于波浪理论的集大成之作《自然法则——宇宙的奥秘》(Nature's Law—The Secret of The Universe)。艾略特波浪理论的基础在于，规律性是自然界与生俱来的法则。自然界所有的周期，潮汐的起伏、天体的运行、行星的升陨、日夜的交替都会永无止境地不断重复出现。艾略特发现股票价格以可识别的模式前进和反转，这些模式在形态上不断重复，但并不一定在时间或幅度上重复。他分离出13种这样的价格运动模式(或称"波浪")，它们在市场数据中反复出现。另外，他还解释了这些模式是如何连接在一起形成自身的大型变体，以及它们是如何依次相连形成大一级的相同模式，依此类推，从而产生有结构的价格行进(Price Progress)。艾略特从这些现象中总结出了波浪理论。

一、波浪理论的主要内容

1.波浪理论考虑的因素

波浪理论考虑的因素主要有三个：①股价趋势所形成的形态；②股价走势中各个高点和低点所处的相对位置；③完成某个形态所经历的时间长短。

三个方面中，股价的形态是最重要的，它是指波浪的形状和构造，是波浪理论赖以生存的基础。每个浪开始和结束位置对应股价趋势中各高点和低点所处的相对位置。通过计算这些位置，可以了解各波浪之间的相互关系，确认股价的回落点和将来股价可能到达的位置。事先了解完成某个形态的时间可以帮助我们预测接下来将要发生的趋势。波浪理论中各个波浪之间在时间上是相互联系的，因此可以用时间来验证某个波浪形态是否已经完成。

2.基本的周期形态

市场价格前进的轨迹由一个又一个的周期构成，而推动这种周期规律运转的各种波浪主要有两种发展方式：一是驱动浪，二是调整浪。在波浪理论中，每一轮基本周期由8个波浪构成，其中前5个波浪为周期的驱动阶段，而后3个波浪构成了周期的调整阶段，如图14-43所示。

图14-43中0～1是第一浪，1～2是第二浪，2～3是第三浪，3～4是第四浪，4～5是第五浪。第一、三、五浪称为上升主浪，而第二、四浪分别是对第一浪和第三浪的调整浪。上述5浪

完成后，紧接着会出现一个3浪的向下调整，这三浪分别是5～A的A浪、A～B的B浪和B～C的C浪。艾略特指出驱动阶段5浪形态的三个定律：首先，在第一、三和五推动浪中，第三浪不应是最短的一个浪；其次，第二浪不能低于第一浪的起点；最后，第四浪不能低于第一浪的顶点。上述股价的波浪运动适用于市场总体指数、分类指数以及个股。

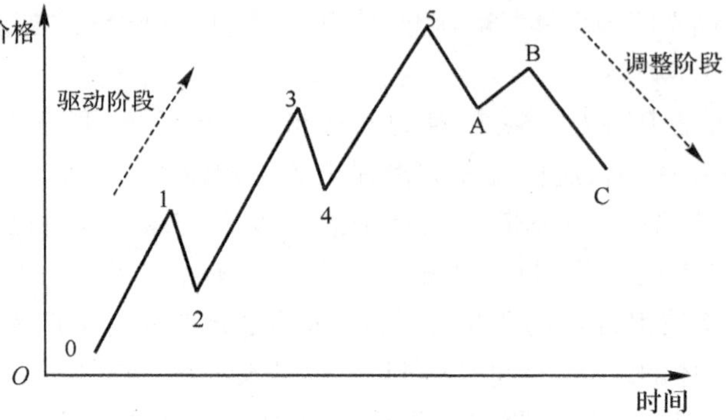

图 14-43　基本的周期形态

3. 复杂的周期形态

在图14-43所示的一个最初八浪循环结束的时候，会继而出现一个相似的循环，这个循环后面又跟随着另一个五浪运动。这个完整的波浪发展产生了一个比组成它的波浪大一级(即相对规模)的五浪模式。结果到达图14-44标示着(5)的顶点。然后，这个大一级的五浪模式再被同级的三浪调整，完成一个大一级的完整循环，如图14-44所示。

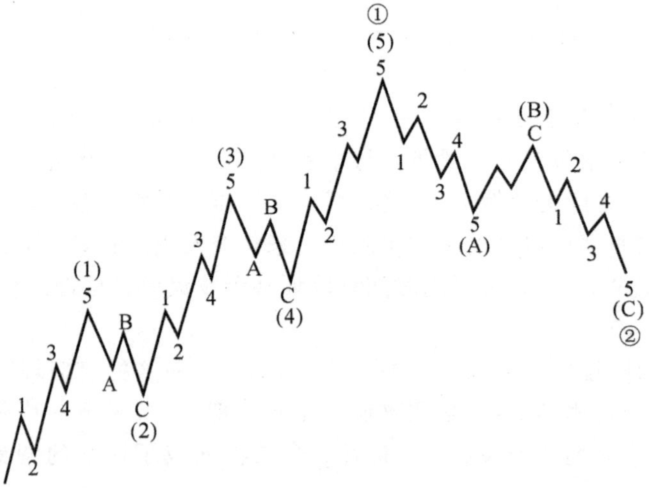

图 14-44　比基本周期大一级的循环模式

在图 14 - 44 中标示为浪②的调整模式中，向下回调的浪(A)和浪(C)都由 5 个浪组成，即浪 1,2,3,4 和 5。同样地，向上回升的浪(B)由三个浪组成，即浪 A,B 和 C。这个结构说明驱动浪不一定总是向上运动，调整浪不一定总是向下运动。波浪的发展方式，主要取决于它的相对方向，而不是绝对方向。将一个较大的浪分成 5 个或是 3 个较小的浪取决于较大的浪的运动趋势，以及比这个较大的浪高一层次的波浪是上升还是下降。一般来说具有如下的细分规则：

(1)本大浪是上升，上一层次的大浪是上升，则分成 5 浪；

(2)本大浪是上升，上一层次的大浪是下降，则分成 3 浪；

(3)本大浪是下降，上一层次的大浪是上升，则分成 3 浪；

(4)本大浪是下降，上一层次的大浪是下降，则分成 5 浪。

换句话说，当波浪与它的上一层次波浪同向运动时，我们应当以驱动方式将其划分为 5 个浪；而当波浪与其上一级波浪反向运动时，则应当以调整方式将其划分为 3 个浪。例如在图 14 - 44 中，浪(A)和浪(C)是驱动浪，与浪②同向运动；浪(B)是调整浪，因为它调整了浪(A)并与浪②互为反向。

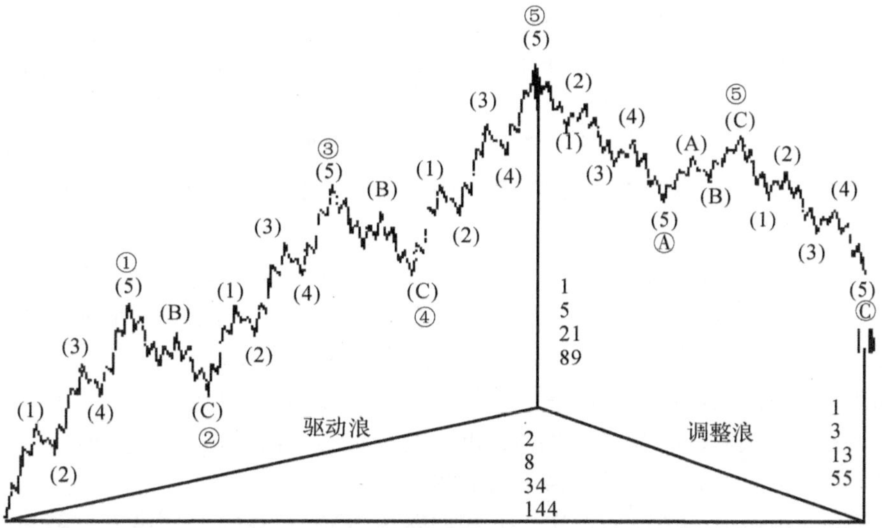

图 14 - 45 波浪复合结构

根据上述的波浪细分规则，比图 14 - 44 大一级的循环模式如图 14 - 45 所示。图 14 - 45 清晰地描述了各级波浪的形态、级数和相对运动方向，并可用表 14 - 4 来反映。值得一提的是表中的数字都是费波纳奇数字。随着周期跨度的延长和波浪结构的扩展，波浪的相对等级将发生巨大变化，而各等级的波浪数量也会变动，但无论它们的具体数量是多少，总是费波纳奇数列中的一个数字。与图 14 - 43、图 14 - 44 类似，图 14 - 45 所表示的循环是下一个更大级数波浪的两个细分浪。因此，所有的波浪不仅含有分量波浪，同时它自身也是大一级波浪的分量波浪。根据当时资料中可以设定的最小和最大级数的波浪，艾略特命名了 9 个级数的浪分别是超级循环浪、大循环浪、循环浪、大浪、中浪、小浪、细浪、微浪和亚微浪。在具体的价格趋势图中，人们利用一系列数字和字母来标记不同等级的波浪，如图 14－43～图 14－45 所示。

表 14－4　各浪级的波浪种类和数量

	驱动浪	＋	调整浪	循环
循环浪	1		1	2
大浪	5		3	8
中浪	21		13	34
小浪	89		55	144

4. 波浪的特征

在波浪理论所描绘的八浪结构中，每一浪都具有特殊的意义。了解各个波浪的特性有利于我们判断市场所处位置及判断波浪和周期的模式。下面以上升趋势为例。

(1)第一浪。第一浪处于空头市场末期，市场买方尚不强大，因而往往回档的幅度很深。但第一浪通常上升迅猛，行情较短。

(2)第二浪。第二浪通常回调第一浪的大部分，使得投资者在第一浪中所获得利润损失殆尽。这一浪造成了市场的恐慌气氛，投资者认为熊市尚未完结。因此第二浪通常会以非常低的交易量结束。

(3)第三浪。第三浪是各浪中最为强劲的上升浪，它的运行时间及上升幅度在各浪中一般为最长。该浪是趋势确认最显著的信号，行情走势激烈，市场热气沸腾，各种阻力点位均可轻松越过。在第三浪中通常会以最高的成交量结束，并且经常会出现分量浪和延伸浪。

(4)第四浪。第四浪往往呈现出横向趋势，为接下来的第五浪运动奠定基础。第四浪意味着由第三浪所带来的繁荣成长阶段的结束，市场发出走弱的信号。但无论如何，这并不意味着牛市的结束，因为该浪的底并不低于第一浪的顶。

(5)第五浪。经历前 4 个浪的两次上升和回落后，第五浪往往要比第三浪温和得多。第三浪出现的强势上升，在第五浪会得到充分控制。同时，该浪将伴随相对较低的成交量。在第五浪的末期，各种技术指标几乎都会发出背离的信号，预示顶部形成和向下趋势的开始。

(6)A 浪。A 浪类似于第一浪，容易被投资者误认为是价格的暂时回落。但是前面第五浪末期出现的各种背离信号意味着由第一～五浪所构成的驱动阶段已经结束，市场开始呈现下降趋势。A 浪下落的深度可能很大，而且通常会伴随着大的成交量，形成价跌量增的局面。

(7)B 浪。B 浪以上升浪形态出现，是多头最后的逃命机会。但它容易给人以假象：浪 A 所示的回落确实仅是牛市中的一次回调，因此相信牛市正在持续。这种误解使得投资者惨遭套牢。B 浪伴随的成交量没有特定的规律，但中级浪及浪级更低的 B 浪成交量通常是逐渐萎缩的，而大浪及更高级的 B 浪则伴随着比前面 5 浪更大的成交量。

(8)C 浪。C 浪的出现是调整浪进入尾声的开始，同时它也是一个破坏力极强的下跌浪，其跌幅之深，持续时间之长，往往超出市场的预期。

以上分析的波浪理论周期形态及对波浪的特征描述均是针对上升趋势而言的。在下降趋势中，周期的基本形态仍然是“5＋3”的八浪结构，只是这时各分量波浪的方向与上升趋势中波浪方向正好相反。

二、波浪理论的应用及不足

1. 波浪理论的应用

艾略特波浪理论作为一种对市场行为特征进行详细刻画的技术分析理论，能够为各种直接获利方法提供理论基础。波浪理论是最具有弹性的技术分析方法，无论何时，都可以有几种同时可能成立的数浪方法。以波浪理论分析价格趋势，重点在于列出根据“波浪理论规则”全部可以成立的不同数浪方法，然后利用不同的工具，将概率较低或不可能成立的数浪方式逐一排除，从中选出最有可能成立的数浪方法，而其他机会相对较小的数浪方法随时准备替代被事实证明不可能成立的最优方案。

若遇到行情趋势较为复杂，投资者应静观其变，等待市场出现较为明朗局面时再作出选择。其他技术分析方法，比较着重于突破后的顺势买入或卖出，而波浪理论可以在行情快到转折时就进行买卖。

波浪理论还是唯一一种可以提供价格预测指南的分析方法，这些指南中的大部分是具体的，而且时常可以得出精确的结果。如果实际的市场是模式化的，而且这些模式具有可识别的几何形状，那么即使不考虑允许出现的变体，某些价格和时间关系也可能会重演。

2. 波浪理论的不足

从波浪理论自身的构造上，我们发现它存在许多不足。

(1)波浪理论最大的不足之处在于，它对市场行为的解释缺乏客观性。面对同一市场形态，不同的人会产生不同的数法，而不同的数浪法产生的结果可能是相差很大的。

(2)波浪理论中的不同浪级的波浪可以无限延伸，人们永远无法确定当前的市场位置是否是最后一浪。

(3)从理论上讲八浪构成完整的市场循环。但是，驱动浪和调整浪的变形会产生复杂多变的形态。数浪的难点在于，一是对于波浪的浪级的确定，二是对于波浪起始点的确认。虽然波浪理论体系中提出了比率分析法及费波纳奇时间序列方法来解决这两个难题，但是这些方法本身带有很大的主观性，并不能确保结论总是正确的。

第六节　实践经验技术

想要在股市从事波段操作是神做的事，不是人做的事。

——巴菲特

一、弯腰拾金

股价回调到标志性长阳实体中心以下，获得重要均线或者支撑线的支撑是较佳的短线买点，该长阳可以是月一周一日 K 线。第一根长阳拉起来之前是看不出会走出圆弧底来的，那等我们看出来之后线上阴线买行不行？虽然你买不到最低点但可以吃到后面的大利润。如图 14－46 所示。

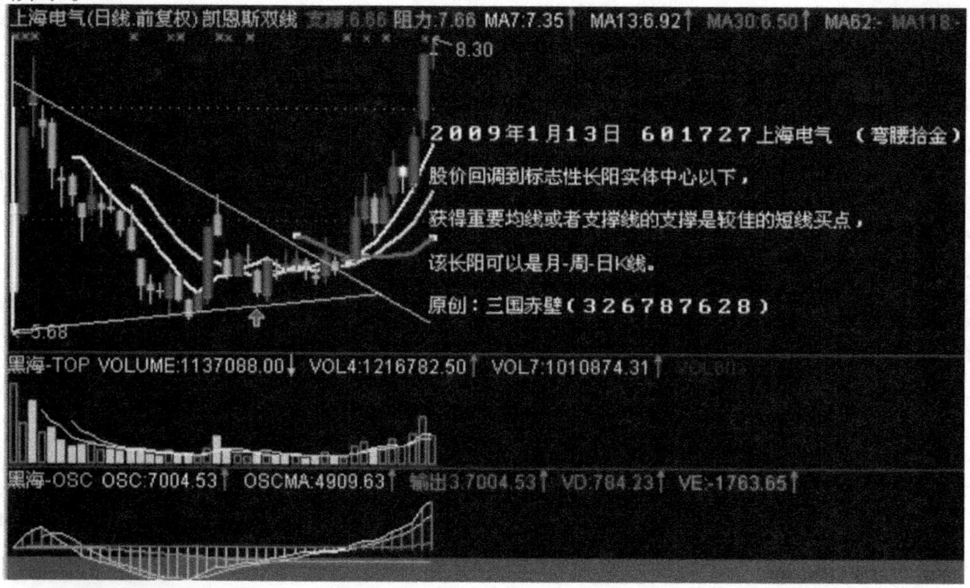

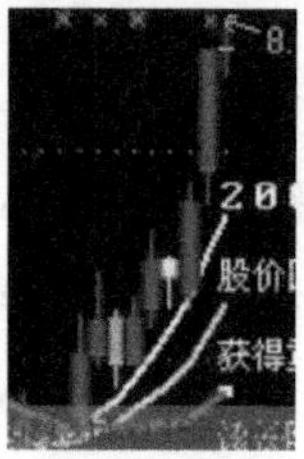

图 14－46　弯腰拾金

二、池底巨龙

前期放量上涨后，出现破坏均线的震仓动作，成交量却持续萎缩，主力意图当清洗跟随主力建仓时一起进来的浮筹，K 线断头铡刀形式，却并不远去，次日阳线一举收复失地，当日为最佳买点，后市有望发动一波中级行情。如图 14－47 所示。

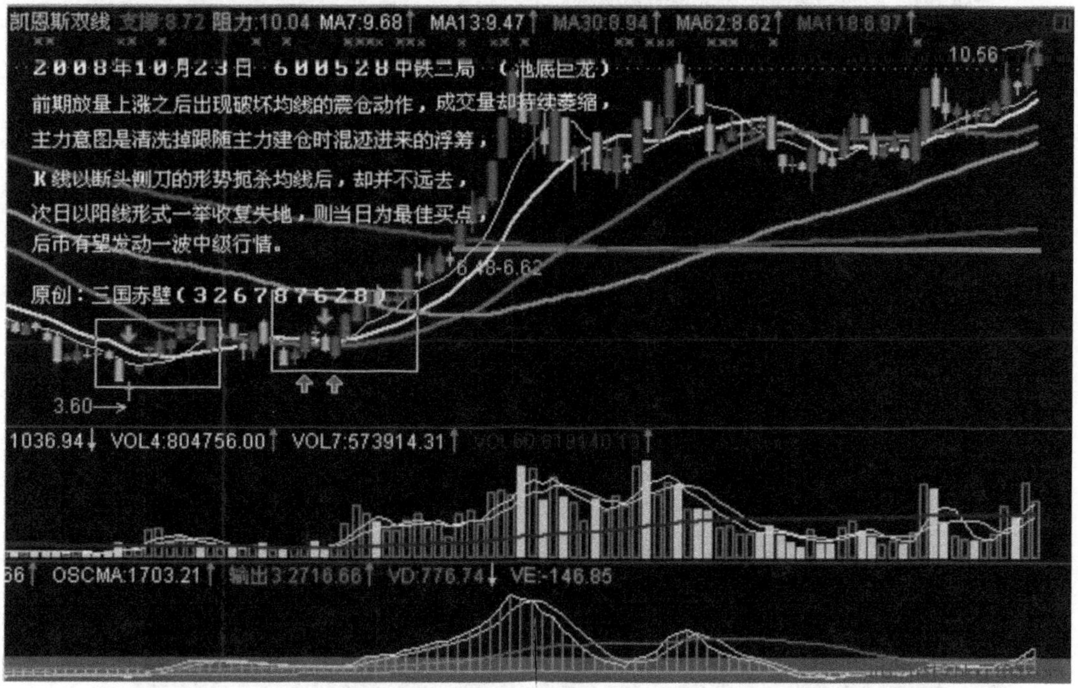

图 14－47　池底巨龙

三、含苞欲放

股价持续上升之后拉出一根实体较大的阳线，第二天却收出一根包孕在前一日阳线实体内的小阴线，这是股价将加速上行的迹象，这根阴线是较佳的低吸点。这是主力洗盘动作，两根三根是变异型理论。如图 14－48 所示。

四、顾影处怜

股价加速下行，在低档位拉中长阴线，恐慌盘的涌出导致最后竟跳空拉出中大阴线，但第二天大势却急转直上，直接跳高到前一日大阴的开盘价之上，留下一条前后皆无 K 线的大阴线，在收盘之前若确定，则是较佳的低吸点，后市将加速上扬。如图 14－49 所示。

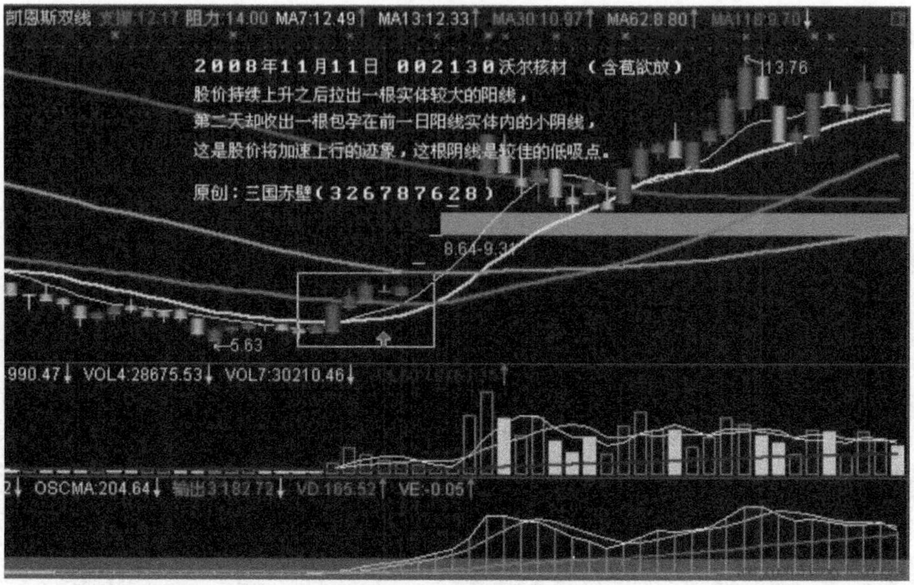

图 14-48 含苞欲放

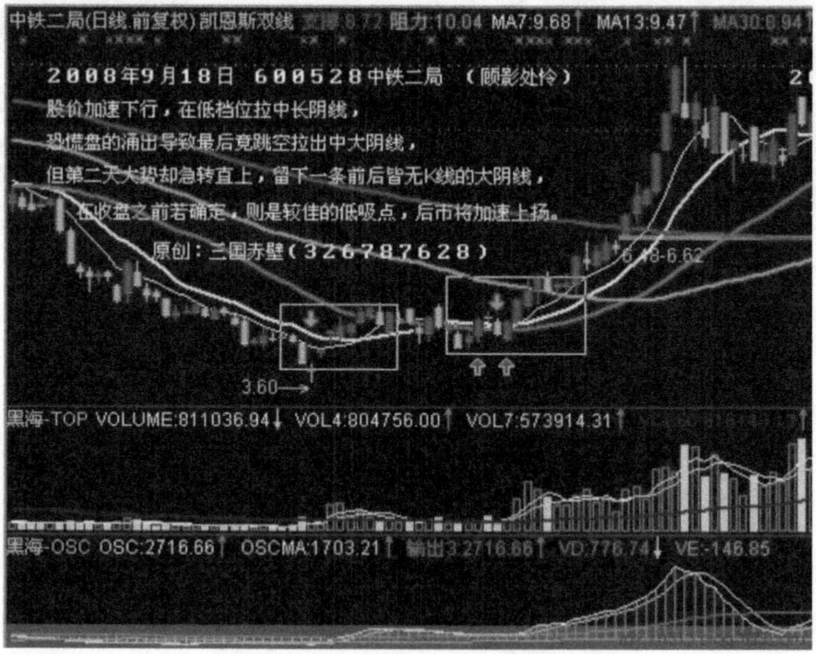

图 14-49 顾影处伶

五、单(双)针探底

股价在前期放量上涨之后，缩量回调，在大均线附近出现两次下阴K线的十字星组合，谓之双针探底，一旦股价重返均线上方，往往将转入急攻行情，因此在第二次出现下阴十字星的大均线附近是较佳的低吸点。单针确定必须是第二日收中长阳才能定性为单针探底。一旦股价重返均线上方这句是关键。如图14－50所示。

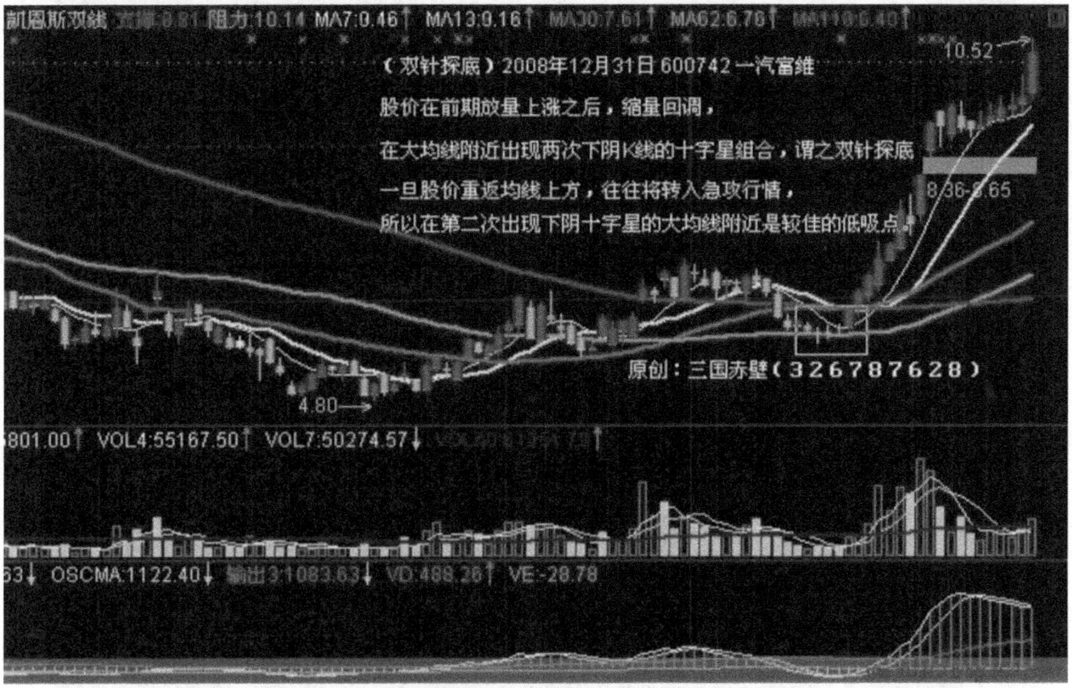

图14－50 单(双)针探底

六、水下寻宝

股指经过连续下调，缩量跌破半年线或年线，连续几天在大均线下方缩量盘整，不离开大均线远去。出现中大阳线带量向上冲过大均线，确立调整结束。当日或第二日开盘时介入，有不错的中线收益。远离长期均线不跌破箱体下轨，主力在这个位置吸筹。如图14－51所示。

七、突破反压

如图14－52所示。股价受制于30日，60日或120日均线压制一直在其下运行，震荡下行过程中出现底部企稳迹象，某日带量冲过30日，60日或120日均线，第二日收阴反压30日，60日或120日均线是较佳的短线低吸点。

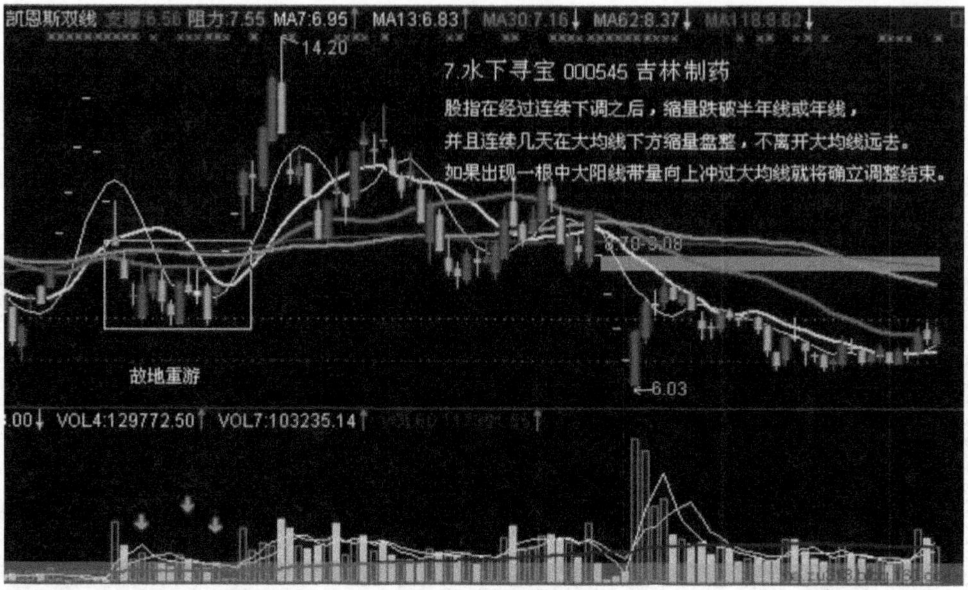

图 14－51　水下寻宝

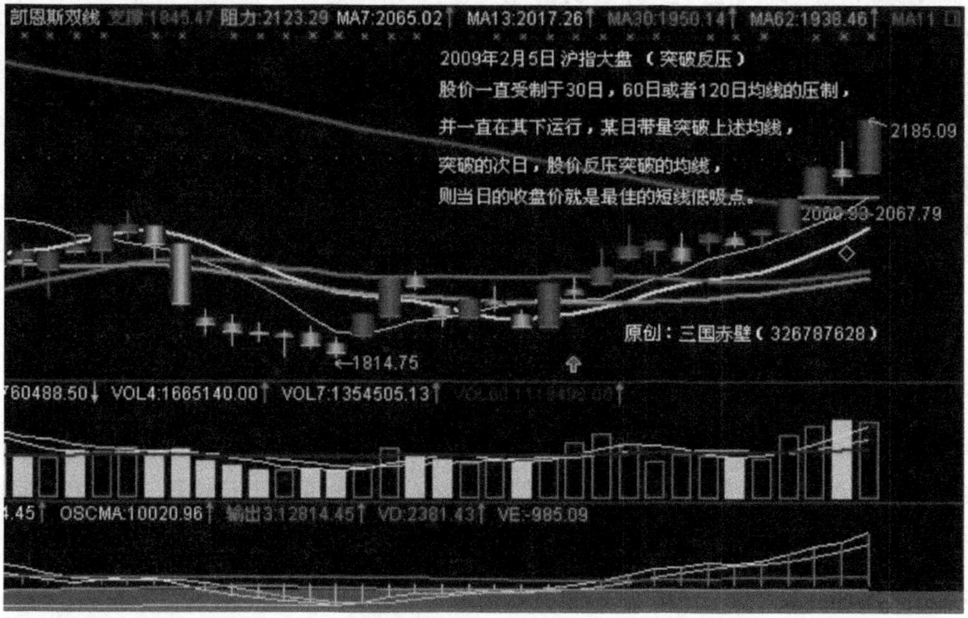

图 14－52　突破反压

八、惺惺相惜

股价前期放量上涨，近期连续缩量整理，整理过程中，出现连续几根缩量十字星线，是较佳低吸点，后市重拾升势。如图 14－53 所示。

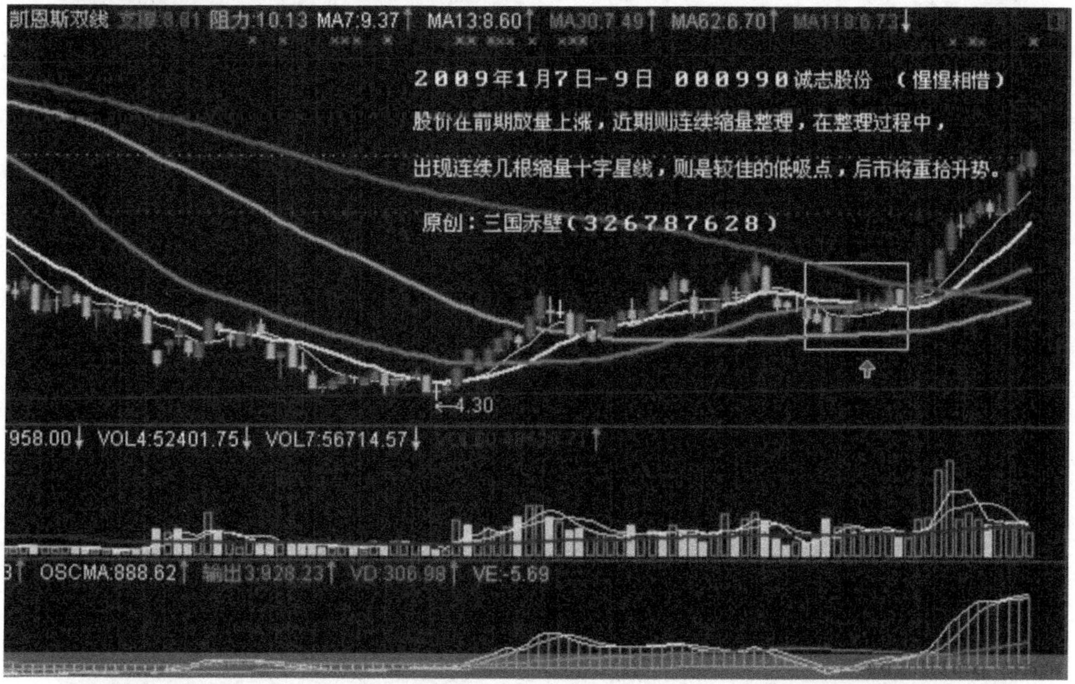

图 14－53　惺惺相惜

九、以退为进

股价长期缩量下跌后，出现连续放量中阳突破大均线，或下降趋势线，后缩量回压标志性阳线 2/3 处时，是最佳中短线低吸点，将迎来主升浪。如图 14－54 所示。

十、勇攀高峰

均线多头排列，走势上连拉中小阳线，突遭空头袭击，一根长阴一口吞吃前面三根阳线，收大阴线的当天就是较佳的低吸点，后市仍将顽强上行。如图 14－55 所示。

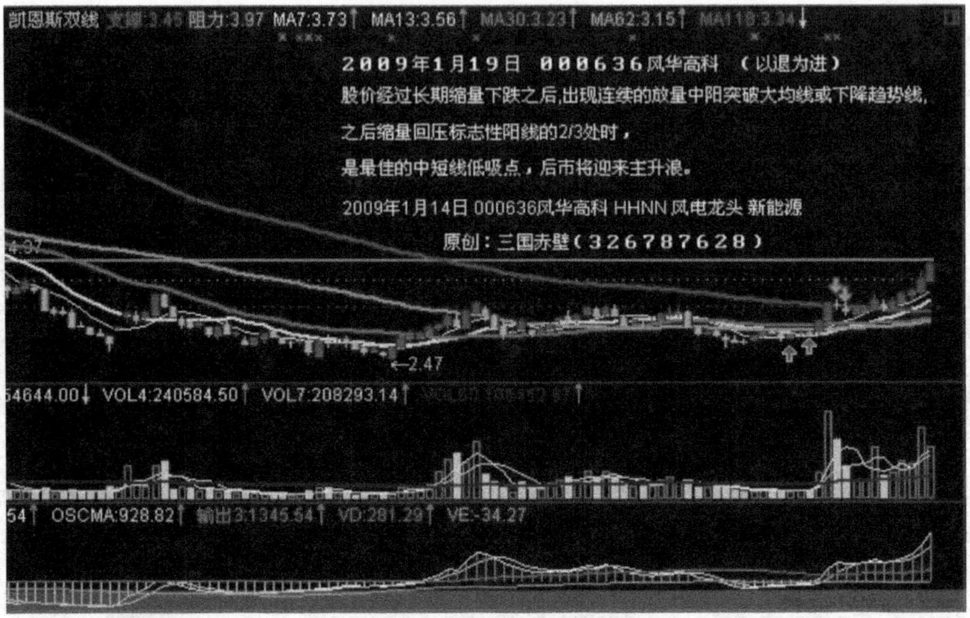

图 14－54　以退为进

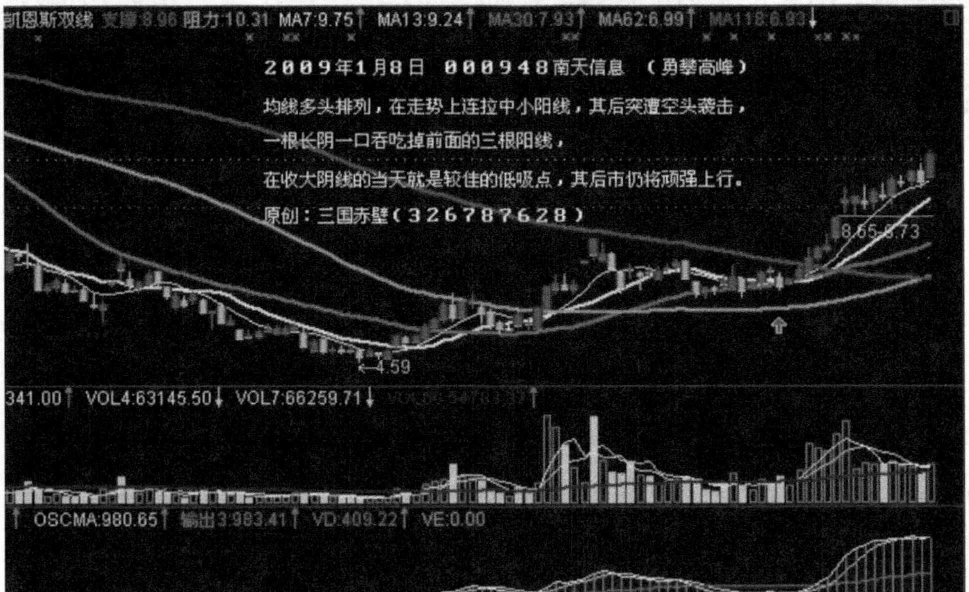

图 14－55　勇攀高峰

附　　录

保险的基本术语

1. 保险人

保险人指与投保人订立保险合同，并承担赔偿或者给付保险金责任的保险公司。

2. 投保人

投保人指与保险公司订立保险合同，并按照保险合同负有支付保险费义务的人。

3. 被保险人

被保险人指其身体或生命受保险合同保障，享有保险金请求权的人。

4. 受益人

受益人指人身保险合同中由被保险人或者投保人指定的享有保险金请求权的人。

5. 保险利益

保险利益又称可保利益，指投保人对保险标的具有法律上承认的利益。

6. 保险费

保险费简称保费，指投保人交付给保险公司的钱。

7. 保险金

保险金指保险事故发生后被保险人或受益人从保险公司领取的钱。

8. 保险金额

保险金额简称保额，指保险公司承担赔偿或者给付保险金责任的最高限额。

9. 保险单

保险单简称保单，指保险公司给投保人的凭证，证明保险合同的成立及内容。保单上载有参加保险的种类、时间、保险金额、保险费、保险期限等保险合同的主要内容，保险单是一种具有法律效力的文件。

10. 保险责任

保险责任指保险公司承担赔偿或者给付保险金责任的项目。

11. 除外责任

除外责任指保险公司不予理赔的项目，如违法行为或故意行为导致的事故。

12. 主险与附加险

主险指可以单独投保的保险险种；附加险指不能单独投保，只能附加于主险投保的保险险种。主险因失效、解约或满期等原因效力终止或中止时，附加险效力也随之终止或中止。

13. 趸交

趸交是一种交保费方式，指所有保费一次性交清。

14. 年交

年交也是一种交保费方式，指每年交一次。

15. 现金价值

现金价值是指保户退保时可取回的现金。由于长期寿险通常采用均衡保险费，投保人交费若干期后，将会形成一定的责任准备金，责任准备金是对被保险人的一种负债。因此，当解约退保时，退保人需将这部分"负债"返还给投保人。保单的现金价值正是以责任准备金为基础计算的。因投保初期投保人交费少，保单成本摊销大，所以前期现金价值很低。

16. 保险期间

根据寿险合同，寿险公司在约定时间内对约定的保险事故负保险责任，该约定的时间称为保险期间，也称保障期。各个不同的险种有不同的保险期间，如航空旅客人身意外伤害保险，其保险期间仅为一个航程。如果是终身寿险，保险期间则指被保险人的有生之年。

17. 交费期

交费期又称供款期，即在寿险合同中预先约定的投保人支付保险费的期间，按交费方式不同可分为一次性交(趸交)、年交等不同方式。

18. 等待期

等待期又称观察期，或免责期，是指寿险合同在生效的指定时期内，即使发生保险事故，保险人也不能获得保险赔偿，这段时期称为等待期。等待期是为了防止投保人明知道将发生保险事故，而马上投保以获利的行为，也就是所说的逆选择。

19. 核保

核保指寿险公司对保险对象的风险进行评估，决定是否接受保户的投保以及以什么条件来接受投保的过程。保险费自动垫交：分期交付保险费的保单，在超过宽限期仍未交付保险费的，如本保单当时具有现金价值，且现金价值扣除欠交保险费及利息，借款及利息后的余额足以垫交到期应交保险费，保险公司将自动垫交该项欠交保险费，使保险合同继续有效，这就被称为"保险费自动垫交"。

20. 减额交清

在保单具有现金价值的情况下，投保人可以按本保单当时的现金价值再扣除欠交的保险费及利息，借款及利息后的余额，作为一次交清的全部保险费，以相同的合同条件减少保险金额，使保单继续有效。

21. 保单借款

在保单有效期内，如果本保单已具有现金价值，投保人可以书面形式向保险公司申请借款，最高借款金额不得超过该保单当时的现金价值在扣除欠交保险费及利息，借款及利息后余额的 70%，每次借款时间不得超过 6 个月。

22. 可转换权益

在保单有效期内，投保人可于该保单生效满两年后任意一年的生效对应日将该保单转换为保险公司当时认可的终身保险、两全保险或养老保险而无需核保，但新保单的保险金额最高不超过原保单的保险金额，且被保险人年满 45 周岁的生效对应日以后不再享有此项权益。转换后的新保单将于转换日开始生效，并将按原保单核保等级、转换之日被保险人的年龄及新保单的费率计算保险费。

证券投资的基本术语

1. 开盘价

开盘价指当日开盘后该股票的第一笔交易成交的价格。如果开市后 30 分钟内无成交价，则以前日的收盘价作为开盘价。

2. 收盘价

收盘价指每天成交中最后一笔股票的价格，也就是收盘价格。

3. 最高价

最高价指当日所成交的价格中的最高价位。有时最高价只有一笔，有时也不止一笔。

4. 最低价

最低价指当日所成交的价格中的最低价位。有时最低价只有一笔，有时也不止一笔。

5. 普通股

普通股是指在公司的经营管理和盈利及财产的分配上享有普通权利的股份，代表满足所有债权偿付要求及优先股东的收益权与求偿权要求后对企业盈利和剩余财产的索取权，它构成公司资本的基础，是股票的一种基本形式，也是发行量最大，最为重要的股票。目前在上海和深圳证券交易所中交易的股票，都是普通股。普通股股票持有者按其所持有股份比例享有以下基本权利：

(1)公司决策参与权。普通股股东有权参与股东大会，并有建议权、表决权和选举权，也可以委托他人代表其行使其股东权利。

(2)利润分配权。普通股股东有权从公司利润分配中得到股息。普通股的股息是不固定的，由公司盈利状况及其分配政策决定。普通股股东必须在优先股股东取得固定股息之后才有权享受股息分配权。

(3)优先认股权。如果公司需要扩张而增发普通股股票，现有普通股股东有权按其持股比例，以低于市价的某一特定价格优先购买一定数量的新发行股票，从而保持其对企业所有权的原有比例。

(4)剩余资产分配权。当公司破产或清算时，若公司的资产在偿还欠债后还有剩余，其剩余部分按先优先股股东、后普通股股东的顺序进行分配。

6. 优先股

优先股是相对于普通股而言的，主要指在利润分红及剩余财产分配的权利方面，优先于普通股。优先股有两种权利：

(1)当公司分配盈利时，拥有优先股票的股东比持有普通股票的股东分配在先，而且享受固定数额的股息，即优先股的股息率都是固定的，普通股的红利却不固定，视公司盈利情况而定，利多多分，利少少分，无利不分，上不封顶，下不保底。

(2)当公司解散，分配剩余财产时，优先股在普通股之前分配。

7. 绩优股

绩优股指那些业绩优良，但增长速度较慢的公司的股票。这类公司有实力抵抗经济衰退，但这类公司并不能带来振奋人心的利润。因为这类公司业务较为成熟，不需要花很多钱来扩展业务，所以投资这类公司的目的主要在于拿股息。另外，投资这类股票时，市盈率不要太高，同时要注意股价在历史上经济不景气时波动的记录。

8. 热门股

热门股指交易量大、流通性强、股价变动幅度较大的股票。

9. 成长股

成长股指这样一些公司所发行的股票，它们的销售额和利润额持续增长，而且其速度快于整个国家和本行业的增长。这些公司通常有宏图伟略，注重科研，留有大量利润作为再投资以促进其扩张。

10. 手

它是国际上通用的计算成交股数的单位。必须是手的整数倍才能办理交易。目前一般以100股为一手进行交易。即购买股票至少必须购买100股。

11. 成交量

成交量反映成交的数量多少。一般可用成交股数和成交金额两项指标来衡量。目前深沪股市两项指标均能显示出来。

12. 价位

价位指喊价的升降单位。价位的高低随股票的每股市价的不同而异。以上海证券交易所为例：每股市价未满100元价位是0.10元，每股市价100～200元价位是0.20元，每股市价200～300元价位是0.30元，每股市价300～400元价位是0.50元，每股市价400元以上价位是1.00元。

13. 停牌

股票由于某种消息或进行某种活动引起股价的连续上涨或下跌，由证券交易所暂停其在股票市场上进行交易，待情况澄清或企业恢复正常后，再复牌在交易所挂牌交易。

14. 涨跌

以每天的收盘价与前一天的收盘价相比较，来决定股票价格是涨还是跌。一般在交易台上方的公告牌上用"＋""－"号表示。

15. 涨（跌）停板

交易所规定的股价一天中涨（跌）最大幅度为前一日收盘价的百分数，不能超过此限，否则自动停止交易。

16. 升高盘

升高盘指开盘价比前一天收盘价高出许多。

17. 开低盘

开低盘指开盘价比前一天收盘价低出许多。

18. 盘档

盘档指投资者不积极买卖，多采取观望态度，使当天股价的变动幅度很小，这种情况称为盘档。

19. 整理

整理是指股价经过一段急剧上涨或下跌后，开始小幅度波动，进入稳定变动阶段，这种现象称为整理，整理是下一次大变动的准备阶段。

20. 跳空

股市受到强烈利多或利空消息的刺激，股价开始大幅跳动。当上涨时，当天的开盘或最低价高于前一天的收盘价两个申报单位以上，称"跳空而上"；下跌时，当天的开盘或最高价低于前一天的收盘价两个申报单位，而于一天的交易中，上涨或下跌超过一个申报单位，称"跳空而下"。

21. 市盈率

市盈率是某种股票每股市价与每股盈利的比率（市盈率＝普通股每股市场价格÷普通股每年每股盈利）。上式中的分子是当前的每股市价，分母可用最近一年盈利，也可用未来一年或几年的预测盈利。市盈率是估计普通股价值的最基本、最重要的指标之一。一般认为该比率保持在20～30之间是正常的，过小说明股价低，风险小，值得购买；过大则说明股价高，风险大，购买时应谨慎。但高市盈率股票多为热门股，低市盈率股票可能为冷门股。

22. 回档

回档指股价上升过程中，因上涨过速而暂时回跌的现象。

23. 反弹

反弹指在下跌的行情中，股价有时由于下跌速度太快，受到买方支撑暂时回升的现象。反弹幅度较下跌幅度小,反弹后恢复下跌趋势。

24. 多头

多头指对股票后市看好,先行买进股票,等股票价格涨至某个价位,卖出股票赚取差价的人。

25. 空头

空头指认为股价已上涨到了最高点,很快便会下跌,或当股票已开始下跌时,认为还会继续下跌,趁高价时卖出的投资者。

26. 多头市场

多头市场也称牛市,就是股票价格普遍上涨的市场。

27. 空头市场

空头市场股价呈长期下降趋势的市场,空头市场中,股价的变动情况是大跌小涨。亦称熊市。

28. 多翻空

原本看好行情的多头,看法改变,卖出手中的股票,有时还借股票卖出,这种行为称为翻空或多翻空。

29. 空翻多

原本作空头者,改变看法,把卖出的股票买回,有时还买进更多的股票,这种行为称为空翻多。

30. 买空

预计股价将上涨,因而买入股票,在实际交割前,再将买入的股票卖掉,实际交割时收取差价或补足差价的一种投机行为。

31. 卖空

预计股价将下跌,因而卖出股票,在发生实际交割前,将卖出股票如数补进,交割时,只结清差价的投机行为。

32. 利空

促使股价下跌,对空头有利的因素和消息。

33. 利多

刺激股价上涨,对多头有利的因素和消息。

34. 套牢

套牢指预期股价上涨,不料买进后,股价一路下跌;或是预期股价下跌,卖出股票后,股价却一路上涨,前者称多头套牢,后者是空头套牢。

35. 大户

大户就是大额投资人,例如财团、信托公司以及其他拥有庞大资金的集团或个人。

36. 中户

中户指投资额较大的投资人。

37. 散户

散户就是买卖股票数量很少的小额投资者。

38. 经纪人

执行客户命令，买卖证券、商品或其他财产，并为此收取佣金者。

39. 抢短线

预期股价上涨，先低价买进后再在短期内以高价卖出。预期股价下跌，先高价卖出再伺机在短期内以低价再回购。

40. 盘整

股价经过一段快速上升或下降后，遭遇阻力或支撑而呈小幅涨跌变动，做换手整理。

41. 抬拉

抬拉是用非常方法，将股价大幅度抬起。通常大户在抬拉之后便大抛出以牟取暴利。

42. 打压

用非常方法，将股价大幅度压低。通常大户在打压之后便大量买进以取暴利。

43. 黑马

黑马指股价在一定时间内，上涨一倍或数倍的股票。

44. 白马

白马指股价已形成慢慢涨的长升通道，还有一定的上涨空间。

45. 骗线

大户利用股民们迷信技术分析数据、图表的心理，故意抬拉、打压股指，致使技术图表形成一定线型，引诱股民大量买进或卖出，从而达到他们大发其财的目的。这种欺骗性造成的技术图表线型称为骗线。

46. 技术分析

以供求关系为基础对市场和股票进行的分析研究。技术分析研究价格动向、交易量、交易趋势和形式，并制图表示上述因素，用图预测当前市场行为对未来证券的供求关系和个人持有的证券可能发生的影响。

47. 基本分析

根据销售额、资产、收益、产品或服务、市场和管理等因素对企业进行分析。亦指对宏观政治、经济、军事动态的分析，以预测它们对股市的影响。

48. 非上市股票

不在证券交易所注册挂牌的股票。

49. 委托书

股东委托他人（其他股东）代表自己在股东大会上行使投票权的书面证明。

50. 周转率

股票交易的股数占交易所上市流通的股票股数的百分比。

51. 认股权证

股票发行公司增发新股票时，发给公司原股东的以优惠价格购买一定数量股票的证书。认股权证通常都有时间限制，过时无效。在有效期内持有人可以将其卖出或转让。

52. 除权

股票除权前一日收盘价减去所含权的差价，即为除权。

53. 派息

股票前一日收盘价减去上市公司发放的股息称为派息。

54. 含权

凡是有股票有权未送配的均称含权。

55. 填权

除权后股价上升，将除权差价补回，称为填权。

56. 增资

上市公司为业务需求经常会办理增资(有偿配股)或资本公积新增资(无偿配股)。

57. 配股

公司增发新股时，按股东所有人份数，以特价(低于市价)分配给股东认购。

58. 坐轿子

预测股价将涨，抢在众人前以低价先行买进，待众多散户跟进、股价节节升高后，卖出获利。

59. 抬轿子

在别人早已买进后才醒悟，也跟着买进，结果是把股价抬高让他人获利，而自己买进的股价已非低价，无利可图。

60. 下轿子

坐轿客逢高获利结算为下轿子。

61. 阻力线

股价上涨到达某一价位附近，如有大量的卖出情形，使股价停止上扬，甚至回跌的价。

62. 支撑线

股价下跌到在某一价位附近，如有大量买进情形，使股价停止下跌甚至回升的价位。

63. 填空

填空指将跳空出现时将没有交易的空价位补回来，也就是股价跳空后，过一段时间将回到跳空前价位，以填补跳空价位。

64. 天价

个别股票由多头市场转为空头市场时的最高价。

65. 突破

股价经过一段盘档时间后，产生的一种价格波动。

66. 探底

股价持续跌挫至某价位时便止跌回升，如此一次或数次。

67. 头部

股价上涨至某价位时便遇阻力而下滑。

68. 挂进

买进股票的意思。

69. 挂出

卖出股票的意思。

70. 平盘

今日的开盘价与前一营业日的收盘价相同。

71. 近期趋势

20～30 天为近期趋势。

72. 全额交割

证券主管机关对重整公司或发生重大问题的上市公司的股票，特别制定的买卖交割方法。

73. 洗盘

做手为达到炒作目的，必须于途中让低价买进，且意志不坚的轿客下轿，以减轻上档压力，同时让持股者的平均价位升高，以利于施行养、套、杀的手段。

74. 对敲转账

转账交易的一种方式。这是证券经纪商赚取投资利润的一种手段。经纪商们经低价买进股票，并收取客户的佣金，再以高价卖给另一客户，这样就赚取了大量利润。

75. A 股

A 股的正式名称是人民币普通股票。它是由我国境内的公司发行，供境内机构、组织或个人(不含台、港、澳投资者)以人民币认购和交易的普通股股票，我国 A 股股票市场经过十年快速发展，已经初具规模。

76. B 股

B 股的正式名称是人民币特种股票，它是以人民币标明面值，以外币认购和买卖，在境内(上海、深圳)证券交易所上市交易的。它的投资人限于外国的自然人、法人和其他组织，香港、澳门、台湾地区的自然人、法人和其他组织，定居在国外的中国公民，中国证监会规定的其他投资人。现阶段 B 股的投资人，主要是上述几类中的机构投资者。B 股公司的注册地和上市地都在境内，只不过投资者在境外或在中国香港，澳门及台湾。

77. H 股

H 股，即注册地在内地、上市地在香港的外资股。香港的英文是 Hong Kong，取其字首，在港上市外资股就叫作 H 股。依此类推，纽约的第一个英文字母是 N，新加坡的第一个英文字母是 S，纽约和新加坡上市的股票就分别叫作 N 股和 S 股。

78. 股票投资收益

股票投资收益是指投资者从购入股票开始到出售股票为止整个持有期间的收入，它由股息、资本利得和资本增值收益组成。

79. 股息

股息是指股票持有者依据股票从公司分取的盈利。股息的来源一般是公司的税后净利润，但它的具体表现形式有现金股息、股票股息、财产股息、负债股息、建业股息等多种。

80. 股指期货

股票指数期货（简称股指期货），是以某一股票市场指数为买卖标的物的金融期货品种，即投资者买卖的不是股票，而是与整个股票市场价格指数相关的期货合约。

81. 现金股息

现金股息是以货币形式支付的股息和红利，是最普通、最基本的股息形式。

82. 股票股息

股票股息是以股票的方式派发的股息，通常是由公司用新增发的股票或一部分库存股票作为股息，代替现金分派给股东。股票股息是股东权益账户中不同项目之间的转移，对公司的资产、负债、股东权益总额毫无影响。

83. 财产股息

财产股息是公司用现金以外的其他财产向股东分派股息。最常见的是公司持有的其他公司或子公司的股票、债券，也可以是实物。

84. 负债股息

负债股息是公司通过建立一种负债，用债券或应付票据作为股息分派给股东。

85. 建业股息

建业股息又称建设股息，是指经营铁路、港口、水电、机场等业务的股份公司，由于其建设周期长，不可能在短期内开展业务并获得盈利，为了筹集到所需资金，在公司章程中明确规定并获得批准后，公司可以将一部分股本还给股东作为股息。建业股息不同于其他股息，它不是来自于公司的盈利，而是对公司未来盈利的预分，实质上是一种负债分配，也是无盈利无股息原则的一个例外。

86. 资本利得

资本利得是指投资者在证券市场上交易股票，通过股票买入价与卖出价之间的差额所获取的收入，又称资本损益。当卖出价大于买入价时为资本收益，即资本利得为正，当卖出价小于买入价时为资本损失，即资本利得为负。

87. 资本增值收益

股票投资获得资本增值收益的形式是送股，但送股的资金不是来自于当年的可分配利润，而是公司提取的公积金，因此，又可称为公积金转增股本。资本增值收益是长期投资者选择优质公司股票后长期持有的主要投资目的。

债券的专业术语

1. 债券

债券是债的证明书。债是按照合同的约定或者依照法律的规定，在当事人之间产生的特定的权利和义务关系。债券是发行人依照法定程序发行，并约定在一定期限还本付息的有价证券。它反映的是债权债务关系。债券有四个方面的含义：其一，发行人是借入资金的经济主体；其二，投资者是借出资金的经济主体；其三，发行人需要在一定时期还本付息；其四，反映了发行者和投资者之间的债权债务关系，而且是这一关系的法律凭证。

2. 债券市场

债券市场是发行和买卖债券的场所。债券市场是金融市场的一个重要组成部分。

3. 债券偿还期限

债券偿还期限是指债券从发行之日起至偿清本息之日止的时间。各种债券有不同的偿还期限，短则几个月，长则几十年，习惯上有短期债券、中期债券和长期债券之分。

4. 债券利率

债券利率是指债券利息与债券票面价值的比率，通常年利率用百分数表示。其形式有单利、复利及贴现方式等多种。

5. 债券偿还性

债券偿还性是指债券有规定的偿还期限，债务人必须按期向债权人支付利息和偿还本金。

6. 债券流动性

债券流动性是指债券持有人可按自己的需要和市场的实际状况，转出债券收回本息的灵活性，它主要取决于市场对转让所提供的便利程度。

7. 债券安全性

债券安全性是指债券持有人的收益相对固定，不随发行者经营收益的变动而变动，并且可按期收回本金。与股票相比，它的投资风险较小。

8. 债券收益性

债券收益性是指债券能为投资者带来一定的收入。这种收入主要表现为利息，即债权投资的报酬。但如果债权人在债券期满之前将债券转让，有可能获得债券的买卖价差。

9. 政府债券

政府债券的发行主体是政府。它是指政府财政部门或其他代理机构为筹集资金，以政府名义发行的债券，主要包括国库券和公债两大类。一般国库券是由财政部发行，用以弥补财政收支不平衡；公债是指为筹集建设资金而发行的一种债券。有时也将两者统称为公债。中央政府发行的称国家公债，地方政府发行的称地方公债。

10. 公司债券

公司债券是指公司依照法定程序发行的，约定在一定期限还本付息的有价证券。

11. 单利债券

单利债券是指计算利息时，不论期限长短，仅按本金计息，所生利息不再加入本金计算下期利息的债券。

12. 复利债券

复利债券是指计算利息时，按一定期限将所生利息加入本金再计算利息，逐期滚算的债券。复利债券的利息包含了货币的时间价值。

13. 贴现债券

贴现债券是指在票面上不规定利率，发行时按某一折扣率，以低于票面金额的价格发行，到期时仍按面额偿还本金的债券。贴现债券又称贴水债券，指以低于面值发行，发行价与票面金额之差额相当于预先支付的利息，债券期满时按面值偿付的债券。

14. 累进利率债券

累进利率债券是指以利率逐年累进方法计息的债券。其利率随着时间的推移，后期利率将比前期利率更高，有一个递增率，呈累进状态。

15. 固定利率债券

固定利率债券就是在偿还期内利率固定的债券。

16. 浮动利率债券

浮动利率债券是指利率可以变动的债券。这种债券的利率确定与市场利率挂钩，一般高于市场利率的一定百分点。

17. 实物债券

实物债券是一种具有标准格式实物券面的债券。在其标准格式的债券券面上，一般印制了债券面额、债券利率、债券期限、债券发行人全称、还本付息方式等各种债券票面要素。

18. 凭证式债券

凭证式债券是一种债权人认购债券的收款凭证，而不是债券发行人制定的标准格式的债券。

19. 记账式债券

记账式债券是一种只在电脑账户中作记录，而没有实物形态的债券。

20. 到期偿还

到期偿还也叫满期偿还，是指按发行债券时规定的还本时间，债券到期时一次全部偿还本金的偿债方式。其手续简便，计算方法简单。

21. 期中偿还

期中偿还也叫中途偿还，是指在债券最终到期日之前，偿还部分或全部本金的偿债方式，它包括部分偿还和全额偿还两种形式，而且在偿还的具体时间上，又有定时偿还和随时偿还的区别。

22. 债券的宽限期

债券的宽限期是指债券发行后不允许提起偿还、转换的时间，它一般是根据债券偿还期的长短来确定的。

23. 展期偿还

展期偿还是指在债券期满后又延长原规定的还本付息日期的偿债方式，属于延期偿还的一种情况，它适用的场合通常是发行一种附设延期售回条款的债券。

24. 部分偿还

部分偿还是指从债券发行日起，经过一定宽限期后，按发行额的一定比例陆续偿还，到债券期满时全部还清，属于期中偿还的一种情况。

25. 全额偿还

全额偿还是指在债券到期之前，偿还全部本金的偿还方式，属于期中偿还的一种情况。

26. 定时偿还

定时偿还也称定期偿还，是指债券宽限期过后，分次在规定的日期，按一定的偿还率偿还本金。一般的做法是在每次利息支付日，连同付息一并向投资者偿还一部分本金，到债券期满时全部还清。

27. 随时偿还

随时偿还也称任意偿还，是指债券宽限期限过后，发行人可以自由决定偿还时间，任意偿还债券的一部分或全部。

28. 抽签偿还

抽签偿还是指在期满前偿还一部分债券时，通过抽签方式决定应偿还债券的号码。它可以分为一次性抽签和分次抽签两种，前者是对发行的债券在到期前的某个时间集中一次抽签，以决定各次还本债券号码；后者是对发行的债券按分批还本次数定期抽签以确定还本债券号码。

29. 买入注销

买入注销是指债券发行人在债券未到期前按照市场价格从二级市场中购回自己发行的债券而注销债务。

30. 公债

公债是指国家为了筹措资金而向投资者出具的、承诺在一定时期支付利息和到期还本的债务凭证。广义的公债是指公共部门债务，狭义的公债是指政府部门债务。

31. 短期国债

短期国债指偿还期限为 1 年或 1 年以内的国债，它具有周转期短及流动性强的特点，在货币市场上占有重要地位。

32.中期国债

中期国债是指偿还期限在1年以上、10年以下的国债。

33.长期国债

长期国债是指偿期限在10年或10年以上的国债,一般被用作政府投资的资金来源,在资本市场上有着重要地位。

34.赤字国债

赤字国债是指用于弥补政府预算赤字的国债。

35.建设国债

建设国债是指发债筹借的资金用于建设项目的国债。

36.战争国债

战争国债是指用于弥补战争费用的国债。

37.特种国债

特种国债是指政府未来实施某种特殊政策而发行的国债。

38.流通国债

流通国债是指可以在流通市场上交易的国债。其特征是自由认购,自由转让,通常不记名,转让价格取决于对该国债的供给与需求。

39.我国的国债种类

中央政府自1981年恢复发行国债。1981年至1997年我国发行的国债品种有国库券、国家重点建设债券、国家建设债券、财政债券、特种债券、保值债券、基本建设债券、转换债券等。

40.非流通国债

非流通国债是指不允许在流通市场上交易的国债。它不能自由转让,可以记名,也可以不记名。

41.储蓄债券

以个人为目标的非流通国债,一般是吸收个人小额储蓄存款,故有时称之为储蓄债券。

42.实物国债

实物国债是指以某种商品实物为本位而发行的国债。

43.货币国债

货币国债是指以某种货币为本位而发行的国债。它可以进一步分为本币国债和外币国债,前者以本国货币为本位而发行,后者以外国货币为本位而发行。

44.国库券

国库券起源于英国,属于一种弥补国库短期收支差额的政府债券。在西方国家,国库券利率是市场利率变动情况的集中反映,同时,它又极富流动性,有广大的一级市场和二级市场,交易和变现都很方便。我国习惯上把短期国债、长期国债都叫作国库券。

45.重点企业债券

为了调整投资结构，保证国家重点建设的需要，国家发行重点企业债券。

46.地方企业债券

地方企业债券是由工商企业在本地区或跨地区公开发行的债券。它的期限一般也属于中期性质，利率略高于同期银行储蓄存款利率，发行对象主要为个人，不计复利。

47.企业短期融资券

企业短期融资券是企业为解决临时性、季节性资金需要，向社会发行的短期债券。发行对象为企业、事业单位和个人，期限为3个月、6个月和9个月3个档次，利率可在银行同期储蓄存款利率基础上上浮一定幅度。

48.地方投资公司债券

地方投资公司债券是由地方专业投资公司发行的债券。

49.住宅建设债券

为了支持住宅商品化改革，试点进行了住宅建设债券的发行工作。

50.金融债券

金融债券是指银行及非银行金融机构依照法定程序发行并约定在一定期限内还本付息的有价证券。

51.公司债券

公司债券是指公司依照法定程序发行的，约定在一定期限还本付息的有价证券。公司债券属于债券体系中的一个品种，它表示发行债券的公司和债券投资者之间的债权债务关系。

52.通知偿还性

通知偿还性是指债券发行人具有选择在债券到期之前偿还本金的权利。

53.可转换性

可转换性是指允许债券持有者在一定条件下将债券转换成另一种金融工具，如公司股票等。

54.信用公司债

信用公司债是一种不以公司任何资产作担保而发行的债券，属于无担保证券范畴。

55.不动产抵押公司债

不动产抵押公司债是以公司的不动产(如房屋、土地等)作抵押而发行的债券，是抵押证券的一种。

56.保证公司债

保证公司债是公司发行的由第三者作为还本付息担保人的债券，是担保证券的一种。

57.收益公司债

收益公司债是一种具有特殊性质的债券，其利息只当公司有盈利时才支付，即发行公司的利润扣除各项固定支出后的余额用作债券利息的来源，如果余额不足以支付，未付利息可以累加，待公司收益改善后再补发。所有应付利息付清后，公司股东才可享受分红。

58.债券收益

债券收益来自两个方面：一是债券的利息收益，它取决于债券的票面利率和付息方式；一是资本利得，它取决债券买入价与卖出价和买入价与到期偿还额之间的差额。同股票一样，债券的资本利得可正可负。

59.债券的付息方式

债券的付息方式是指发行人在债券的有限期间内，何时和分几次向债券持有者支付利息的方式。付息方式既影响债券发行人的筹资成本，也影响投资者的投资收益。一般把债券利息的支付分为一次性支付和分期付息两大类，在这两大类中又包括了若干具体支付形式。

60.利随本清

利随本清是以单利计息，到期还本时一次支付所有应付利息。它是一次性付息的一种形式。

61.以复利计算的一次性付息方式

以复利计算的一次性付息方式是指以复利计算，将票面折算成现值发行，到期时票面额即等于本息之和，故按票面额还本付息。

62.无息债券

无息债券是指采用复利计算的一次性付息方式的债券。

63.以贴现方式计算的一次性付息

以贴现方式计算的一次性付息就是以贴现方式计算，投资者按票面额和应收利息的差价购买债券，到期按票面额收回本息。这种方式与以复利计算的一次性付息的差别在于计息方式，前者是按票面额和贴现率计算的，而无息债券的利率却是按投资额计算的。

64.分期付息债券

分期付息债券又称附息债券和息票债券，是在债券到期以前按约定的日期分次按票面利率支付利息，到期再偿还债券本金。分次付息一般分按年付息、半年付息和按季付息三种方式。

65.债券的收益率

债券的收益率是指投资者投资债券所获得的收益占投资总额的比率，其决定因素主要有利率、期限和购买价格等。

66.债券票面收益率

债券票面收益率又称名义收益率或票息率，是债券票面上的固定利率，即年利息收入与债券面额之比率。

67.债券直接收益率

债券直接收益率又称本期收益率、当前收益率，指债券的年利息收入与买入债券的实际价格之比率。直接收益率反映了投资者的投资成本带来的收益。

68. 债券持有期收益率

债券持有期收益率是指买入债券后持有一段时间，又在债券到期前将其出售而得到的收益，包括持有债券期间的利息收入和资本损益与买入债券的实际价格之比率。

69. 债券到期收益率

债券到期收益率是指买入债券后持有至期满得到的收益，包括利息收入和资本损益与买入债券的实际价格之比率。

70. 贴现债券到期收益率

贴现债券债券面额与发行价格的差额与发行价格的比率称为贴现债券的到期收益率。计算时要先根据债券面值和年贴现率求得发行价格。

71. 贴现债券持有期收益率

债券持有者不等到期满而中途出售时，贴现债券卖出价与买入价的差额与买入价的比率称为贴现债券的持有期收益率。

72. 公司债券

公司债券是指公司依照法定程式序发行的、约定在一定期限还本付息的有价证券。与一般的公司债务相比，公司债券具有以下特点：①公司债券是公司与不特定的社会公众形成的债权债务关系，不同于公司与金融机构或其他特定的债权人形成的债权债务关系；②公司债券是一种可转让的债权债务关系，而一般的公司债务是依法限制转让的债权债务关系；③公司债券通过债券的方式表现出来，而一般的公司债务通过其他债权文书形式表现；④公司债券的偿还具有一律性，同次发行的公司债偿还期是一样的，而一般的公司债务可以有不同的偿还期。

73. 记名公司债券

记名公司债券是指记载债券持有人姓名的公司债券。

74. 不记名公司债券

不记名公司债券是指不记载债券持有人姓名的公司债券。

75. 可转换公司债券

可转换公司债券是指发行人依照法定程序发行、在一定期限内依据约定的条件可以转换成股份的公司债券，也称“换股公司债券”。可转换的公司债券应当记载公司债券转换为公司股份的条件及方法，未明确记载的视为非转换公司债券。持有人有权在规定的条件下将公司债券转换为公司股份，由债权人变为公司的股东。

76. 可转换公司债券的分红与派息

可转换公司债券持有人不可以如公司的股东一样享有分红和派息。根据可转换公司债券的特性，可转换公司债券持有人只能享有该债券每年发行时承诺的年利息，而只有当持有人将债券转换成股票时，才能成为该公司股东，与其他股东一起享有该公司分红派息。

基金的专业术语

1. 证券投资基金

证券投资基金是一种利益共享、风险共担的集合证券投资方式，即通过发行基金单位，集中投资者的资金，由基金托管人托管，由基金管理人管理和运用资金，从事股票、债券等金融工具投资，并将投资收益按基金投资者的投资比例进行分配的一种间接投资方式。

2. 共同基金

共同基金是目前美国最流行的一种投资公司类型。它随时准备向那些打算加入基金的投资者发行新股，价格是基金资产净值加相应的销售费用；同时，它也随时准备赎回投资者打算转手的基金股票，价格是基金资产净值减相应的赎回费用。

3. 契约型投资基金

契约型基金是指把投资者、管理人、托管人三者作为基金的当事人，通过签订基金契约的形式发行受益凭证而设立的一种基金。

4. 公司型基金

公司型基金，是按照公司法以公司形态组成的，该基金公司以发行股份的方式募集资金，一般投资者则为认购基金而购买该公司的股份，也就成为该公司的股东，凭其持有的股份依法享有投资收益。

5. 封闭式基金

封闭式基金是指事先确定发行总额，在封闭期内基金单位总数不变，基金上市后投资者可以通过证券市场转让、买卖基金单位的一种基金。

6. 开放式基金

开放式基金，是指基金发行总额不固定，基金单位总数随时增减，投资者可以按基金的报价在规定的营业场所，根据法律法规及基金契约等约定的程序和内容，申购或者赎回基金单位的一种基金。

7. 股票基金

股票基金是以股票为主要投资对象的证券投资基金，投资目标通常侧重于追求资本利得和长期资本增值。目前，股票基金是证券投资基金的主要种类。

8. 债券基金

债券基金是一种以债券为主要投资对象的证券投资基金，投资目标为寻求较为稳定的收益。这类基金的风险较低，适合于稳健型投资者。

9. 货币基金

货币基金是以全球的货币市场为投资对象的一种基金，其投资工具期限在一年内，包括银行短期存款、国库券、公司债券、银行承兑票据及商业票据等。

10.黄金基金和衍生证券基金

黄金基金和衍生证券基金是指以投资于黄金或其他贵金属及其生产和相关产业的证券为主要对象的基金和以衍生证券为投资对象的基金。

11.基金中的基金

基金中的基金是以其他证券投资基金为投资对象的基金，其投资组合由各种各样的基金组成。基金中的基金一般有两种：一种是只投资于自己公司新管理的基金；一种是投资于基金市场上表现好的基金，而不问它属于哪一家公司旗下。

12.资产分配基金

在不同投资品如本国股票、外国股票、债券、货币市场工具、黄金、房地产等方面进行投资的基金。基金在这几类投资品投资的比例主要随基金经理人对前景变化的判断而定。

13.成长型基金

该类基金的投资目标是基金资产的长期增值。为了达到这一目标，基金管理人通常将基金资产投资于信誉度较高、有长期成长前景或长期盈余的公司的股票。

14.收入型基金

收入型基金主要投资于可带来现金收入的有价证券，以获取当期的最大收入为目的。收入型基金资产成长的潜力较小，损失本金的风险相对也较低，一般可分为固定收入型基金和权益收入型基金。

15.平衡型基金

平衡型基金的投资目标是既要获得当期收入，又要追求长期增值，通常是把资金分散投资于股票和债券，以保证资金的安全性和盈利性。

16.成长收入型基金

成长收入型基金是拥有那些股票增值和股息收入均比较可观的大型企业所发行的股票的投资基金。

17.对冲基金

对冲基金意为"风险对冲过的基金"，其操作的宗旨，在于利用期货、期权等金融衍生产品以及对相关联的不同股票进行买空卖空、风险对冲的操作技巧，在一定程度上可规避和化解证券投资风险。

18.雨伞基金

雨伞基金是指一个基金公司将自己的若干种基金作为"母基金"，在"母基金"之下，再选择若干种基金组建若干"子基金"或"成分基金"。各"子基金"或"成分基金"的管理工作都是独立进行的。它们有各自的投资计划和目标。投资者可以自由选择适当的"子基金"或"成分基金"投资，并且可以把自己的投资从一个"子基金"转移到另一个"子基金"的基金组织形式。

19.指数基金

投资于由相同或相似、同属一种特定股价指数的股票的基金。通过低成本、被动式管理的指数基金，投资者可以向目标指数进行投资。

20.可转换债券基金

主要投资于可转换债券和优先股的投资基金。可转换债券兼有债券和股权的双重性质，当企业的经营前景较好时，可转变为普通股；当出现不妙的苗头时，还可以按债券转让。

21.公司债券基金

持有投资等级公司债券或者至少BBB以上信用级公司债券的投资基金。高质量的公司债券基金通常只投资于A以上信用级的公司债券。此外，公司债券基金也可以向财政证券投资。

22.基金资产总值

基金资产总值，包括基金购买的各类证券价值、银行存款本息以及其他投资所形成的价值总和。

23.基金资产净值

基金资产净值，是指基金资产总值减去按照国家有关规定可以在基金资产中扣除的费用后的价值。每一单位基金资产净值，是指计算日基金资产净值除以计算日基金单位总数后的价值。

24.基金发行

基金的发行是指基金发起人在基金发行申请获得主管机关批准统一后，将基金单位向基金投资人（包括个人和法人机构）推销出去的经济活动。基金发行是投资基金整个运作过程中的一个基本环节，也是基金市场的一个重要组成部分。

25.基金上市

基金上市是针对封闭式基金而言的，是指符合证券交易所上市条件的基金，经批准在证券交易所内挂牌交易。

26.基金契约

基金契约又称为基金合同，是作为契约型投资基金设立和运作的首要文件。其内容包括投资基金从设立、运作到终止全过程中当事人的行为、权利和义务。

27.招募说明书

招募说明书是基金发起人编制并向投资人提供的经国家有关部门认可的一项法律性文件。编制的目的是为了让广大投资人了解基金的详情，以供投资人作出是否投资该基金的决策。

28.托管协议

基金托管协议是基金管理人与基金托管人（一般为商业银行）就基金资产托管一事达成的协议书。协议书以合同的形式明确委托人和托管人的责任、权利和义务关系。

29.基金价格

封闭式基金的价格包括一级市场的发行价格和二级市场的交易价格两种。基金的发行价格是指基金发行时由基金发行人所确定的向基金投资人销售基金单位的价格；基金的市场价格是指基金投资人在证券市场上买卖基金单位的价格。开放式基金的价格是指基金持有人向基金公司申购或赎回基金单位的价格，它以基金单位资产净值为基础加减一定手续费进行计算。

30. 认购

认购是指投资者在基金发行募集期内申请购买基金单位的行为。

31. 申购

申购是指开放式基金成立后，投资人参与购买基金的方式。

32. 赎回

赎回是指开放式基金持有人按基金契约的规定，要求基金管理人赎回基金单位的行为。

33. 投资组合

投资组合指投资于一系列不同的有价证券。分散风险是投资组合的一大功能。

34. 投资风险

投资风险是指证券投资遭受损失的可能性。这种可能性表现为预期投资收益未能实现或未能全部实现，以及投资本金遭受损失等。投资风险包括系统风险和非系统风险。系统风险包括政策风险、利率风险和通胀风险等，非系统风险包括信用风险、经营风险和财务风险等。有效的投资组合不能避免系统风险，但可以分散非系统风险。

35. 基金持有人

基金持有人即基金投资人，指基金单位或受益凭证的持有人。基金持有人可以是自然人，也可以是法人。基金持有人的权利包括本金受偿权、收益分配权、剩余财产分配权及参与持有人大会表决权等。

36. 基金持有人大会

基金持有人大会由全体基金单位持有人或委托代表参加，主要讨论有关基金持有人利益的重大事项，如修改基金契约，终止基金，更换基金托管人，更换基金管理人，延长基金期限，变更基金类型，以及召集人认为要提交基金持有人大会讨论的其他事项。

37. 基金管理人

基金管理人是负责基金的具体投资操作和日常管理的机构。

38. 基金托管人

基金托管人是依据基金运行中“管理与保管分开”的原则对基金管理人进行监督和保管基金资产的机构，基金托管人与基金管理人签订托管协议，在托管协议规定的范围内履行自己的职责并收取一定的报酬。

39. 基金收益

基金收益是指基金管理人运用基金资产进行证券投资活动而获得的基金资产增值的部分，主要包括基金投资所得红利、股息、债券利息、买卖证券价差、存款利息和其他收入。基金净收益是指基金收益减去按照国家有关规定可以在基金收益中扣除的费用后的余额。

40. 基金费用

投资基金在运作过程中必须支付一些费用，这些支出就是基金费用，这些费用构成了基金管理人、托管人以及其他当事人的收入来源。投资开放式基金的相关费用包括直接费用和间接费用两部分。直接费用包括交易时产生的认购费、申购费和赎回费，这部分费用由投资者直接承担；间接费用是从基金净值中扣除的法律法规及基金契约所规定的费用，包括管理费、托管费和运作费等其他费用。

股票的操作步骤

第一步：研究宏观经济信息，找出热点行业和区域板块。

建议操作前，详细浏览各大财经网站，了解最新财经信息（如新浪、东方财富网、和讯财经等）。

例如，中央颁布新疆振兴规划，新建股全面上涨（见附图 1～附图 4）。

第二步：操作前，注意看世界各国股市走势。如果欧美股市大幅度上涨，则对中国股市是一个利好，如果大幅度走低，则为利空。如果小幅上涨或下降，则没有较大的影响。

第三步：选择欲操作的区域板块，或行业板块，从中选出个股（见附图 5）。

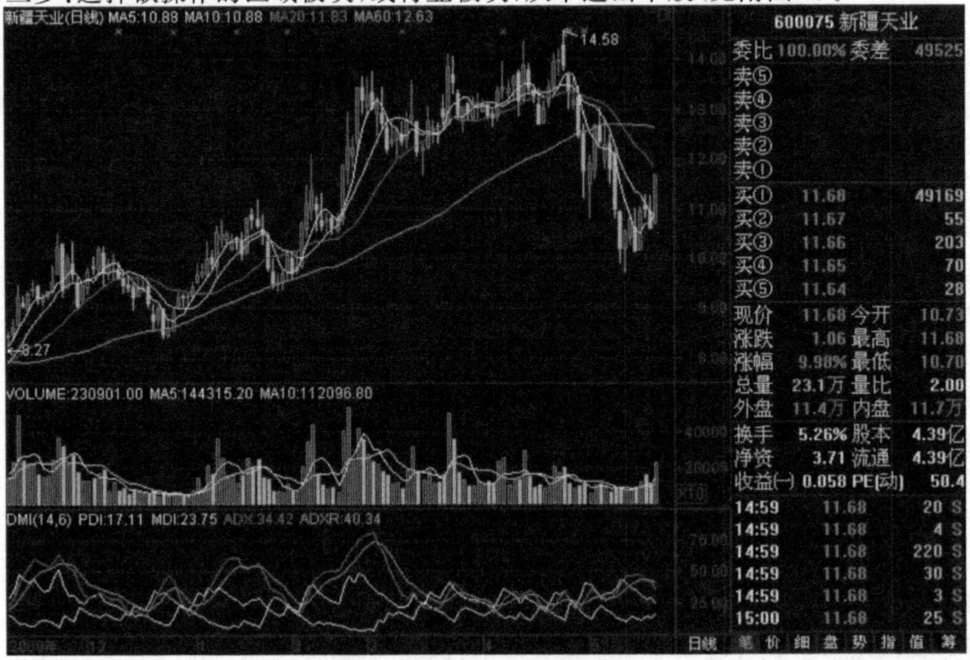

附图 1

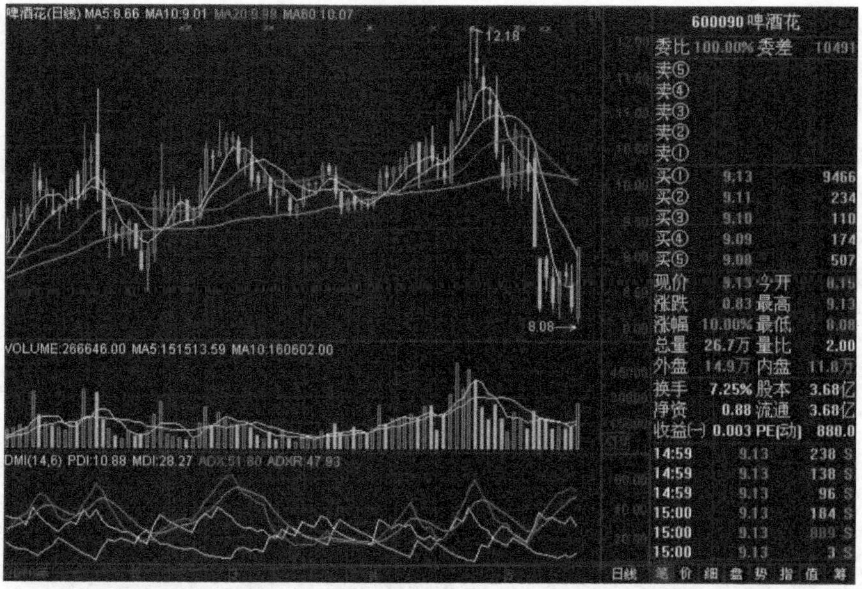

附图 2

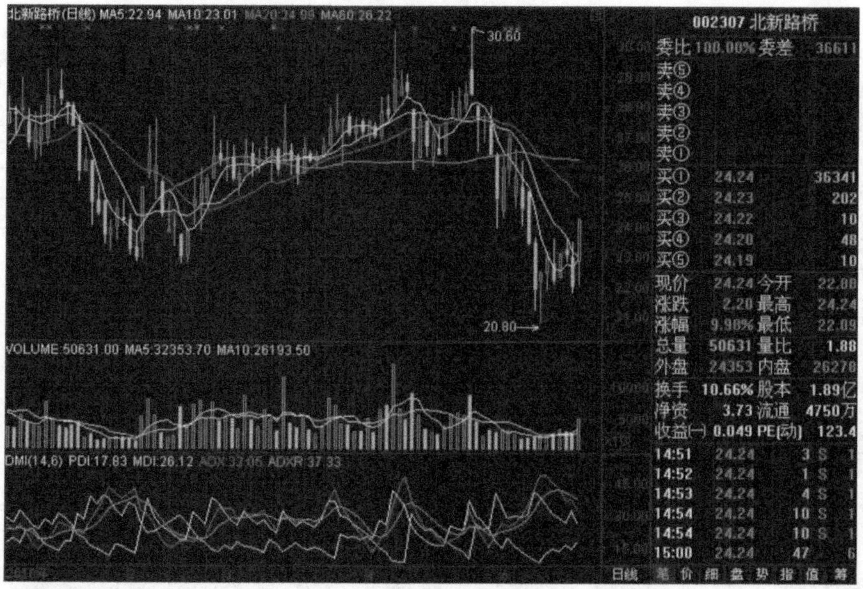

附图 3

第四步：选好个股后，仔细阅读 F10 相关信息，看看有无对该股重大利好和利空消息，或登录相关财经网站，输入该股代码。

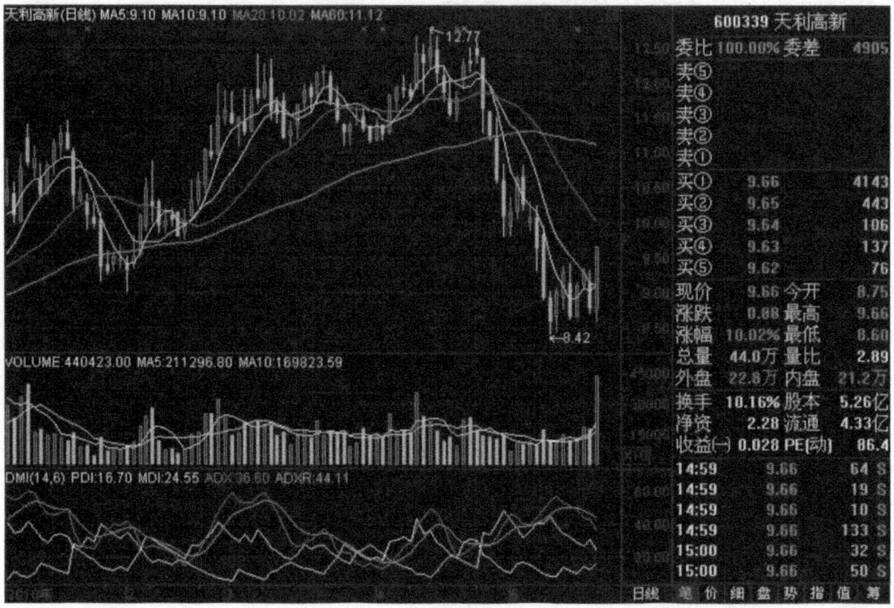

附图 4

	代码	名称	星级	涨幅%	现价	均笔额	笔数	手/笔
1	600000	浦发银行	★★★★★	+1.69	19.23	29.64	2602	157
2	600004	白云机场	★★★	+1.40	9.42	4.77	1835	52
3	600005	武钢股份	★★★★	–	–	–	–	–
4	600006	东风汽车	★★★	+1.41	5.02	4.59	1850	94
5	600007	中国国贸	★★★	+2.90	9.58	3.05	1236	32
6	600008	首创股份	★★★	+0.34	5.97	3.35	1950	57
7	600009	上海机场	★★★★	+3.67	12.71	10.79	2338	88
8	600010	包钢股份	★★	+1.19	3.41	2.95	2083	88
9	600011	华能国际	★★★	+0.33	6.17	2.51	1105	41
10	600012	皖通高速	★★★	+0.54	5.57	2.32	1124	42
11	600015	华夏银行	★★★	+4.07	11.00	16.72	2369	155
12	600016	民生银行	★★★★	+0.45	6.69	22.08	2646	334
13	600017	日照港	★★★★	+0.84	6.02	3.16	1311	53
14	600018	上港集团	★★★	-1.37	4.33	2.79	1725	65
15	600019	宝钢股份	★★★★	+3.06	6.74	17.15	2641	260
16	600020	中原高速	★★★	+0.27	3.74	2.78	1272	76
17	600021	上海电力	★★	-0.90	4.38	1.63	1534	38
18	600022	济南钢铁	★★	+1.62	3.76	2.30	1820	63
19	600026	中海发展	★★★★	+0.22	9.23	5.88	2044	65
20	600027	华电国际	★★★	+0.00	4.17	1.39	1383	34
21	600028	中国石化	★★★★	+0.34	8.79	17.05	2646	198

附图 5

第五步：看看该股的K线，以及其形态，用所学的K线和形态理论进行分析（见附图6和附图7）。

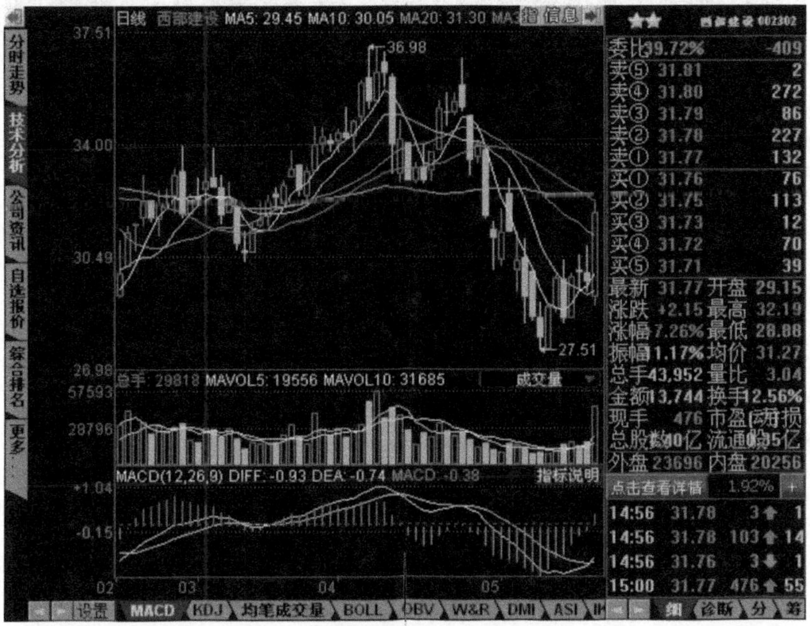

附图　6

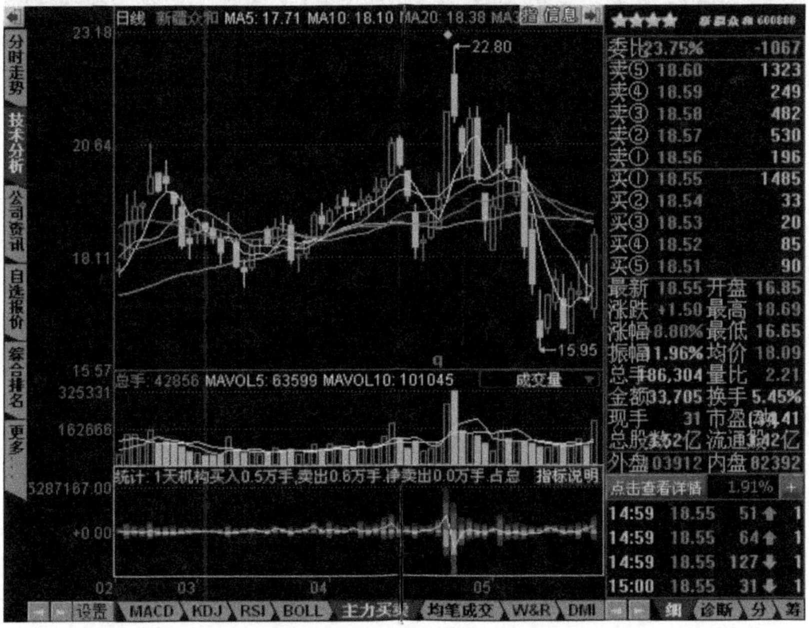

附图　7

第六步：看看成交量和均线（见附图 8 和附图 9）。

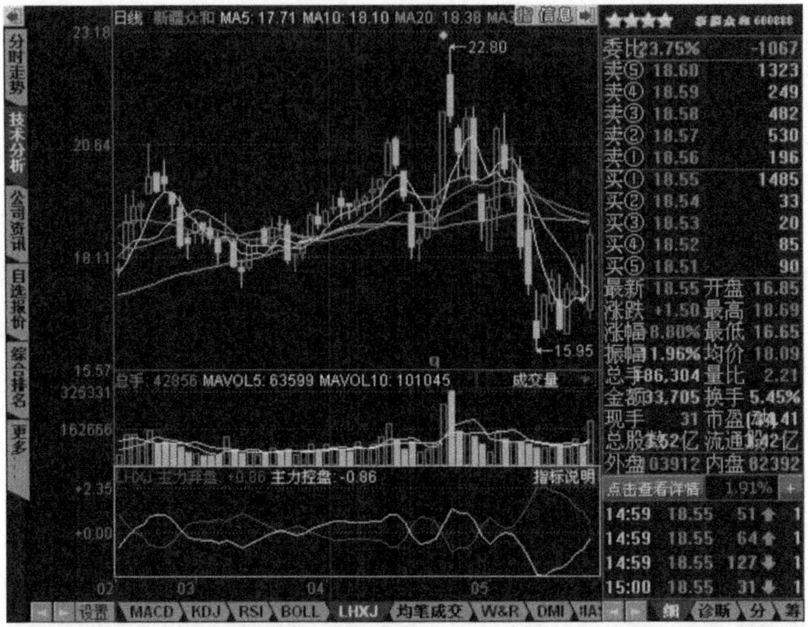

附图　8

附图　9

第七步：了解主力资金动向（见附图 10 和附图 11）。可以看同花顺相关指标，和其他软件（如鹰眼看盘软件），或各大财经网站（输入股票代码）（见附图 12）。

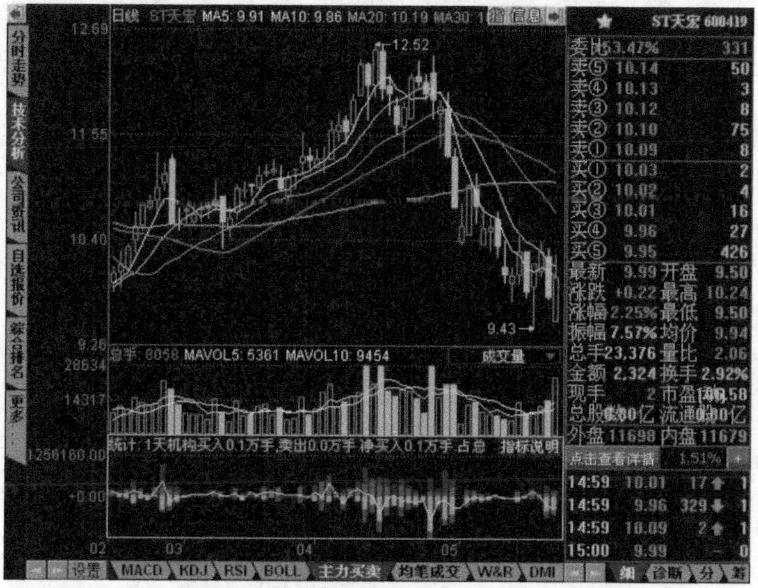

附图 10

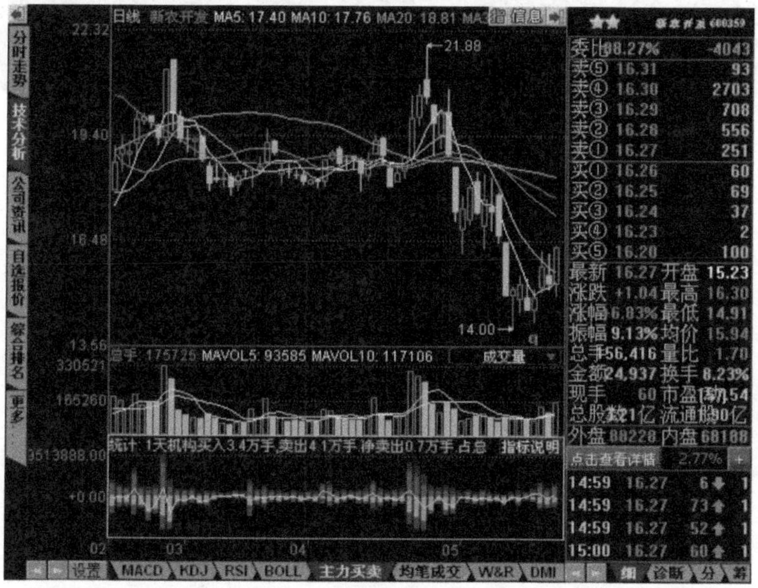

附图 11

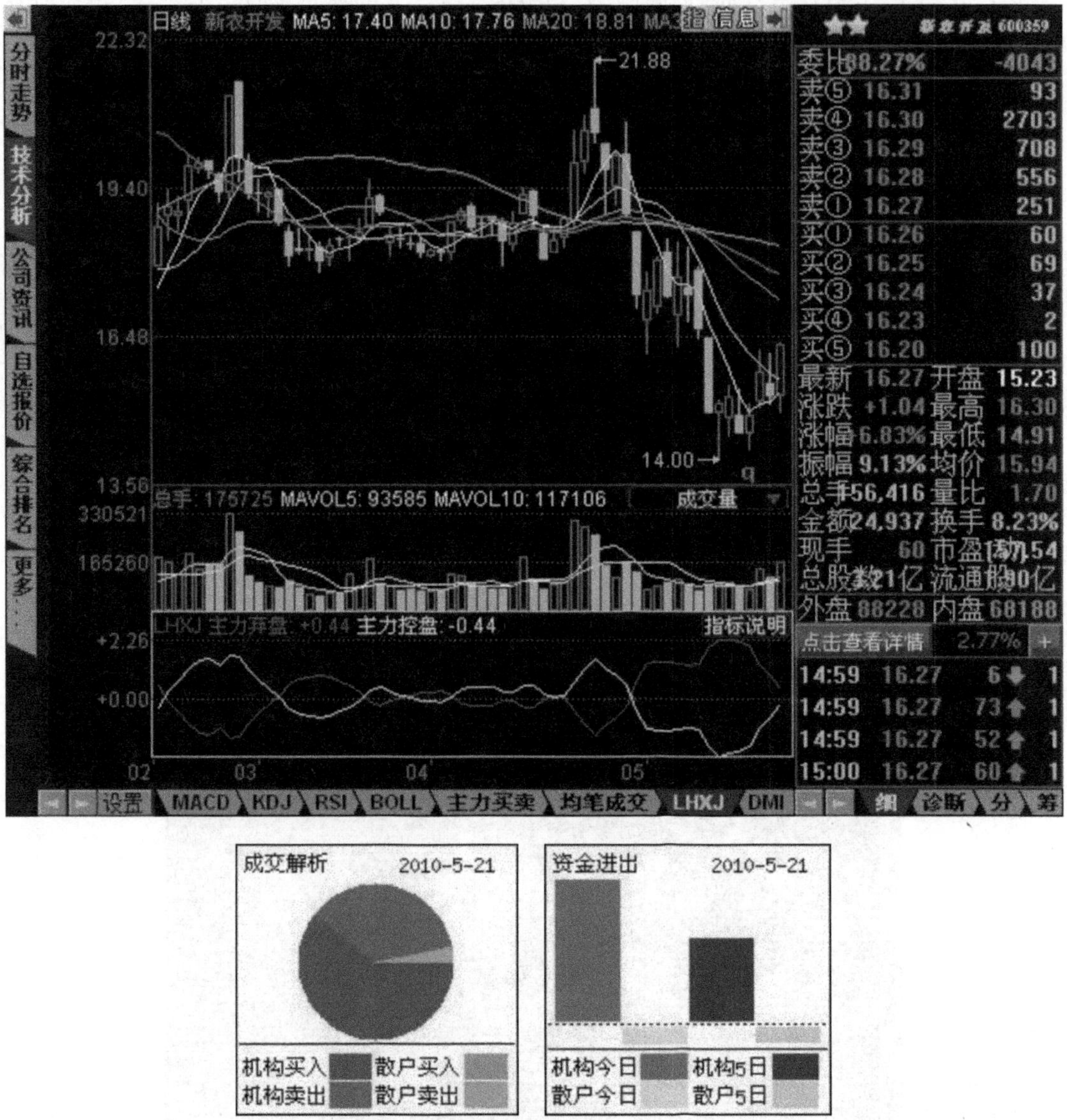
日线 新农开发 MA5: 17.40 MA10: 17.76 MA20: 18.81
指 信息
新农开发 600359
22.32
19.40
16.48
13.56
21.88
14.00
总手: 175725 MAVOL5: 93585 MAVOL10: 117106
成交量
330521
165260
LHXJ 主力弃盘: +0.44 主力控盘: -0.44
指标说明
+2.26
+0.00
02 03 04 05
分时走势
技术分析
公司资讯
自选报价
综合排名
更多
设置 MACD KDJ RSI BOLL 主力买卖 均笔成交 LHXJ DMI
委比 88.27% -4043
卖⑤ 16.31 93
卖④ 16.30 2703
卖③ 16.29 708
卖② 16.28 556
卖① 16.27 251
买① 16.26 60
买② 16.25 69
买③ 16.24 37
买④ 16.23 2
买⑤ 16.20 100
最新 16.27 开盘 15.23
涨跌 +1.04 最高 16.30
涨幅 6.83% 最低 14.91
振幅 9.13% 均价 15.94
量比 1.70
换手 8.23%
外盘 88228 内盘 68188
点击查看详情 2.77%
14:59 16.27 6
14:59 16.27 73
14:59 16.27 52
15:00 16.27 60
细 诊断 分 筹
成交解析 2010-5-21
机构买入 散户买入
机构卖出 散户卖出
资金进出 2010-5-21
机构今日 机构5日
散户今日 散户5日

附图　12

例如 600545 股票网站基础资金信息

资金进出	今日流入 12 516.4 万,10 日内流入 10 073.0 万,30 日内流入 70 331.0 万。	近期资金流入,持股待涨
成本定位	今日成本 12.44 元,20 日内 12.60 元,60 日内 13.97 元。	今日股价低于主力成本 10.96
异动测度	今日指标值为 4.21	今日主力有异动操作
庄股解剖	机构介入比例 27.72	主力中度控盘
强弱指标	短期强度 51.18,中期强度 53.07	中短期强势,向好
支撑压力	中期压力 13.84,短期压力 13.41,中期支撑 9.59,短期支撑 11.32	在箱体内,可波段操作

第八步:结合看其他指标(BOLL 线见附图 13,MACD 线见附图 14,RSI 线见附图 15,KDJ 线见附图 16,DMI 线见附图 17)。

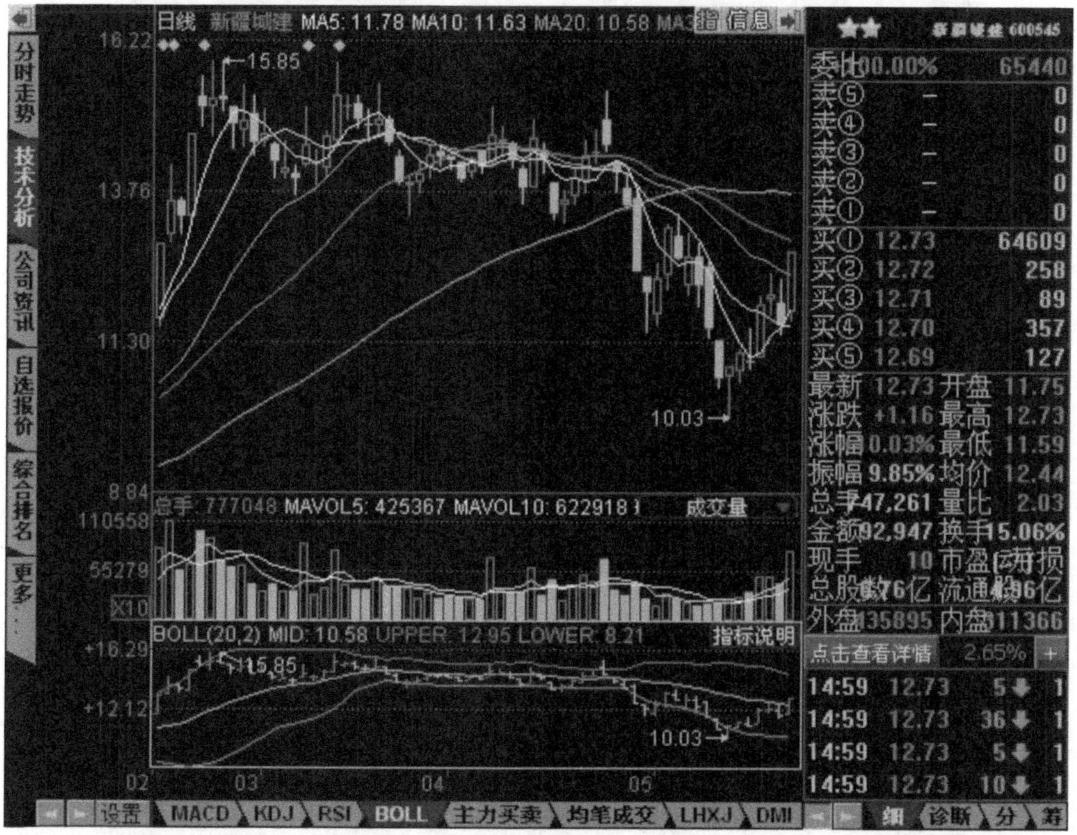

附图 13

日线 新疆城建 MA5: 11.78 MA10: 11.63 MA20: 10.58
信息
16.22
15.85
13.76
11.30
10.03
8.84
分时走势
技术分析
公司资讯
自选报价
综合排名
更多
委比 00.00% 65440
卖⑤ – 0
卖④ – 0
卖③ – 0
卖② – 0
卖① – 0
买① 12.73 64609
买② 12.72 258
买③ 12.71 89
买④ 12.70 357
买⑤ 12.69 127
最新 12.73 开盘 11.75
涨跌 +1.16 最高 12.73
振幅 9.85% 均价 12.44
量比 2.03
换手 15.06%
现手 10
外盘 135895 内盘 11366
总手: 777048 MAVOL5: 425367 MAVOL10: 622918
成交量
110558
55279
MACD(12,26,9) DIFF: +0.80 DEA: +0.66 MACD: +0.27
指标说明
+1.41
+0.31
点击查看详情 2.65%
14:59 12.73 5
14:59 12.73 36
14:59 12.73 5
14:59 12.73 10
02 03 04 05
设置 MACD KDJ RSI BOLL 主力买卖 均笔成交 LHXJ DMI
细 诊断 分

附图 14

日线 新疆城建 MA5: 11.78 MA10: 11.63 MA20: 10.58
信息
16.22
15.85
13.76
11.30
10.03
8.84
分时走势
技术分析
公司资讯
自选报价
综合排名
更多
委比 00.00% 65440
卖⑤ – 0
卖④ – 0
卖③ – 0
卖② – 0
卖① – 0
买① 12.73 64609
买② 12.72 258
买③ 12.71 89
买④ 12.70 357
买⑤ 12.69 127
最新 12.73 开盘 11.75
涨跌 +1.16 最高 12.73
振幅 9.85% 均价 12.44
量比 2.03
换手 15.06%
现手 10
外盘 135895 内盘 11366
总手: 777048 MAVOL5: 425367 MAVOL10: 622918
成交量
110558
55279
RSI(6,12,24) RSI6: +76.75 RSI12: +72.72 RSI24: +69.42
指标说明
+86.32
+52.29
点击查看详情 2.65%
14:59 12.73 5
14:59 12.73 36
14:59 12.73 5
14:59 12.73 10
02 03 04 05
设置 MACD KDJ RSI BOLL 主力买卖 均笔成交 LHXJ DMI
细 诊断 分

附图 15

日线 新疆城建 MA5: 11.78 MA10: 11.63 MA20: 10.58
信息
16.22
15.85
13.76
11.30
10.03
8.84
总手: 777048 MAVOL5: 425367 MAVOL10: 622918
成交量
110558
55279
X10
KDJ(9,3,3) K: +70.45 D: +67.22 J: +76.90
指标说明
+100.00
+50.00
02
03
04
05
设置
MACD
KDJ
RSI
BOLL
主力买卖
均笔成交
LHXJ
DMI
分时走势
技术分析
公司资讯
自选报价
综合排名
更多
新疆城建 600545
委比 100.00% 65440
卖⑤ – 0
卖④ – 0
卖③ – 0
卖② – 0
卖① – 0
买① 12.73 64609
买② 12.72 258
买③ 12.71 89
买④ 12.70 357
买⑤ 12.69 127
最新 12.73 开盘 11.75
涨跌 +1.16 最高 12.73
涨幅 0.03% 最低 11.59
振幅 9.85% 均价 12.44
总手 47,261 量比 2.03
金额 92,947 换手 15.06%
现手 10 市盈 亏损
点击查看详情 2.65%
14:59 12.73 5
14:59 12.73 36
14:59 12.73 5
14:59 12.73 10
细
诊断
分
筹

附图 16

日线 新疆城建 MA5: 11.78 MA10: 11.63 MA20: 10.58
信息
16.22
15.85
13.76
11.30
10.03
8.84
总手: 777048 MAVOL5: 425367 MAVOL10: 622918
成交量
110558
55279
X10
DMI(7,6) ADX: +62.38 ADXR: +60.38 + DI: +33.29 - DI: +
指标说明
+85.69
+42.85
02
03
04
05
设置
MACD
KDJ
RSI
BOLL
主力买卖
均笔成交
LHXJ
DMI
分时走势
技术分析
公司资讯
自选报价
综合排名
更多
新疆城建 600545
委比 100.00% 65440
卖⑤ – 0
卖④ – 0
卖③ – 0
卖② – 0
卖① – 0
买① 12.73 64609
买② 12.72 258
买③ 12.71 89
买④ 12.70 357
买⑤ 12.69 127
最新 12.73 开盘 11.75
涨跌 +1.16 最高 12.73
涨幅 0.03% 最低 11.59
振幅 9.85% 均价 12.44
总手 47,261 量比 2.03
金额 92,947 换手 15.06%
现手 10 市盈 亏损
点击查看详情 2.65%
14:59 12.73 5
14:59 12.73 36
14:59 12.73 5
14:59 12.73 10
细
诊断
分
筹

附图 17

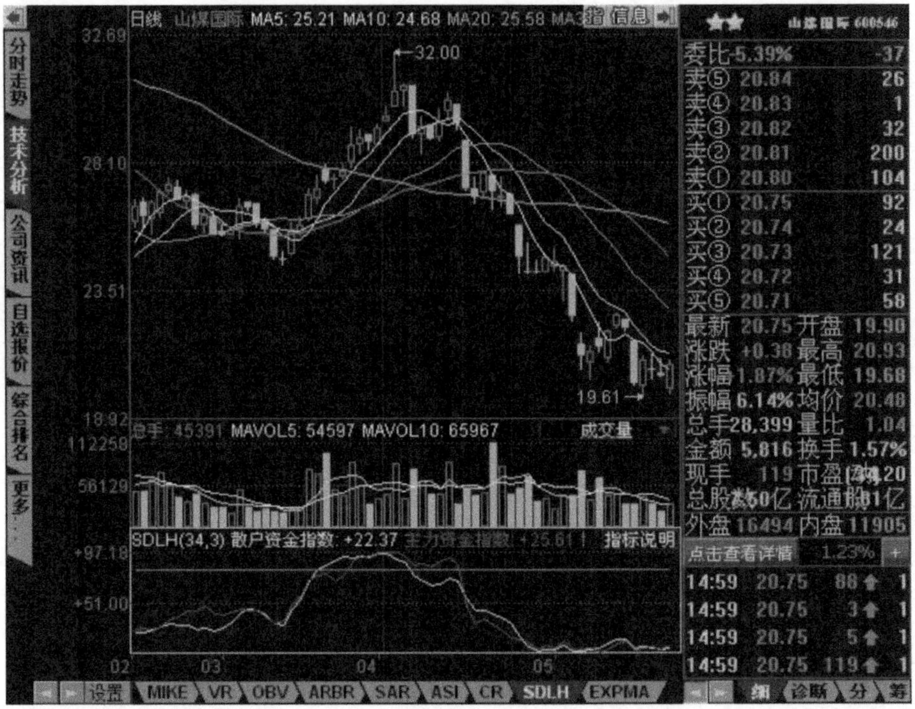

附图　18

神雕猎狐指标

主力资金指数与散户资金指数同时处于20以下的低位，表明散户与主力同步下跌，通常这样一来的个股不值得关注（见附图18和附图19）。

①主力资金指数处于低位向上突破20，表明有主力先行介入，介入程度依赖主力资金指数上升的位置；②如果主力资金指数上升到80以上区域拒绝回落，同时股价逆势走强，无论是老庄所为，还是新庄介入，都是大牛股主升浪的标志。

主力资金指数脱离低位向上是反弹的信号；主力资金指数进入50以上的强势区是反转的信号，此前有逆势动作的股票都会成为上涨的急先锋，通常都会成为牛股。

主力资金指数大于散户资金数值的个股属于大盘的领涨板块。追涨信号以主力资金指数线上穿散户资金指数线时确定。

两个指数处于50以上，无论是主力或散户，均属于强势整理。从主力角度看，可以维持足够的持股者信心。从散户角度看，是短线吸纳的良好机会（见附图20）。

主力资金指数先于散户资金指数调整到弱势区的股票是庄家已经出货，股价将进行中线调整的股票。

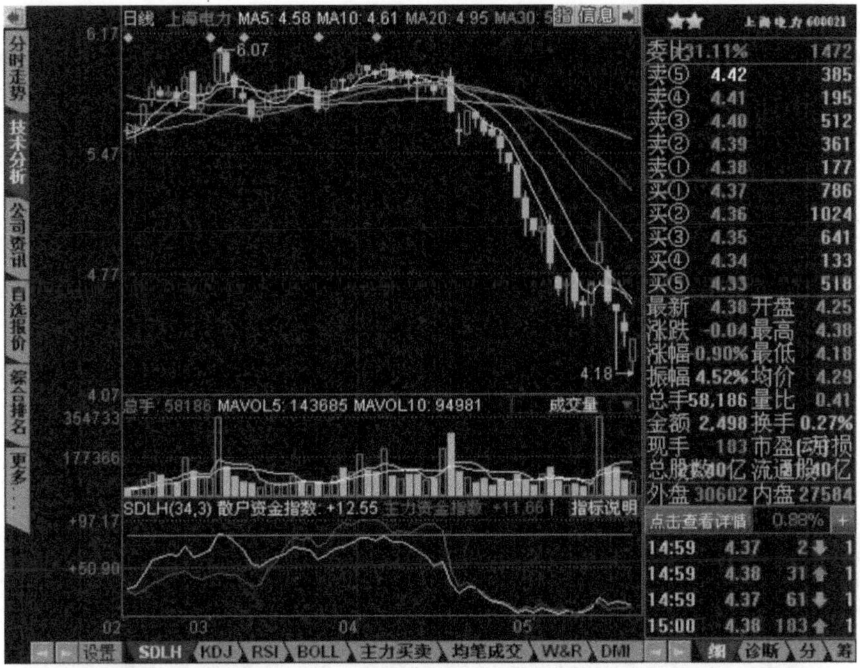
日线 上海电力 MA5: 4.58 MA10: 4.61 MA20: 4.95
信息
6.07
4.18
总手: 58186 MAVOL5: 143685 MAVOL10: 94981
成交量
SDLH(34,3) 散户资金指数: +12.55 主力资金指数
指标说明
委比 31.11% 1472
卖⑤ 4.42 385
卖④ 4.41 195
卖③ 4.40 512
卖② 4.39 361
卖① 4.38 177
买① 4.37 786
买② 4.36 1024
买③ 4.35 641
买④ 4.34 133
买⑤ 4.33 518
最新 4.38 开盘 4.25
涨跌 -0.04 最高 4.38
涨幅 0.90% 最低 4.18
振幅 4.52% 均价 4.29
总手 58,186 量比 0.41
金额 2,498 换手 0.27%
外盘 30602 内盘 27584
点击查看详情 0.88%
14:59 4.37 2
14:59 4.38 31
14:59 4.37 61
15:00 4.38 183
设置 SDLH KDJ RSI BOLL 主力买卖 均笔成交 W&R DMI

附图 19

日线 三一重工 MA5: 31.17 MA10: 30.84 MA20: 31.53
信息
37.20
24.21
总手: 41730 MAVOL5: 43483 MAVOL10: 56735
成交量
SDLH(34,3) 散户资金指数: +22.06 主力资金指数
指标说明
委比 55.45% -1673
卖⑤ 29.14 507
卖④ 29.13 383
卖③ 29.12 686
卖② 29.11 206
卖① 29.10 563
买① 29.08 31
买② 29.07 4
买③ 29.06 98
买④ 29.05 475
买⑤ 29.04 64
最新 29.10 开盘 27.25
涨跌 +1.01 最高 29.45
涨幅 3.60% 最低 26.70
振幅 9.79% 均价 28.50
外盘 29858 内盘 24612
点击查看详情 1.73%
14:59 29.10 65
14:59 29.10 68
14:59 29.09 36
15:00 29.10 61
设置 SDLH KDJ RSI BOLL 主力买卖 均笔成交 W&R DMI

附图 20

第九步:如果选择的股票的公司生产的产品在期货市场有相关品种,则在期货市场上 9 点钟开盘后,先看其产品在期货市场的走势,如其大涨,则可积极操作。如其大跌,则不要操作(见附图 21～附图 24)。

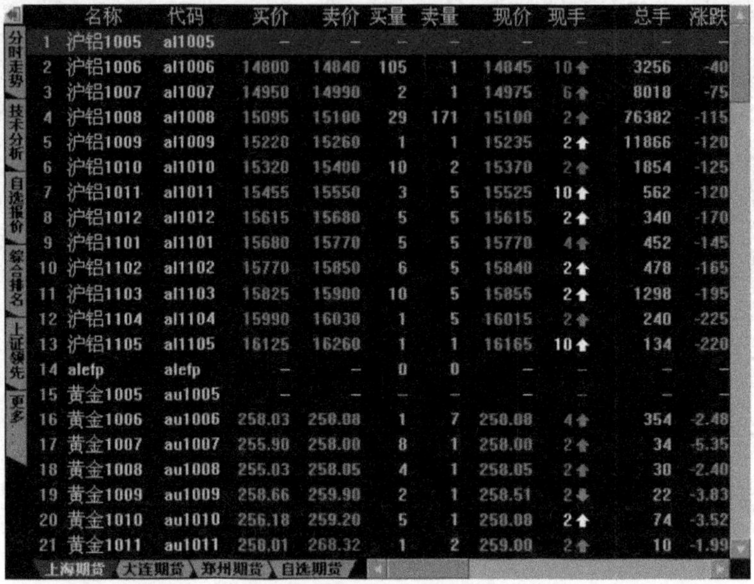

	名称	代码	买价	卖价	买量	卖量	现价	现手	总手	涨跌
1	沪铝1005	al1005	—	—	—	—	—	—	—	—
2	沪铝1006	al1006	14800	14840	105	1	14845	10↑	3256	-40
3	沪铝1007	al1007	14950	14990	2	1	14975	6↑	8018	-75
4	沪铝1008	al1008	15095	15100	29	171	15100	2↑	76382	-115
5	沪铝1009	al1009	15220	15260	1	1	15235	2↑	11866	-120
6	沪铝1010	al1010	15320	15400	10	2	15370	2↑	1854	-125
7	沪铝1011	al1011	15455	15550	3	5	15525	10↑	562	-120
8	沪铝1012	al1012	15615	15680	5	5	15615	2↑	340	-170
9	沪铝1101	al1101	15680	15770	5	5	15770	4↑	452	-145
10	沪铝1102	al1102	15770	15850	6	5	15840	2↑	478	-165
11	沪铝1103	al1103	15825	15900	10	5	15855	2↑	1298	-195
12	沪铝1104	al1104	15990	16030	1	5	16015	2↑	240	-225
13	沪铝1105	al1105	16125	16260	1	1	16165	10↑	134	-220
14	alefp	alefp	—	—	0	0	—	—	—	—
15	黄金1005	au1005	—	—	—	—	—	—	—	—
16	黄金1006	au1006	258.03	258.08	1	7	258.08	4↑	354	-2.48
17	黄金1007	au1007	255.90	258.00	8	1	258.00	2↑	34	-5.35
18	黄金1008	au1008	255.03	258.05	4	1	258.05	2↑	30	-2.40
19	黄金1009	au1009	258.66	259.90	2	1	258.51	2↓	22	-3.83
20	黄金1010	au1010	256.18	259.20	5	1	258.08	2↑	74	-3.52
21	黄金1011	au1011	258.01	268.32	1	2	259.00	2↑	10	-1.99

附图 21

附图 22

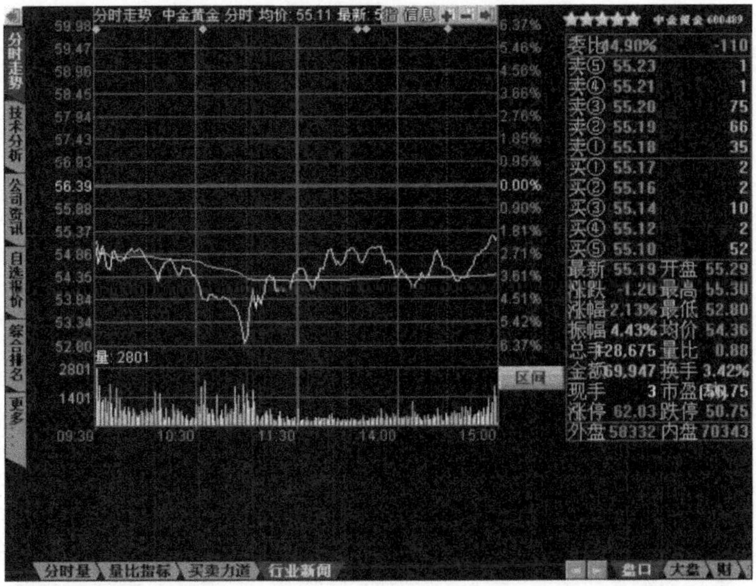

附图　23

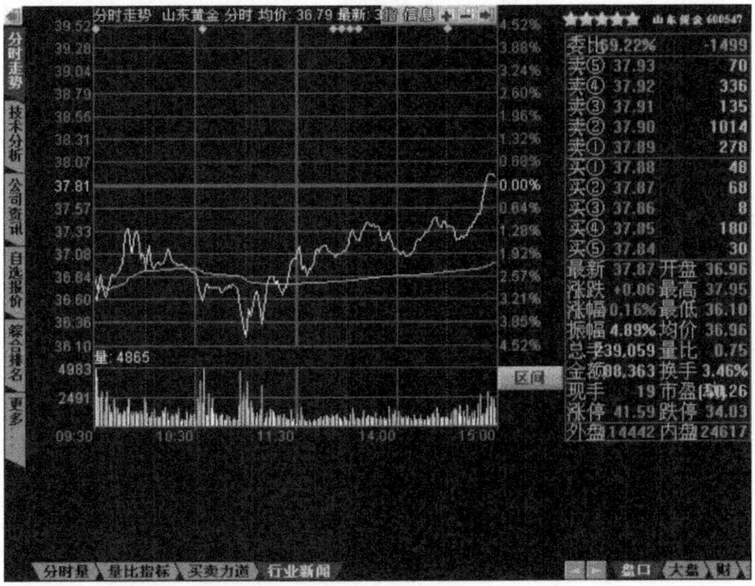

附图　24

第十步:如果一切完毕,就是"谋事在人,成事在天",看你财运怎样。如亏钱,要设定止损位,防止亏损加大,要记住"留得青山在,不怕没柴烧"。

附表1　1元复利终值系数表

期数	1%	2%	3%	4%	5%	6%	7%	8%	9%	10%
1	1.010 0	1.020 0	1.030 0	1.040 0	1.050 0	1.060 0	1.070 0	1.080 0	1.090 0	1.100 0
2	1.020 1	1.040 4	1.060 9	1.081 6	1.102 5	1.123 6	1.144 9	1.166 4	1.188 1	1.210 0
3	1.030 3	1.061 2	1.092 7	1.124 9	1.157 6	1.191 0	1.225 0	1.259 7	1.295 0	1.331 0
4	1.040 6	1.082 4	1.125 5	1.169 9	1.215 5	1.262 5	1.310 8	1.360 5	1.411 6	1.464 1
5	1.051 0	1.104 1	1.159 3	1.216 7	1.276 3	1.338 2	1.402 6	1.469 3	1.538 6	1.610 5
6	1.061 5	1.126 2	1.194 1	1.265 3	1.340 1	1.418 5	1.500 7	1.586 9	1.677 1	1.771 6
7	1.072 1	1.148 7	1.229 9	1.315 9	1.407 1	1.503 6	1.605 8	1.713 8	1.828 0	1.948 7
8	1.082 9	1.171 7	1.266 8	1.368 6	1.477 5	1.593 8	1.718 2	1.850 9	1.992 6	2.143 6
9	1.093 7	1.195 1	1.304 8	1.423 3	1.551 3	1.689 5	1.838 5	1.999 0	2.171 9	2.357 9
10	1.104 6	1.219 0	1.343 9	1.480 2	1.628 9	1.790 8	1.967 2	2.158 9	2.367 4	2.593 7
11	1.115 7	1.243 4	1.384 2	1.539 5	1.710 3	1.898 3	2.104 9	2.331 6	2.580 4	2.853 1
12	1.126 8	1.268 2	1.425 8	1.601 0	1.795 9	2.012 2	2.252 2	2.518 2	2.812 7	3.138 4
13	1.138 1	1.293 6	1.468 5	1.665 1	1.885 6	2.132 9	2.409 8	2.719 6	3.065 8	3.452 3
14	1.149 5	1.319 5	1.512 6	1.731 7	1.979 9	2.260 9	2.578 5	2.937 2	3.341 7	3.797 5
15	1.161 0	1.345 9	1.558 0	1.800 9	2.078 9	2.396 6	2.759 0	3.172 2	3.642 5	4.177 2
16	1.172 6	1.372 8	1.604 7	1.873 0	2.182 9	2.540 4	2.952 2	3.425 9	3.970 3	4.595 0
17	1.184 3	1.400 2	1.652 8	1.947 9	2.292 0	2.692 8	3.158 8	3.700 0	4.327 6	5.054 5
18	1.196 1	1.428 2	1.702 4	2.025 8	2.406 6	2.854 3	3.379 9	3.996 0	4.717 1	5.559 9
19	1.208 1	1.456 8	1.753 5	2.106 8	2.527 0	3.025 6	3.616 5	4.315 7	5.141 7	6.115 9
20	1.220 2	1.485 9	1.806 1	2.191 1	2.653 3	3.207 1	3.869 7	4.661 0	5.604 4	6.727 5
21	1.232 4	1.515 7	1.860 3	2.278 8	2.786 0	3.399 6	4.140 6	5.033 8	6.108 8	7.400 2
22	1.244 7	1.546 0	1.916 1	2.369 9	2.925 3	3.603 5	4.430 4	5.436 5	6.658 6	8.140 3
23	1.257 2	1.576 9	1.973 6	2.464 7	3.071 5	3.819 7	4.740 5	5.871 5	7.257 9	8.954 3
24	1.269 7	1.608 4	2.032 8	2.563 3	3.225 1	4.048 9	5.072 4	6.341 2	7.911 1	9.849 7
25	1.282 4	1.640 6	2.093 8	2.665 8	3.386 4	4.291 9	5.427 4	6.848 5	8.623 1	10.834 7
26	1.295 3	1.673 4	2.156 6	2.772 5	3.555 7	4.549 4	5.807 4	7.396 4	9.399 2	11.918 2
27	1.308 2	1.706 9	2.221 3	2.883 4	3.733 5	4.822 3	6.213 9	7.988 1	10.245 1	13.110 0
28	1.321 3	1.741 0	2.287 9	2.998 7	3.920 1	5.111 7	6.648 8	8.627 1	11.167 1	14.421 0
29	1.334 5	1.775 8	2.356 6	3.118 7	4.116 1	5.418 4	7.114 3	9.317 3	12.172 2	15.863 1
30	1.347 8	1.811 4	2.427 3	3.243 4	4.321 9	5.743 5	7.612 3	10.062 7	13.267 7	17.449 4

续表

期数	12%	14%	15%	16%	18%	20%	24%	28%	32%	36%
1	1.120 0	1.140 0	1.150 0	1.160 0	1.180 0	1.200 0	1.240 0	1.280 0	1.320 0	1.360 0
2	1.254 4	1.299 6	1.322 5	1.345 6	1.392 4	1.440 0	1.537 6	1.638 4	1.742 4	1.849 6
3	1.404 9	1.481 5	1.520 9	1.560 9	1.643 0	1.728 0	1.906 6	2.097 2	2.300 0	2.515 5
4	1.573 5	1.689 0	1.749 0	1.810 6	1.938 8	2.073 6	2.364 2	2.684 4	3.036 0	3.421 0
5	1.762 3	1.925 4	2.011 4	2.100 3	2.287 8	2.488 3	2.931 6	3.436 0	4.007 5	4.652 6
6	1.973 8	2.195 0	2.313 1	2.436 4	2.699 6	2.986 0	3.635 2	4.398 0	5.289 9	6.327 5
7	2.210 7	2.502 3	2.660 0	2.826 2	3.185 5	3.583 2	4.507 7	5.629 5	6.982 6	8.605 4
8	2.476 0	2.852 6	3.059 0	3.278 4	3.758 9	4.299 8	5.589 5	7.205 8	9.217 0	11.703 4
9	2.773 1	3.251 9	3.517 9	3.803 0	4.435 5	5.159 8	6.931 0	9.223 4	12.166 5	15.916 6
10	3.105 8	3.707 2	4.045 6	4.411 4	5.233 8	6.191 7	8.594 4	11.805 9	16.059 8	21.646 6
11	3.478 5	4.226 2	4.652 4	5.117 3	6.175 9	7.430 1	10.657 1	15.111 6	21.198 9	29.439 3
12	3.896 0	4.817 9	5.350 3	5.936 0	7.287 6	8.916 1	13.214 8	19.342 8	27.982 5	40.037 5
13	4.363 5	5.492 4	6.152 8	6.885 8	8.599 4	10.699 3	16.386 3	24.758 8	36.937 0	54.451 0
14	4.887 1	6.261 3	7.075 7	7.987 5	10.147 2	12.839 2	20.319 1	31.691 3	48.756 8	74.053 4
15	5.473 6	7.137 9	8.137 1	9.265 5	11.973 7	15.407 0	25.195 6	40.564 8	64.359 0	100.713
16	6.130 4	8.137 2	9.357 6	10.748 0	14.129 0	18.488 4	31.242 6	51.923 0	84.953 8	136.969
17	6.866 0	9.276 5	10.761 3	12.467 7	16.672 2	22.186 1	38.740 8	66.461 4	112.139 0	186.278
18	7.690 0	10.575 2	12.375 5	14.462 5	19.673 3	26.623 3	48.038 6	85.070 6	148.023 5	253.338
19	8.612 8	12.055 7	14.231 8	16.776 5	23.214 4	31.948 0	59.567 9	108.890 4	195.391 1	344.540
20	9.646 3	13.743 5	16.366 5	19.460 8	27.393 0	38.337 6	73.864 1	139.379 7	257.916 2	468.574
21	10.803 8	15.667 6	18.821 5	22.574 5	32.323 8	46.005 1	91.591 5	178.406 0	340.449 4	637.261
22	12.100 3	17.861 0	21.644 7	26.186 4	38.142 1	55.206 1	113.573 5	228.359 6	449.393 2	866.674
23	13.552 3	20.361 6	24.891 5	30.376 2	45.007 6	66.247 4	140.831 2	292.300 3	593.199 0	
24	15.178 6	23.212 2	28.625 2	35.236 4	53.109 0	79.496 8	174.630 6	374.144 4	783.022 7	
25	17.000 1	26.461 9	32.919 0	40.874 2	62.668 6	95.396 2	216.542 0	478.904 9		
26	19.040 1	30.166 6	37.856 8	47.414 1	73.949 0	114.476	268.512 1	612.998 2		
27	21.324 9	34.389 9	43.535 3	55.000 4	87.259 8	137.371	332.955 0	784.637 7		
28	23.883 9	39.204 5	50.065 6	63.800 4	102.967	164.845	412.864 2			
29	26.749 9	44.693 1	57.575 5	74.008 5	121.501	197.814	511.951 6			
30	29.959 9	50.950 2	66.211 8	85.849 9	143.371	237.376	634.819 9			

附表2　1元复利现值系数表

期数	1%	2%	3%	4%	5%	6%	7%	8%	9%	10%
1	0.990 1	0.980 4	0.970 9	0.961 5	0.952 4	0.943 4	0.934 6	0.925 9	0.917 4	0.909 1
2	0.980 3	0.961 2	0.942 6	0.924 6	0.907 0	0.890 0	0.873 4	0.857 3	0.841 7	0.826 4
3	0.970 6	0.942 3	0.915 1	0.889 0	0.863 8	0.839 6	0.816 3	0.793 8	0.772 2	0.751 3
4	0.961 0	0.923 8	0.888 5	0.854 8	0.822 7	0.792 1	0.762 9	0.735 0	0.708 4	0.683 0
5	0.951 5	0.905 7	0.862 6	0.821 9	0.783 5	0.747 3	0.713 0	0.680 6	0.649 9	0.620 9
6	0.942 0	0.888 0	0.837 5	0.790 3	0.746 2	0.705 0	0.666 3	0.630 2	0.596 3	0.564 5
7	0.932 7	0.870 6	0.813 1	0.759 9	0.710 7	0.665 1	0.622 7	0.583 5	0.547 0	0.513 2
8	0.923 5	0.853 5	0.789 4	0.730 7	0.676 8	0.627 4	0.582 0	0.540 3	0.501 9	0.466 5
9	0.914 3	0.836 8	0.766 4	0.702 6	0.644 6	0.591 9	0.543 9	0.500 2	0.460 4	0.424 1
10	0.905 3	0.820 3	0.744 1	0.675 6	0.613 9	0.558 4	0.508 3	0.463 2	0.422 4	0.385 5
11	0.896 3	0.804 3	0.722 4	0.649 6	0.584 7	0.526 8	0.475 1	0.428 9	0.387 5	0.350 5
12	0.887 4	0.788 5	0.701 4	0.624 6	0.556 8	0.497 0	0.444 0	0.397 1	0.355 5	0.318 6
13	0.878 7	0.773 0	0.681 0	0.600 6	0.530 3	0.468 8	0.415 0	0.367 7	0.326 2	0.289 7
14	0.870 0	0.757 9	0.661 1	0.577 5	0.505 1	0.442 3	0.387 8	0.340 5	0.299 2	0.263 3
15	0.861 3	0.743 0	0.641 9	0.555 3	0.481 0	0.417 3	0.362 4	0.315 2	0.274 5	0.239 4
16	0.852 8	0.728 4	0.623 2	0.533 9	0.458 1	0.393 6	0.338 7	0.291 9	0.251 9	0.217 6
17	0.844 4	0.714 2	0.605 0	0.513 4	0.436 3	0.371 4	0.316 6	0.270 3	0.231 1	0.197 8
18	0.836 0	0.700 2	0.587 4	0.493 6	0.415 5	0.350 3	0.295 9	0.250 2	0.212 0	0.179 9
19	0.827 7	0.686 4	0.570 3	0.474 6	0.395 7	0.330 5	0.276 5	0.231 7	0.194 5	0.163 5
20	0.819 5	0.673 0	0.553 7	0.456 4	0.376 9	0.311 8	0.258 4	0.214 5	0.178 4	0.148 6
21	0.811 4	0.659 8	0.537 5	0.438 8	0.358 9	0.294 2	0.241 5	0.198 7	0.163 7	0.135 1
22	0.803 4	0.646 8	0.521 9	0.422 0	0.341 8	0.277 5	0.225 7	0.183 9	0.150 2	0.122 8
23	0.795 4	0.634 2	0.506 7	0.405 7	0.325 6	0.261 8	0.210 9	0.170 3	0.137 8	0.111 7
24	0.787 6	0.621 7	0.491 9	0.390 1	0.310 1	0.247 0	0.197 1	0.157 7	0.126 4	0.101 5
25	0.779 8	0.609 5	0.477 6	0.375 1	0.295 3	0.233 0	0.184 2	0.146 0	0.116 0	0.092 3
26	0.772 0	0.597 6	0.463 7	0.360 7	0.281 2	0.219 8	0.172 2	0.135 2	0.106 4	0.083 9
27	0.764 4	0.585 9	0.450 2	0.346 8	0.267 8	0.207 4	0.160 9	0.125 2	0.097 6	0.076 3
28	0.756 8	0.574 4	0.437 1	0.333 5	0.255 1	0.195 6	0.150 4	0.115 9	0.089 5	0.069 3
29	0.749 3	0.563 1	0.424 3	0.320 7	0.242 9	0.184 6	0.140 6	0.107 3	0.082 2	0.063 0
30	0.741 9	0.552 1	0.412 0	0.308 3	0.231 4	0.174 1	0.131 4	0.099 4	0.075 4	0.057 3

续表

期数	12%	14%	15%	16%	18%	20%	24%	28%	32%	36%
1	0.892 9	0.877 2	0.869 6	0.862 1	0.847 5	0.833 3	0.806 5	0.781 3	0.757 6	0.735 3
2	0.797 2	0.769 5	0.756 1	0.743 2	0.718 2	0.694 4	0.650 4	0.610 4	0.573 9	0.540 7
3	0.711 8	0.675 0	0.657 5	0.640 7	0.608 6	0.578 7	0.524 5	0.476 8	0.434 8	0.397 5
4	0.635 5	0.592 1	0.571 8	0.552 3	0.515 8	0.482 3	0.423 0	0.372 5	0.329 4	0.292 3
5	0.567 4	0.519 4	0.497 2	0.476 1	0.437 1	0.401 9	0.341 1	0.291 0	0.249 5	0.214 9
6	0.506 6	0.455 6	0.432 3	0.410 4	0.370 4	0.334 9	0.275 1	0.227 4	0.189 0	0.158 0
7	0.452 3	0.399 6	0.375 9	0.353 8	0.313 9	0.279 1	0.221 8	0.177 6	0.143 2	0.116 2
8	0.403 9	0.350 6	0.326 9	0.305 0	0.266 0	0.232 6	0.178 9	0.138 8	0.108 5	0.085 4
9	0.360 6	0.307 5	0.284 3	0.263 0	0.225 5	0.193 8	0.144 3	0.108 4	0.082 2	0.062 8
10	0.322 0	0.269 7	0.247 2	0.226 7	0.191 1	0.161 5	0.116 4	0.084 7	0.062 3	0.046 2
11	0.287 5	0.236 6	0.214 9	0.195 4	0.161 9	0.134 6	0.093 8	0.066 2	0.047 2	0.034 0
12	0.256 7	0.207 6	0.186 9	0.168 5	0.137 2	0.112 2	0.075 7	0.051 7	0.035 7	0.025 0
13	0.229 2	0.182 1	0.162 5	0.145 2	0.116 3	0.093 5	0.061 0	0.040 4	0.027 1	0.018 4
14	0.204 6	0.159 7	0.141 3	0.125 2	0.098 5	0.077 9	0.049 2	0.031 6	0.020 5	0.013 5
15	0.182 7	0.140 1	0.122 9	0.107 9	0.083 5	0.064 9	0.039 7	0.024 7	0.015 5	0.009 9
16	0.163 1	0.122 9	0.106 9	0.093 0	0.070 8	0.054 1	0.032 0	0.019 3	0.011 8	0.007 3
17	0.145 6	0.107 8	0.092 9	0.080 2	0.060 0	0.045 1	0.025 8	0.015 0	0.008 9	0.005 4
18	0.130 0	0.094 6	0.080 8	0.069 1	0.050 8	0.037 6	0.020 8	0.011 8	0.006 8	0.003 9
19	0.116 1	0.082 9	0.070 3	0.059 6	0.043 1	0.031 3	0.016 8	0.009 2	0.005 1	0.002 9
20	0.103 7	0.072 8	0.061 1	0.051 4	0.036 5	0.026 1	0.013 5	0.007 2	0.003 9	0.002 1
21	0.092 6	0.063 8	0.053 1	0.044 3	0.030 9	0.021 7	0.010 9	0.005 6	0.002 9	0.001 6
22	0.082 6	0.056 0	0.046 2	0.038 2	0.026 2	0.018 1	0.008 8	0.004 4	0.002 2	0.001 2
23	0.073 8	0.049 1	0.040 2	0.032 9	0.022 2	0.015 1	0.007 1	0.003 4	0.001 7	0.000 8
24	0.065 9	0.043 1	0.034 9	0.028 4	0.018 8	0.012 6	0.005 7	0.002 7	0.001 3	0.000 6
25	0.058 8	0.037 8	0.030 4	0.024 5	0.016 0	0.010 5	0.004 6	0.002 1	0.001 0	0.000 5
26	0.052 5	0.033 1	0.026 4	0.021 1	0.013 5	0.008 7	0.003 7	0.001 6	0.000 7	0.000 3
27	0.046 9	0.029 1	0.023 0	0.018 2	0.011 5	0.007 3	0.003 0	0.001 3	0.000 6	0.000 2
28	0.041 9	0.025 5	0.020 0	0.015 7	0.009 7	0.006 1	0.002 4	0.001 0	0.000 4	0.000 2
29	0.037 4	0.022 4	0.017 4	0.013 5	0.008 2	0.005 1	0.002 0	0.000 8	0.000 3	0.000 1
30	0.033 4	0.019 6	0.015 1	0.011 6	0.007 0	0.004 2	0.001 6	0.000 6	0.000 2	0.000 1

附表3　1元年金终值系数表

期数	1%	2%	3%	4%	5%	6%	7%	8%	9%	10%
1	1.000	1.000	1.000	1.000	1.000	1.000	1.000	1.000	1.000	1.000
2	2.010	2.020	2.030	2.040	2.050	2.060	2.070	2.080	2.090	2.100
3	3.030	3.060	3.091	3.122	3.153	3.184	3.215	3.246	3.278	3.310
4	4.060	4.122	4.184	4.247	4.310	4.375	4.440	4.506	4.573	4.641
5	5.101	5.204	5.309	5.416	5.526	5.637	5.751	5.867	5.985	6.105
6	6.152	6.308	6.468	6.633	6.802	6.975	7.153	7.336	7.523	7.716
7	7.214	7.434	7.663	7.898	8.142	8.394	8.654	8.923	9.200	9.487
8	8.286	8.583	8.892	9.214	9.549	9.898	10.260	10.637	11.029	11.436
9	9.369	9.755	10.159	10.583	11.027	11.491	11.978	12.488	13.021	13.580
10	10.462	10.950	11.464	12.006	12.578	13.181	13.816	14.487	15.193	15.937
11	11.567	12.169	12.808	13.486	14.207	14.972	15.784	16.646	17.560	18.531
12	12.683	13.412	14.192	15.026	15.917	16.870	17.889	18.977	20.141	21.384
13	13.809	14.680	15.618	16.627	17.713	18.882	20.141	21.495	22.953	24.523
14	14.947	15.974	17.086	18.292	19.599	21.015	22.551	24.215	26.019	27.975
15	16.097	17.293	18.599	20.024	21.579	23.276	25.129	27.152	29.361	31.773
16	17.258	18.639	20.157	21.825	23.658	25.673	27.888	30.324	33.003	35.950
17	18.430	20.012	21.762	23.698	25.840	28.213	30.840	33.750	36.974	40.545
18	19.615	21.412	23.414	25.645	28.132	30.906	33.999	37.450	41.301	45.599
19	20.811	22.841	25.117	27.671	30.539	33.760	37.379	41.446	46.019	51.159
20	22.019	24.297	26.870	29.778	33.066	36.786	40.996	45.762	51.160	57.275
21	23.239	25.783	28.677	31.969	35.719	39.993	44.865	50.423	56.765	64.003
22	24.472	27.299	30.537	34.248	38.505	43.392	49.006	55.457	62.873	71.403
23	25.716	28.845	32.453	36.618	41.431	46.996	53.436	60.893	69.532	79.543
24	26.974	30.422	34.427	39.083	44.502	50.816	58.177	66.765	76.790	88.497
25	28.243	32.030	36.459	41.646	47.727	54.865	63.249	73.106	84.701	98.347
26	29.526	33.671	38.553	44.312	51.114	59.156	68.677	79.954	93.324	109.182
27	30.821	35.344	40.710	47.084	54.669	63.706	74.484	87.351	102.723	121.100
28	32.129	37.051	42.931	49.968	58.403	68.528	80.698	95.339	112.968	134.210
29	33.450	38.792	45.219	52.966	62.323	73.640	87.347	103.966	124.135	148.631
30	34.785	40.568	47.575	56.085	66.439	79.058	94.461	113.283	136.308	164.494
35	41.660	49.995	60.462	73.652	90.320	111.435	138.237	172.317	215.711	271.024
40	48.886	60.402	75.401	95.026	120.800	154.762	199.635	259.057	337.882	442.593
45	56.481	71.893	92.720	121.029	159.700	212.744	285.749	386.506	525.859	718.905

续表

期数	12%	14%	15%	16%	18%	20%	24%	28%	32%	36%
1	1.000	1.000	1.000	1.000	1.000	1.000	1.000	1.000	1.000	1.000
2	2.120	2.140	2.150	2.160	2.180	2.200	2.240	2.280	2.320	2.360
3	3.374	3.440	3.473	3.506	3.572	3.640	3.778	3.918	4.062	4.210
4	4.779	4.921	4.993	5.067	5.215	5.368	5.684	6.016	6.362	6.725
5	6.353	6.610	6.742	6.877	7.154	7.442	8.048	8.700	9.398	10.146
6	8.115	8.536	8.754	8.978	9.442	9.930	10.980	12.136	13.406	14.799
7	10.089	10.731	11.067	11.414	12.142	12.916	14.615	16.534	18.696	21.126
8	12.300	13.233	13.727	14.240	15.327	16.499	19.123	22.163	25.678	29.732
9	14.776	16.085	16.786	17.519	19.086	20.799	24.713	29.369	34.895	41.435
10	17.549	19.337	20.304	21.322	23.521	25.959	31.643	38.593	47.062	57.352
11	20.655	23.045	24.349	25.733	28.755	32.150	40.238	50.399	63.122	78.998
12	24.133	27.271	29.002	30.850	34.931	39.581	50.895	65.510	84.320	108.438
13	28.029	32.089	34.352	36.786	42.219	48.497	64.110	84.853	112.303	148.475
14	32.393	37.581	40.505	43.672	50.818	59.196	80.496	109.612	149.240	202.926
15	37.280	43.842	47.580	51.660	60.965	72.035	100.815	141.303	197.997	276.979
16	42.753	50.980	55.718	60.925	72.939	87.442	126.011	181.868	262.356	377.692
17	48.884	59.118	65.075	71.673	87.068	105.931	157.253	233.791	347.310	514.661
18	55.750	68.394	75.836	84.141	103.740	128.117	195.994	300.252	459.449	700.939
19	63.440	78.969	88.212	98.603	123.414	154.740	244.033	385.323	607.472	954.277
20	72.052	91.025	102.444	115.380	146.628	186.688	303.601	494.213	802.863	
21	81.699	104.768	118.810	134.841	174.021	225.026	377.465	633.593		
22	92.503	120.436	137.632	157.415	206.345	271.031	469.056	811.999		
23	104.603	138.297	159.276	183.601	244.487	326.237	582.630			
24	118.155	158.659	184.168	213.978	289.495	392.484	723.461			
25	133.334	181.871	212.793	249.214	342.604	471.981	898.092			
26	150.334	208.333	245.712	290.088	405.272	567.377				
27	169.374	238.499	283.569	337.502	479.221	681.853				
28	190.699	272.889	327.104	392.503	566.481	819.223				
29	214.583	312.094	377.170	456.303	669.448	984.068				
30	241.333	356.787	434.745	530.312	790.948					
35	431.664	693.573	881.170							
40	767.091									
45										

附表4　1元年金现值系数表

期数	1%	2%	3%	4%	5%	6%	7%	8%	9%	10%
1	0.990	0.980	0.971	0.962	0.952	0.943	0.935	0.926	0.917	0.909
2	1.970	1.942	1.914	1.886	1.859	1.833	1.808	1.783	1.759	1.736
3	2.941	2.884	2.829	2.775	2.723	2.673	2.624	2.577	2.531	2.487
4	3.902	3.808	3.717	3.630	3.546	3.465	3.387	3.312	3.240	3.170
5	4.853	4.714	4.580	4.452	4.330	4.212	4.100	3.993	3.890	3.791
6	5.796	5.601	5.417	5.242	5.076	4.917	4.767	4.623	4.486	4.355
7	6.728	6.472	6.230	6.002	5.786	5.582	5.389	5.206	5.033	4.868
8	7.652	7.326	7.020	6.733	6.463	6.210	5.971	5.747	5.535	5.335
9	8.566	8.162	7.786	7.435	7.108	6.802	6.515	6.247	5.995	5.759
10	9.471	8.983	8.530	8.111	7.722	7.360	7.024	6.710	6.418	6.145
11	10.368	9.787	9.253	8.761	8.306	7.887	7.499	7.139	6.805	6.495
12	11.255	10.575	9.954	9.385	8.863	8.384	7.943	7.536	7.161	6.814
13	12.134	11.348	10.635	9.986	9.394	8.853	8.358	7.904	7.487	7.103
14	13.004	12.106	11.296	10.563	9.899	9.295	8.746	8.244	7.786	7.367
15	13.865	12.849	11.938	11.118	10.380	9.712	9.108	8.560	8.061	7.606
16	14.718	13.578	12.561	11.652	10.838	10.106	9.447	8.851	8.313	7.824
17	15.562	14.292	13.166	12.166	11.274	10.477	9.763	9.122	8.544	8.022
18	16.398	14.992	13.754	12.659	11.690	10.828	10.059	9.372	8.756	8.201
19	17.226	15.679	14.324	13.134	12.085	11.158	10.336	9.604	8.950	8.365
20	18.046	16.351	14.878	13.590	12.462	11.470	10.594	9.818	9.129	8.514
21	18.857	17.011	15.415	14.029	12.821	11.764	10.836	10.017	9.292	8.649
22	19.660	17.658	15.937	14.451	13.163	12.042	11.061	10.201	9.442	8.772
23	20.456	18.292	16.444	14.857	13.489	12.303	11.272	10.371	9.580	8.883
24	21.243	18.914	16.936	15.247	13.799	12.550	11.469	10.529	9.707	8.985
25	22.023	19.524	17.413	15.622	14.094	12.783	11.654	10.675	9.823	9.077
26	22.795	20.121	17.877	15.983	14.375	13.003	11.826	10.810	9.929	9.161
27	23.560	20.707	18.327	16.330	14.643	13.211	11.987	10.935	10.027	9.237
28	24.316	21.281	18.764	16.663	14.898	13.406	12.137	11.051	10.116	9.307
29	25.066	21.844	19.189	16.984	15.141	13.591	12.278	11.158	10.198	9.370
30	25.808	22.397	19.600	17.292	15.373	13.765	12.409	11.258	10.274	9.427
35	29.409	24.999	21.487	18.665	16.374	14.498	12.948	11.655	10.567	9.644
40	32.835	27.356	23.115	19.793	17.159	15.046	13.332	11.925	10.757	9.779
45	36.095	29.490	24.519	20.720	17.774	15.456	13.606	12.108	10.881	9.863

续表

期数	12%	14%	15%	16%	18%	20%	24%	28%	32%	36%
1	0.893	0.877	0.870	0.862	0.848	0.833	0.807	0.781	0.758	0.735
2	1.690	1.647	1.626	1.605	1.566	1.528	1.457	1.392	1.332	1.276
3	2.402	2.322	2.283	2.246	2.174	2.107	1.981	1.868	1.766	1.674
4	3.037	2.914	2.855	2.798	2.690	2.589	2.404	2.241	2.096	1.966
5	3.605	3.433	3.352	3.274	3.127	2.991	2.745	2.532	2.345	2.181
6	4.111	3.889	3.785	3.685	3.498	3.326	3.021	2.759	2.534	2.339
7	4.564	4.288	4.160	4.039	3.812	3.605	3.242	2.937	2.678	2.455
8	4.968	4.639	4.487	4.344	4.078	3.837	3.421	3.076	2.786	2.540
9	5.328	4.946	4.772	4.607	4.303	4.031	3.566	3.184	2.868	2.603
10	5.650	5.216	5.019	4.833	4.494	4.193	3.682	3.269	2.930	2.650
11	5.938	5.453	5.234	5.029	4.656	4.327	3.776	3.335	2.978	2.683
12	6.194	5.660	5.421	5.197	4.793	4.439	3.851	3.387	3.013	2.708
13	6.424	5.842	5.583	5.342	4.910	4.533	3.912	3.427	3.040	2.727
14	6.628	6.002	5.725	5.468	5.008	4.611	3.962	3.459	3.061	2.740
15	6.811	6.142	5.847	5.576	5.092	4.676	4.001	3.483	3.076	2.750
16	6.974	6.265	5.954	5.669	5.162	4.730	4.033	3.503	3.088	2.758
17	7.120	6.373	6.047	5.749	5.222	4.775	4.059	3.518	3.097	2.763
18	7.250	6.467	6.128	5.818	5.273	4.812	4.080	3.529	3.104	2.767
19	7.366	6.550	6.198	5.878	5.316	4.844	4.097	3.539	3.109	2.770
20	7.469	6.623	6.259	5.929	5.353	4.870	4.110	3.546	3.113	2.772
21	7.562	6.687	6.313	5.973	5.384	4.891	4.121	3.551	3.116	2.773
22	7.645	6.743	6.359	6.011	5.410	4.909	4.130	3.556	3.118	2.775
23	7.718	6.792	6.399	6.044	5.432	4.925	4.137	3.559	3.120	2.775
24	7.784	6.835	6.434	6.073	5.451	4.937	4.143	3.562	3.121	2.776
25	7.843	6.873	6.464	6.097	5.467	4.948	4.147	3.564	3.122	2.777
26	7.896	6.906	6.491	6.118	5.480	4.956	4.151	3.566	3.123	2.777
27	7.943	6.935	6.514	6.136	5.492	4.964	4.154	3.567	3.123	2.777
28	7.984	6.961	6.534	6.152	5.502	4.970	4.157	3.568	3.124	2.777
29	8.022	6.983	6.551	6.166	5.510	4.975	4.159	3.569	3.124	2.777
30	8.055	7.003	6.566	6.177	5.517	4.979	4.160	3.569	3.124	2.778
35	8.176	7.070	6.617	6.215	5.539	4.992	4.164	3.571	3.125	2.778
40	8.244	7.105	6.642	6.234	5.548	4.997	4.166	3.571	3.125	2.778
45	8.283	7.123	6.654	6.242	5.552	4.999	4.166	3.571	3.125	2.778
50	8.305	7.133	6.661	6.246	5.554	5.000	4.167	3.571	3.125	2.778
55	8.317	7.138	6.664	6.248	5.555	5.000	4.167	3.571	3.125	2.778
60	8.324	7.140	6.665	6.249	5.555	5.000	4.167	3.571	3.125	2.778

参 考 文 献

[1] 庄新田.证券投资学[M].北京:清华大学出版社,2010.

[2] 李忠宝.财务管理概论[M].大连:东北财经大学出版社,2010.

[3] 刘冬云.个人理财产品潜在市场分析[D].青岛:中国海洋大学,2007.

[4] 刘彦斌.理财有道(CCTV2 黄金理财节目)[M].北京:人民出版社,2007.

[5] 黄宁.个人理财规划和策略研究[D].保定:华北电力大学,2009.